心理学新视野丛书

丛书主编 / 郭本禹

上海文化发展基金会图书出版专项基金资助项目

房慧聪 ____ 著

环境心理学：
心理、行为与环境

Environmental Psychology:
Mind, Behavior, and Environment

上海教育出版社
SHANGHAI EDUCATIONAL PUBLISHING HOUSE

图书在版编目(CIP)数据

环境心理学：心理、行为与环境/房慧聪著.—
上海：上海教育出版社,2019.10（2023.8重印）
（心理学新视野丛书 / 郭本禹主编）
ISBN 978-7-5444-9533-2

Ⅰ.①环… Ⅱ.①房… Ⅲ.①环境心理学-研究
Ⅳ.①B845.6

中国版本图书馆 CIP 数据核字(2019)第 225252 号

责任编辑　谢冬华
封面设计　郑　艺

心理学新视野丛书
郭本禹　主编
环境心理学：心理、行为与环境
房慧聪　著

出版发行	上海教育出版社有限公司	
官　　网	www.seph.com.cn	
地　　址	上海市闵行区号景路159弄C座	
邮　　编	201101	
印　　刷	上海展强印刷有限公司	
开　　本	965×635　1/16　印张 18.25　插页 1	
字　　数	255 千字	
版　　次	2019 年 10 月第 1 版	
印　　次	2023 年 8 月第 3 次印刷	
书　　号	ISBN 978-7-5444-9533-2/B·0168	
定　　价	48.00 元	

如发现质量问题，读者可向本社调换　　电话: 021－64373213

丛 书 总 序

80余年前,美国心理学家伍德沃斯(Robert Sessions Woodworth, 1869—1962)在其力作《现代心理学派别》的结尾处,大胆地预测了心理学的生命力:"你曾欣赏过法国沙漠尼山谷之雄壮的美丽吗?它之所以具有这种迷人心魄的美丽,是由于它在地质的变化上是个年少的山谷。它的花纹是新近退出的冰川雕刻的,故绝壁悬崖,锋芒毕露,瀑布也异常猛烈……我们美丽的心理学之所以引人入胜,也是由于年少力壮。哲学的冰川最近始退出,将崭新的绝壑和澎湃的瀑布交给我们。"[1]不过,此后心理学的迅速发展还是让伍德沃斯始料未及。80多年后的今天,心理学已经从一门最初研究人类初级心理过程的实验科学,发展成为当代科学系统中与数学、物理学、化学、地球科学、医学、社会科学并驾齐驱的七大学科之一。作为一门开放的枢纽学科(hub science),心理学在吸收融合其他学科知识的同时,也将知识输送给别的学科。[2] 在一些综合性的交叉学科中,心理学的地位也日益提高。例如,认知科学(cognitive science)是一门由哲学、心理学、语言学、人类学、人工智能和神经科学这六个重要学科组成的综合性交叉学科。如果将心理学与神经科学结合而产生的认知神经科学(cognitive neuroscience)纳入心理学范畴,那么心理学在整个认知科学中所占的份额正在不断增大(见下页图1)。心理学之所以会产生如此强大的辐射效应,首先应该归功于它的"两面神"(Janus-faced)形象,即兼具自然科学和社会科学的双重属性。国际心理科学联合会(International

---

[1] Woodworth, R. S. (1935). 现代心理学派别. 谢循初,译. 上海: 商务印书馆, pp. 219 - 220.
[2] 杨玉芳,孙健敏. (2011). 心理学的学科体系和方法论及其发展趋势. 中国科学院院刊, 26(6): 611 - 619.

Union of Psychological Science,IUPsyS)是所有学科中唯一身兼国际科学理事会(International Council for Science,ICSU)和国际社会科学理事会(International Social Science Council,ISSC)的成员。目前,全世界有近50万人正在从事与心理学有关的职业。这些专业人员今天所致力的工作领域已经与当年冯特(Wilhelm Wundt,1832—1920)、艾宾浩斯(Hermann Ebbinghaus,1850—1909)的实验室工作大相径庭,而且他们在人类社会发展中扮演着愈来愈重要的角色。

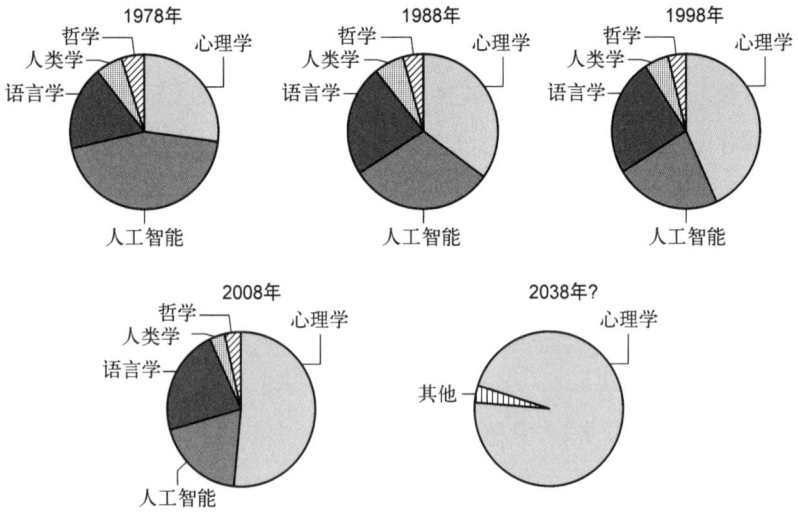

图1 心理学在认知科学中所占的份额走势预测(1978—2038年)[①]

注:该预测的统计依据是在《认知科学》(Cognitive Science)杂志上发表论文的作者所归属的学科。

然而,在心理学如火如荼的发展趋势背后,一个多世纪前美国心理学家詹姆斯(William James,1842—1910)的警告依旧回荡在心理学人的耳畔:"心理学只不过是一连串纯粹的事实;一点闲言碎语和各种观点之间的争论;仅仅在描述水平上的些许分类和概括;一种强烈的偏见认为,我们有各种心理状态,但还没有一条物理学意义上的规律,也没有一

---

① Gentner, D. (2010). Psychology in cognitive science:1978 - 2038. *Topics in Cognitive Science*, 2, 328 - 344.

个可以作出因果推论的命题。如果我们掌握了一些基本术语,可能还会得到几条基本原理,但我们甚至都不了解这些术语……这绝不是科学,而只是科学的希望(hope of a science)。"① 可以说,心理学从"蹒跚学步"到"健步如飞"所留下的每一个足迹,都会飞溅起一连串的"泥淖":学派之争、伦理冲突②、伪科学入侵③、分裂与整合④、统计伎俩⑤、可重复性危机⑥,等等。

因此,对于心理学在今天是否已经成为一门成熟的科学,仍然充满争议。⑦ 这也提醒我们必须实时反思:在经历百年的风雨磨砺之后,什么才是未来心理学的时代精神?心理学家鲁文·阿迪拉(Rubén Ardila)将未来心理学的时代精神概括为六个方面:(1)更强调科学。未来的心理学将比今天更科学,将使用更为严格的方法,对其研究发现的断言和结论将更为小心。(2)更强调社会相关性。心理学将致力于解决与社会有关的微观和宏观问题,例如人类发展与家庭和社会的关系、正常人与变态者、攻击性与破坏性、公平、爱与恨、意识形态冲突,等等。(3)更重视理论化和数学模型的应用。未来的心理学将更为关注研究发现的整合、微观理论和宏观理论的形式化,对研究发现的理解,以及所有大体上与科学哲学有关的问题,积极使用数学为心理事件的多变量关系建模。(4)致力于复杂问题。未来心理学将涉足一些复杂领域,例如

---

① James, W. (1961). *Psychology: Briefer course*. New York: Henry Holt, New edition, p. 335. (Original work published in 1892.)
② Bersoff, D. N. (Ed.) (2008). *Ethical conflicts in psychology*. Fourth edition. Washington, DC: APA.
③ Shermer, M. (2011). *The believing brain: From ghosts and gods to politics and conspiracies: How we construct beliefs and reinforce them as truths*. New York, NY: Times Books.
④ Goertzen, J. R. (2008). On the possibility of unification: The reality and nature of the crisis in psychology. *Theory and Psychology*, 18(5), 829-852.
⑤ Simmons, J., Nelson, L., & Simonsohn, U. (2011). False-positive psychology: Undisclosed flexibility in data collection and analysis allow presenting anything as significant. *Psychological Science*, 22, 1359-1366.
⑥ Pashler, H., & Wagenmakers, E. (2012). Editors' introduction to the special section on replicability in psychological science: A crisis of confidence? *Perspectives on Psychological Science*, 7(6), 528-530.
⑦ Brock, A. C. (2011). Psychology's path towards a mature science: An examination of the myths. *Journal of Theoretical and Philosophical Psychology*, 31(4), 250-257.

行为化学、意识、心智和行为的进化、贫困、价值,等等。(5)更加职业化和专业化。心理学将继续多样化,一个研究者不可能精通所有领域。(6)围绕统一的范式整合心理学。心理学家将在定义、方法论、理论参考系和术语等问题上达成共识或趋于一致(并不是简单的折中主义),心理学由此将会迈向成熟科学的行列。①

我们认为,上述六个方面可以进一步浓缩为未来心理学发展的一个主旨,即"在学科交叉中开辟行进道路"。这具体表现为如下三个重要的变化。

第一,第三种文化(third culture)引领学术生长点。第三种文化显然对应于斯诺(Charles Percy Snow,1905—1980)意义上的两种文化及其对立。② 所谓第三种文化,是指一种超越科学文化与人文文化的"综合科学文化"(culture of integrative science)。这种文化强调,任何一个科学研究都必然要对数据、理论和阐释进行有机综合。因此,自然科学、社会科学和人文科学各自代表的文化意识形态都有用武之地,任何倒向其中一方的做法都会导致科学研究发生畸变。③ 显然,心理学正是第三种文化的形象代言人。纵观当下的心理学研究,学科交叉已经成为大势所趋,并由此衍生出许多全新的研究领域。这在神经科学、脑科学与传统人文社会科学相结合的心理学领域内体现得尤为明显。例如,目前正兴起的发展与进化神经科学、神经语言学、神经社会学、神经经济学、神经伦理学、神经教育学、神经美学、神经现象学、神经精神分析学,等等,都是学科交叉形成的全新研究领域。

第二,问题中心的研究取向推进人类认识。在心理学史上,"主义取向"(ism-based)的心理学研究一度占据重要地位,诸如构造主义、机能主义、行为主义、完形主义、认知主义、人本主义、存在主义、后现代主义、女

---

① Ardila, R. (2008). 心理学的未来——世界上最著名的心理学家对各自领域的未来的看法. 张航,禤宇明,译. 荆其诚,校. 北京:商务印书馆.
② Snow, Charles Percy (2001). *The Two Cultures*. London: Cambridge University Press. (Original work published in 1959.)
③ Shermer, M. (2011). *The believing brain: From ghosts and gods to politics and conspiracies: How we construct beliefs and reinforce them as truths*. New York, NY: Times Books.

权主义、社会建构主义、生态主义等。然而,近年来,许多研究者开始意识到这种"主义取向"的研究模式不仅满足不了公众对于心理学服务功能的需求,还进一步加剧了心理学内部的分裂与不稳定。心理学的学派之争在当代已经逐渐偃旗息鼓,未来心理学内部出现的新兴研究取向或趋势应该是"问题取向"(problem-based)的或至少是期望从"主义转向问题"(ism-to-problem)的。只有这样,心理学才能从根本上推动人类认识的进程。例如,社区心理学、工作心理学、思维与推理心理学、环境心理学、表演心理学、具身认知心理学、时间心理学,等等,都主要是以问题为导向的心理学领域。

第三,方法多元(methodological pluralism)突破研究瓶颈。科学研究的重大突破总是离不开技术与方法上的革命。例如,望远镜的发明将"哥白尼革命"的意义从神学转向天文学,天文学由此获得了一系列重大发现。显微镜的使用帮助生物学家发现了细胞结构,为生命科学打开了通向微观生命世界的大门。因此,未来的心理与行为研究若想取得突破性进展,也必须寻觅到更加有效的、适宜的技术与方法。针对心理现象的特殊性与复杂性,研究者开始革新第三人称方法,重构第一人称方法,并强调两者的有效结合。革新第三人称的方法主要体现在诸如颅内脑电记录(iEEG,这种技术可以改变传统 ERP 与 fMRI 技术在时间分辨率与空间分辨率上不可兼得的局限)、功能性近红外光谱成像技术(fNIRS)、弥散张量成像技术(DTI)等认知神经科学的新技术和方法不断应用于传统技术难以奏效的心理学研究对象和主题上,以大尺度神经动力学建模为目标的神经连接组学(neural connectomics)也日益开展。[1]与之相对,诸如现象学描述、质性分析、叙事实践、表演技术等以探究人类心理主观性、体验性为目的的第一人称方法,也正在心理学舞台上扮演更为重要的角色。未来,两者的结合或许将在真正意义上实现心理学方法的多元化。

为紧扣世界心理学发展脉搏,推动我国心理学事业的蓬勃发展,我

---

[1] Hughes, V. (2013). Mapping brain networks: Fish-bowl neuroscience. *Nature*, 493, 466-468.

们组织策划了这套"心理学新视野丛书",以反映世界心理学发展的时代精神。这套丛书具有四个特点:第一,反映学术前沿与学科交叉趋势。丛书中的每本书都力求反映国际心理学某一领域的前沿动态,尤其凸显以学科交叉为特征的心理学的时代精神。第二,立足问题中心导向与方法多元化。丛书甄选的选题积极倡导问题中心导向研究的最新成果,同时推崇心理学方法多元化,在选题的选择上有意识地兼容并包第一人称的质性方法与第三人称的量化方法。第三,体现心理学理论研究与实践应用相结合。这套丛书既有理论性较强的选题,也有实践性较强的选题,以适合广泛的读者。丛书既可以面向心理学专业的教师、科研人员、学生以及心理学实务工作者,也可以面向教育学、社会学、认知科学、哲学等相关学科以及对人文社会科学与自然科学交叉领域感兴趣的读者。第四,引进与原创并举。这套丛书从全球化的学术视野出发,既强调引进翻译反映心理学某一领域前沿进展的代表性著作,又重视推介国内学有专长的心理学研究者新近完成的原创性著作。

苏联心理学家维果茨基(Lev Semyonovich Vygotsky,1896—1934)的《科学心理学》手稿最近由俄文翻译整理成英文出版,作者在文章的结尾处发出了与伍德沃斯同样的感慨:"为什么心理学对于我们是如此弥足珍贵——纵然这个名字上会落下历史的尘埃,但是它终究属于未来。"[1]我们希望通过出版这套丛书来洞悉未来心理学的时代精神——"在学科交叉中开辟行进道路",并在此基础上进一步推动我国心理学教学、科研与应用的发展和繁荣,以满足我国社会经济和文化发展对于心理学日益旺盛的需求。

郭本禹　陈巍
2017年12月1日
于南京师范大学

---

[1] Vygotsky, L. S. (2012). The science of psychology. *Journal of Russian and East European Psychology*, 50(4), 85-106. (Original work published in 1928.)

前　　言

环境心理学研究人的心理、行为与其所处环境之间的关系,它包括旨在促进人工环境设计人性化,改善人与自然环境关系的各类理论与实践研究。从学科性质上来讲,环境心理学属于应用社会心理学范畴,并且与工业心理学等学科渊源极深。此外,环境心理学还具有显著的多学科交叉性,不仅涉及建筑学、环境科学,而且与人类学、社会学、地理学等有密切联系。目前在国内外许多高等院校的心理学系、环境设计专业等均开设环境心理学课程。

作者基于多年教学经验,深入总结和细致梳理了目前环境心理学研究中的基本命题与研究热点,力求在传统学科体系的基础上呈现近几年环境心理学研究的新理论、新观点和新材料,使本书既具基础知识又能反映当今环境心理学研究的前沿与动向。在本书中,笔者深入分析了环境心理学的经典理论及其发展,对环境与人的互动从认知、社会行为、应激等传统的心理学问题入手广泛而深入地探讨了环境与人的互动,并在此基础上剖析了环境设计问题背后的心理学因素以及环境问题与行为对策等热点议题。此外,为方便读者使用,本书将经典的案例分析与测验以每章导言或文中专栏的形式呈现,以期能够加深读者对理论知识的理解,并能学以致用。总之,希望本书的出版能够为心理学、环境设计类专业的本科生和研究生以及对环境心理学感兴趣的普通读者提供一个学习的平台,同时也欢迎使用本书作为教材的教师、学生及其他读者提出宝贵意见。

在本书的撰写过程中,有幸得到多方面人士的帮助,在此表示感谢。浙江大学的沈模卫教授、华东师范大学的刘永芳教授对此书的撰写工作给予了极大的鼓励与支持,学生赵圣磊、郑星、朱馨忆、艾娜、岑瑜、宣梦云、易容慧、高仪静等在文字校对方面给予了重要帮助。此外,上海教育出版社的谢冬华编辑在本书的审订工作中付出了大量艰辛的劳动与努力,在此一并表示深切的感谢。最后,愿将此书献给陪伴我的家人。

房慧聪

hcfang@psy.ecnu.edu.cn

2019年7月15日

目录 Contents

第一章　环境心理学绪论 1
第一节　环境心理学的基本概念 2
一、环境心理学的定义 2
二、环境心理学的学科特点 3
第二节　环境心理学的发展简史 4
一、环境心理学的起源 5
二、环境心理学的兴起 7
三、环境心理学的发展 9
第三节　环境心理学的研究方法 10
一、观察法 10
二、调查法 11
三、实验法 12
四、准实验法 13
五、模拟法 14
六、相关研究法 15
本章小结 16

第二章　环境—行为关系理论 18
第一节　环境心理学理论的实质与价值 19
第二节　环境—行为关系理论 21

一、唤醒理论 21

二、环境负荷理论 23

三、环境应激理论 27

四、生态学理论 30

五、其他理论观点 32

本章小结 34

第三章 环境知觉与空间认知 37

第一节 环境知觉 38

一、环境知觉的基本概念 38

二、环境知觉的理论 38

第二节 空间认知 43

一、认知地图与城市意象 44

二、认知成图与寻路 53

本章小结 60

第四章 私密性 63

第一节 私密性的特征与形式 64

一、私密性的概念与特征 64

二、私密性的形式与功能 66

第二节 私密性的管理机制、过程与功能 67

一、私密性的管理机制 67

二、私密性管理的过程 71

三、私密性管理的功能 72

第三节 私密性与环境设计 74

一、居住场所的私密性 74

二、开放式办公室 77

本章小结 81

第五章　个人空间 83

第一节　个人空间的概念、功能与测量 84

一、个人空间的概念 84

二、个人空间的功能 87

三、个人空间的测量 90

第二节　影响个人空间的因素 93

一、情境因素 93

二、个体因素 95

第三节　个人空间与环境设计 98

一、有利于实现职业目标的距离 98

二、促进群体活动的最佳空间设计 99

本章小结 100

第六章　领域性及其行为 103

第一节　领域性及其行为概述 104

一、动物领域性及其行为 104

二、人类领域性及其行为 106

第二节　人类领域性行为研究及其意义 115

一、人类领域性行为的研究证据 115

二、人类领域性行为研究的环境设计意义 122

本章小结 125

第七章　潜在环境与环境应激 127

第一节　潜在环境与环境应激概述 128

一、潜在环境 128

二、环境应激 131

第二节　潜在环境的效应 135

一、气候与海拔 135

二、噪声 136

三、光照 137

四、颜色 139

五、温度 140

六、空气质量 143

第三节　环境危害的效应 146

一、自然灾害与应激 147

二、人为灾难与应激 148

本章小结 150

第八章　拥挤 153

第一节　拥挤概述 154

一、高密度与拥挤 154

二、高密度对动物的影响 154

三、高密度对人类的影响 158

第二节　拥挤的理论 165

一、生态学模型 165

二、超载模型 167

三、密度—强度模型 167

四、激活模型 168

五、控制模型 169

第三节　影响密度发挥效应的因素 170

一、影响密度发挥效应的个体因素 170

二、影响密度发挥效应的情境因素 171

本章小结 173

第九章 噪声 176
第一节 噪声概述 177
一、噪声与噪声源 177
二、噪声评价 177
第二节 噪声的影响 181
一、噪声的生理效应 181
二、噪声的心理效应 183
三、噪声与作业绩效 186
四、噪声与社会行为 188
第三节 噪声的预防与控制 191
本章小结 194

第十章 环境问题与行为对策 196
第一节 环境问题与行为技术概述 197
一、环境问题 197
二、应对公众困境的方法技术 200
第二节 促进环保行为的策略 204
一、先行策略：行为之前的干预 204
二、后继策略：行为之后的干预 209
本章小结 213

参考文献 216

第一章　环境心理学绪论

在演出时,舞台和布景提供了故事发生的背景,作为故事展开的环境,在一定意义上决定了演员的行动、姿态及其对道具的使用。而对观众而言,没有环境提供的线索,他们对演员行为的认识与理解也会大打折扣。因此,从一定意义上讲,舞台环境决定了演员行为的意义,决定了他们能做什么和不能做什么。在现实生活中,我们的行为同样发生在环境背景之下。而与舞台环境不同的是,现实环境不仅提供意义,而且还提供我们赖以生存的基本生活必需品。离开了环境的支持,行为的发生便会成为无本之木,无源之水。在这个不断发生变化、信息丰富的环境中,环境会被我们的行为改变,这些改变造成的后果,有些是我们企盼的,而有些却是消极的甚至是危险的。多年来,忽略环境造成的消极影响已愈加明显,人们已意识到这一问题并试图在努力修护着对环境的损害。为了人与环境之间的和谐共处,我们还可以做些什么？这些都是环境心理学面临的研究课题与挑战。综上所述,环境心理学研究者既关注作为行为背景的环境,也积极去研究人的行为对环境的影响,并在此基础上为优化人与环境的互动关系提供建议和支持。

环境心理学(environmental psychology)是 20 世纪 60 年代末 70 年代初崛起的致力于探讨人与环境之间相互作用的规律、优化人与环境互动的学科。它通过研究人的心理、行为与其所处环境之间的关系,旨在改善人的生存环境、提高生活质量。环境心理学研究具有多学科交叉性,不仅涉及建筑学、环境科学,而且与人类学、社会学、地理学等有密切联系。本章主要讨论环境心理学的基本概念、发展简史和研究方法。

第一节 环境心理学的基本概念

一、环境心理学的定义

环境心理学是一门研究人与其所处环境之间相互作用及关系的学科(Proshansky,1987)。在人与环境的互动过程中,个体改变着环境,而反过来,他们的行为与经验也为环境所改变。二者是一个不可分割、互为参照的整体。在关于环境心理学的诸多定义中,虽然都强调物质环境(physical environment)与人的心理行为之间的关系(Holahan,1982; Veitch & Arkkelin,1995; Gifford,2002),但是实际上,由于物质环境往往同时也是一个社会环境,在很多情况下,难以将这两个方面割裂开来考虑。因此,有必要采用整体的观念来看待"环境"这一概念。

环境心理学研究人的心理、行为与其所处环境之间的关系,它包括旨在促进人工环境设计人性化、改善人与自然环境关系的各种理论与实践研究。本着优化人与环境互动关系的宗旨,环境心理学家采用质性研究与量化研究相结合的方法,基础研究与应用研究并进,从个体到组织再到社会层面开展多层次分析,并运用这些成果改善人的生存环境、提高生活质量。

环境心理学作为一个独立的研究领域,崛起于20世纪60年代末70年代初。在这近半个世纪以来,在飞速发展的工业化和城市化的推动下,环境心理学在世界范围内迅速发展。这是一门多学科交叉的科学,在不同国家有不同的称谓。在美国,通常被称为环境心理学、环境设计研究;在欧洲,被称为环境心理学、人与环境研究;在日本,被称为人间环境学;在我国,通常被称为环境心理学、环境行为学以及人与环境关系研究。

二、环境心理学的学科特点

环境心理学基于人与环境相互作用、相互影响这一基本前提，研究环境如何影响人以及人如何影响环境。在提出环境设计建议、给出解决环境问题的过程中，环境心理学研究者一方面获得有关环境与行为关系的实践经验，另一方面又获得关于人类行为的有价值的理论知识。因此，环境心理学不仅关注应用，而且为传统心理学提供了一个有价值的新视角。基于上述对环境心理学研究内容与研究取向的分析，环境心理学的学科特点主要体现在以下三个方面。

(一) 强调环境与行为的整体性

环境心理学强调将环境—行为作为一个整体加以研究，认为环境以及对环境的反应是一个整体，环境不能离开行为去孤立考察，行为也不能脱离环境去孤立研究，否则会失掉一些有价值的信息。例如，在一个购物中心里，个体的行为与环境之间是相互影响的。处在购物中心里的个体通常会以一种可预期的行为方式（例如，行走、驻留、看、坐、讨价还价、付款、收款等）与其他人及物理环境发生相互作用，并由此体验到愉快或不愉快等情绪感受。在这个例子中，环境不仅能使人的某些行为易于产生，而且能使其他一些行为不容易甚至不可能产生。不仅如此，当环境中的人行动时，他们同时也改变着周边的环境。因此，环境心理学强调环境与行为的整体性，认为人与环境之间相互作用，彼此依存，并认为将事件与环境割裂开来，孤立静止地研究事件本身往往会导致片面局限的研究结论。

(二) 关注应用，结合并丰富理论研究

环境心理学自诞生之时，便以探讨人与环境之间相互作用的规律、优化人与环境的互动关系、改善人的生存环境为己任。环境心理学的这一研究宗旨决定了它最基本的学科特点：关注应用，结合并丰富理论研究。由于许多环境心理学研究课题都是面向应用、基于问题取向的。例如，研究拥挤对个体的影响，在研究过程中，不仅要探讨拥挤的评估、效应，而且要通过研究拥挤发生的机制来提供一些减少拥挤及压力的干预措施。因此，在关注应用、给出解决拥挤问题方法的过程中，环境心理学

研究者也同时总结出用于解释拥挤产生的一些理论,例如信息超载理论、行为限制理论和期望理论等,这便进一步丰富了对人与环境关系的理论认识。

(三) 多学科交叉明显

环境心理学研究具有多学科交叉性,不仅涉及建筑学、环境科学,而且与人类学、社会学、地理学等联系密切。关于物质环境(例如噪声、空间等)对行为影响的研究对建筑业和环境科学的发展都有益处;对改变破坏环境的行为,增进亲环境行为的研究则会涉及并能丰富人类学与社会学的相关领域;对环境知觉与空间认知(例如,认知地图、环境偏好与空间行为等)的研究会涉及行为地理学(behavioral geography)的某些研究方法,而注重人与环境和谐共存的主旨也契合人文地理学的研究取向。因此,基于研究对象的特点,环境心理学在学科方法和研究取向上体现出明显的多学科交叉性。

第二节 环境心理学的发展简史

20世纪60年代末70年代初,环境心理学作为一门独立的学科正式诞生。环境心理学的兴起与迅速发展并非偶然。首先,社会面临的各种变化与环境问题急切需要一种更加灵活有效的思路来解决,而环境心理学的多学科交叉性、不拘于理论束缚的特点使其成为一种理想的尝试。其次,心理学的发展,尤其是当代实验社会心理学为环境心理学的产生奠定了基础,并对它此后的发展产生了深远影响。最后,自20世纪40年代以来,巴克(Roger Garlock Barker, 1903—1990)、伊特尔森(William H. Ittelson)、普罗夏斯基(Harold M. Proshansky, 1920—1990)、霍尔(Edward Twitchell Hall, 1914—2009)、林奇(Kevin Andrew Lynch, 1918—1984)等众多环境心理学先驱富有开创性的工作直接促成了环境心理学的建立与发展。

一、环境心理学的起源

在环境心理学正式成为一门独立学科之前,心理学的发展已为环境心理学的产生奠定了坚实的基础,并对环境心理学此后的研究内容和方法产生了深远的影响。以环境知觉研究为例,环境知觉是环境心理学的重要研究内容之一,而对环境知觉的研究则深受格式塔心理学的影响。以魏特海默(Max Wertheimer,1880—1943)为代表的格式塔心理学家认为,人的知觉加工具有完形倾向,即人倾向于将知觉范围内的对象加以组织和秩序化。在某一特定的知觉领域里,人倾向于将图形与背景作出区分,有些对象突显出来形成易被知觉的图形,而其他对象则退居次要位置成为背景。图形的组织遵循接近律、相似律、闭合律、连续律、良好图形律等完形法则。格式塔心理学的图形—背景理论揭示了人的知觉加工具有选择性与完形倾向,对环境设计实践具有一定的指导意义。后来一些更具代表性的环境知觉理论,如布伦斯威克(Brunswik,1956)的透镜模型(lens model)强调对整体环境进行研究,认为个体在构筑环境知觉的过程中具有主动性,人对当前感觉信息的理解往往有赖于过去的知识经验。这种将环境视作一个整体、将人视为主动的信息加工者的观点,对于当代环境知觉研究都具有重要的理论指导意义。

作为一门独立的学科,环境心理学与社会心理学,尤其是以勒温传统为代表的当代实验社会心理学之间具有很深的渊源。勒温(Kurt Lewin,1890—1947)对于环境心理学的产生与发展具有重大贡献。勒温提出的场论(field theory)对理解个体行为与环境的关系提供了一个崭新的视角。借用物理学中"场"的概念,勒温运用格式塔心理学的整体观和动力观阐述了个体行为与环境之间的关系。勒温认为,为了理解或预测行为,就必须将人及其环境视作一种相互依存因素的集合。而这些因素构成的整体就是该个体的生活空间(life space)。用函数公式可表示为 $B=f(P,E)$。从公式中可以看出,个体的行为(B)取决于个体(P)与环境(E)之间的相互作用。生活空间是个体行为发生的心理场,其中人与环境是一个相互作用、相互依存的动力整体。在某一生活空间下,由意志或需求压力导致的心理紧张系统为个体的行为提供了动力和能量。值得注意的是,虽然勒温强调个体对环境的内部表征是影响个体行为的关键因素,但是由于这一表征最终可被追溯到个体对物质环境的感知,因此他认为,现实物质环境是影响个体心理与行为的重要因素之一,个体行为与物质环境之间联系紧密。勒温关于个体行为与环境关系的理论认识,为环境心理学理论的形成奠定了基础。此外,作为当代社会心理学勒温传统的开创者与领导核心,勒温重视现场研究(field research),强调运用心理学的理论与知识解决具体的社会问题,他倡导的行动研究(action research)以现实生活为背景,以解决实际问题为己任,强调"没有离开研究的行动,也没有离开行动的研究"。勒温开创性的研究思想和研究方法不仅使他成为当之无愧的当代实验社会心理学的开创者,而且深深地影响着环境心理学的产生与发展。生态心理学、环境心理学的奠基人巴克和赖特(Herbert F. Wright,1907—1990)就是勒温的学生。

1947年,巴克和赖特在美国堪萨斯州(Kansas)奥斯卡卢萨镇(Oskaloosa)建立了第一个环境心理学研究机构——中西部心理学现场研究站(the Midwest Psychological Field Station),专门研究现场环境对人行为的影响(Gump,1990)。该研究站在巴克的领导下成功运作了25年,积累了大量真实的居民生活资料。从最初通过样本记录法研究个体行为与环境的关系,到此后行为情境(behavior settings)的专门研究,巴克在积累大量现场研究的基础上,对其行为情境理论进行了总结(见专栏1-1),并于1968年出版了《生态心理学:研究人类行为环境的概念与方法》。此后,他一直倡导生态行为科学(ecobehavioral science)研究,强调应关注自然场景下的人类行为(关于巴克生态心理学的更详细内容,请参见第二章"生态学理论")。巴克的学术思想与研究成果极大地激励了心理学家探讨人与物质环境的关系,也正是在中西部心理学现场研究站运作的最后几年里,环境心理学作为一门独立的学科正式诞生了。

专栏 1-1　　巴克的行为情境理论与研究实例

　　行为情境理论是巴克生态行为科学中的核心内容。巴克认为，行为情境是一个具有特定物理结构的独立实体，并且会对其内的大多数人的行为产生影响，即行为情境下会产生超越个体的行为模式（extra-individual behavior pattern）。他将情境描述为一些场所（例如，教堂等）或场合（例如，拍卖等），这些场所或场合会引起人们典型的行为方式。巴克（Barker，1968）认为，情境是基本的环境单元，是"外在于个体行为的可确定的现象"，并且与人的相应的行为有重要关系。巴克等人在《社区生活的品质》（*Qualities of community life*，1973）一书中详细描述并比较了美国堪萨斯州和英格兰两个小镇居民的行为情境及其对居民行为的影响。研究发现，美国小镇居民可以公开表达情绪的行为情境是英格兰小镇的 2 倍，这种差异影响到对儿童的公众关注程度，美国小镇居民是英国小镇居民的 14 倍。美国小镇居民的宗教行为情境、教育和政治行为情境也比英国小镇突出得多。而在英国小镇，人们的大多数时间被用到运动等与身体健康相关的行为情境中。此外，他们还发现，在英格兰，事务性的行为情境比较常见，而且人们在这些行为情境中花费的时间较长；而在自愿参与性的行为情境中，美国人的行为花费的时间和担负的责任都比英国人更多。

（来源：保罗·贝尔，等，2009）

二、环境心理学的兴起

20 世纪 60 年代末 70 年代初，环境心理学作为一门独立的学科正式诞生。正是在这一时期，出现了第一个环境心理学研究生培养计划，同时也涌现出首批专门研究环境心理学的专业刊物与学术组织。普罗夏斯基（Proshansky，1987）认为，环境心理学在这一时期兴盛并非偶然。一方面，社会面临的各种变化与环境问题迫切需要解决；另一方面，传统的社会心理学家由于过多依赖严格控制的实验室研究而无力应对这些纷繁复杂的现实问题。此时需要一种更加灵活有效的思路来解决,而具有多学科交叉性、不拘于理论束缚等特点的环境心理学便应运而生。

除了特定的社会历史背景之外,作为一门学科出现的环境心理学与社会心理学,尤其是当代实验社会心理学之间具有很深的学术渊源。而众多环境心理学先驱富有开创性的工作则直接促成了环境心理学的建立与发展,其中包括:20世纪40年代末巴克等人对社区居民行为的生态学研究,20世纪50年代末伊特尔森(William H. Ittelson)和普罗夏斯基对医院建筑与精神病患者行为关系的研究,20世纪50年代霍尔(Edward Twitchell Hall)对人际空间距离的文化人类学研究,以及20世纪60年代林奇(Kevin Andrew Lynch)对城市意象的研究。

从20世纪60年代末开始到70年代中后期,环境心理学发展迅速。1966年,美国《社会议题期刊》(*Journal of Social Issues*)出版了由凯茨(Robert W. Kates, 1929—)和沃维尔(Joachim F. Wohlwill, 1928—1987)主编的"人对物质环境的反应"(*Man's Response to the Physical Environment*)专号。1968年,纽约市立大学(City University of New York, CUNY)成立了第一个环境心理学博士班,同年,环境设计研究学会(Environmental Design Research Association, EDRA)成立。1969年,环境心理学第一份专业期刊《环境与行为》(*Environment and Behavior*)问世。1970年,普罗夏斯基(Harold M. Proshansky)等人主编出版了第一本环境心理学著作《环境心理学:人与其物质环境》(*Environmental Psychology: Man and His Physical Setting*);1974年,他们又出版了《环境心理学导论》(*An Introduction to Environmental Psychology*)。1973年,权威杂志《心理学年鉴》(*Annual Review of Psychology*)首次发表题为"环境心理学"的综述文章,全面报告该研究领域的发展状况(Craik, 1973)。1976年,美国心理学会(American Psychological Association, APA)正式成立人口与环境心理学分会。作为应用心理学的一个分支,从20世纪60年代末开始,环境心理学研究已获得学术界的关注与认可,一门学科开始酝酿成形。因此,一般认为,环境心理学正式诞生于20世纪60年代末70年代初。

三、环境心理学的发展

作为一门新兴的学科,环境心理学虽然起源于北美,但是环境心理学的研究却遍及全世界,而且在不同的国家和文化中体现出不同的应用特色,世界各地关于环境心理学研究的交流极大地促进了环境心理学的发展。

在欧洲,1981年,人—环境研究国际学会(International Association for People-environment Studies,IAPS)在英国正式成立。同年,《环境心理学杂志》(*Journal of Environmental Psychology*)亦于英国创刊,成为继《环境与行为》杂志之后环境心理学研究另一重要的学术阵地。1982年,国际应用心理学会(International Association of Applied Psychology,IAAP)在爱丁堡举行第二十届代表大会,正式成立环境心理学分会。

在亚洲,1980年,日美首届环境行为研讨会召开,会后,日本于1982年正式成立人间环境学会(Man-Environment Relations Association,MERA)。中国于1993年7月举办了第一次"建筑与心理学"学术研讨会,1996年正式成立建筑环境心理学专业委员会,后更名为环境行为研究学会(Environment-Behavior Research Association,EBRA),1997年在中国台湾正式成立人与环境关系研究学会(Human-Environment Relation Studies Society,HERS)。在澳大利亚,1980年就成立人与物质环境研究学会(People and Physical Environment Research Association,PaPER),旨在研究环境、行为与社会之间的互动关系。

随着环境心理学研究的普及与发展,《心理学年鉴》自1973年首次发表题为"环境心理学"的综述后,基本上每隔四五年都会有一篇关于环境心理学发展状况的文章(Craik, 1973;Stokols, 1978;Russell & Ward, 1982;Holahan, 1986;Saegert & Winkel, 1990;Sundstrom, Bell, Busby, & Asmus, 1996;Suedfeld & Steel, 2000;Evans, 2006)。除此之外,也有一些纵览学科发展历程与研究领域的专著及丛书出版。其中比较著名的有:1987年,由斯托科尔斯(Daniel Stokols)和奥尔特曼

(Irwin Altman，1930—)主编的第一部《环境心理学手册》(*Handbook of Environmental Psychology*)；2002年，由贝克特尔(Robert B. Bechtel)和丘奇曼(Arza Churchman)主编的《环境心理学手册》(*Handbook of Environmental Psychology*)；奥尔特曼等人主编的"人类行为与环境"(*Human Behavior and Environment*，1976—1994)丛书、穆尔(Gary T. Moore)等人主编的《环境、行为与设计研究进展》(*Advances in Environment，Behavior，and Design*，1987—1997)以及奥尔特曼和斯托科尔斯主编的"环境与行为"(*Environment and Behavior*，1985—2006)丛书等。

第三节　环境心理学的研究方法

作为心理学的一个分支，环境心理学的研究离不开心理学研究方法的支持。由于环境心理学有其独特的研究对象与内容，在研究方法上也有不同于其他心理学分支的地方。现将列举环境心理学研究主要采用的方法：观察法、调查法、实验法、准实验法、模拟法、相关研究法等。

一、观察法

观察法是心理学研究中最基本的方法之一，一般可分为实验观察与自然观察。这里所指的主要是在自然情境下对研究对象进行的自然观察(natural observation)。根据研究的结构程度，可将观察法区分为无结构观察与有结构观察。其中，有结构观察是指严格界定研究的目的与内容，依据一定的步骤进行观察，同时采用准确的工具和方法进行记录。例如，霍尔利用空间关系行为符号系统观察并记录人际空间关系。而无结构观察往往并不严格界定研究问题的范围、步骤和方法。在观察研究中，观察者的角色往往会对整个研究进程和资料的获取产生重大影响，戈尔德(Gold，1958)根据研究者的卷入程度，将观察者的角色划分为四种类型：局外观察者、观察者的参与、参与者的观察以及完全参与者。

观察法最大的优点是能够实时实地地观测现象或行为的发生,尤其是在不为观察对象觉察的情况下,最有利于收集自然情境下发生的各种行为反应。此外,通过观察法,还可以研究一些不便进行自我报告的研究对象。但是,观察法也有一些局限性,观察对象不宜控制,因此有时可遇不可求;此外,由于道德、个人等因素影响,许多现象不宜直接观察或难以持续观察到底。在进行观察研究时,应特别记录全面详尽,这时可借助录音笔、录像机等仪器。此外,应注意观察与记录时的客观性,谨防主观偏见与个人情感的干扰。最后,还应注意观察细节,捕捉意外事件。在环境心理学研究中,对物质痕迹(physical traces)的观察是很重要的一个方面。该方法是通过对人在环境中各种活动的痕迹了解人与环境互动的情况,发掘场景设计的优劣及其使用者的特征,从而为环境优化提供参考。例如,研究者可以通过观察测量"禁止通行"牌和有铁栅栏的窗户的数量来确定不同社区的领域防御水平。

二、调查法

调查法是环境心理学中常用的研究方法之一,主要通过研究者提问、被试书面或口头作答的方式收集研究资料。调查法主要包括问卷调查与访谈,其中访谈又包括面对面访谈、电话访谈等不同形式。访谈与问卷调查各具特色。采用访谈,研究的回收率和精确性相对较高,但操作起来通常花费较大,且难以做到匿名。此外,在访谈过程中,研究者还需注意提问的方式、语气等技巧。而问卷调查一般具有统一的要求与格式,但在设计问卷题目时要求颇高。

在使用调查法时,问题表述方式的设计很重要,通常包括开放式问题与限制式问题。开放式问题允许被试根据自己对问题的理解自由作答,答案长短不限,内容亦可多样化。而限制式问题结构化程度较高,通常要求被试从多个备选项中选择答案。限制式问题适于计分,易于定量分析,但是这种"有限答案、强迫挑选"的方式不利于被试充分表达自己的意见。而开放式问题对于探索性研究很有意义,虽然难以进行量化分析,但是有利于深入了解被试,这对于研究者发现问题、开拓思路具有重要意义。

调查法能够使研究者比较便捷地收集到被试相关的反应信息,但是由于研究者采用书面或口头提问的方式来收集资料,这往往会使被试比较容易地了解自身反应的后果,因此在作答时,被试可能会出于"扮好"或其他目的故意隐瞒或歪曲事实,提供虚假信息。此外,由于人们对问题的理解和对选择作出反应的方式不同,在调查过程中对于同一个问题,受访者可能有不同的理解而在回答问题时也会出现偏差。这些问题应当引起研究者的重视。在使用调查法进行研究时,有效减少偏差的方法就是采用标准化的测量,使用有常模的量表进行评估。因为标准化的量表已经在不同样本中都得到施测,在不同样本中有常模,因此可以把特定研究中被试的结果与常模进行比较。

三、实验法

实验法在科学心理学的兴起和发展过程中起着举足轻重的作用,同时也是环境心理学的基本研究方法之一。实验法最大的特点就是研究者能够严格控制实验条件。研究者通过控制一种或多种自变量来探测自变量对因变量是否会产生影响。由于在研究中可以人为地控制实验条件,实验法可以对研究的现象进行反复观察与检验。更重要的是,一个控制得当的实验可以对自变量与因变量之间的因果关系进行解释与分析。例如,格拉斯和辛格(Glass & Singer,1972)采用实验法研究了噪声的影响,他们操纵了两个自变量:噪声的可预知性与可控性。他们将被试随机分配到可预知的噪声和不可预知的噪声中。其中有些被试可以在需要的时候关掉噪声,从而得到一种对噪声的控制感;而另一些被试则没有这种控制权。结果发现,可预知的噪声对被试有少量的消极影响,而不可预知的噪声会对被试产生更多的消极影响。更重要的是,控制感可以减轻不可预知的噪声带来的消极影响。但是,实验法也有其局限性。基于一些道德方面或实际情况的考虑(例如,当考察拥挤等环境问题长期造成的影响时),对于自变量的控制有时会受到限制,因此在研究某些问题时不宜采用实验法。

采用实验法时应注意研究的效度。这主要包括内部效度与外部效度。内部效度反映着自变量与因变量之间存在关系的明确程度。若实验中对无关变量控制不当,导致自变量混淆,那么该研究缺乏内部效度,得出的结论的可靠性也会大大降低。因此,研究的内部效度主要取决于实验设计的方法和技巧。外部效度是指实验结果能够被推广到其他实际情境中去的程度,即研究的推论力。外部效度高的研究结果可以有效地预测实际环境中的行为反应,这对于强调解决实际问题的环境心理学家来讲,意义非常重要。一般认为,内部效度是外部效度的必要但非充分条件。内部效度低的实验结果谈不上对其他情境的普遍意义,但内部效度高的研究,其结果却也不一定具备很强的推论力。

四、准实验法

在研究一些发生在现实情境中的现象与行为时,严格控制的实验法往往会力不从心。此时需要借助其他更为有效的研究方法。准实验设计就是其中很重要的一种。准实验设计具有实验法的某些特征,例如进行某种干预或处理,作比较等,但它不需要遵循随机化程序,也不需要严格控制实验条件,因此更适合自然场景下的研究。而环境心理学中有很多研究内容都会涉及这种具有开放性、动态变化着的自然场景,因此准实验设计在环境心理学中的应用极其广泛,例如埃德尼(Edney,1975)关于领域性的经典研究(见第六章)。

准实验设计种类很多,环境心理学研究中常用的主要有不等同对照组设计(nonequivalent control group design)与间歇时间序列设计(interrupted time-series design)。不等同对照组设计通常采用前测—后测方法,对实验组与控制组加以比较(见图1-1)。在不等同对照组设计中,由于无法严格地随机选取和分配被试,应特别注意与被试选择相关的各种累加效应对研究效度的影响,还应注意实验者效应、不同组被试之间的交流等可能会对研究结果造成的"污染"。间歇时间序列设计主要通过对研究对象进行一系列的重复观察或测定来确定实验处理的效果。在最基本的间歇时间序列设计中,需对一个实验组在实验处理前后进行多次观测(见图1-2)。采用间歇时间序列设计应特别注意结果分析,应从实验处理前后的整体发展趋势上评估处理的效应。间歇时间序列设计主要的优点在于能够在实验处理之前预先评估被试成熟的趋势,并能在较长的时间跨度上检验处理的效果,但历史因素、多次测定中测量工具与操作程序的变化等都会影响研究的效度。为了控制这些无关因素的影响,可采用间歇时间序列设计与不等同对照组设计相结合的方法,即不等同对照组时间序列设计(time series with nonequivalent control group design)(见图1-3)。

A. 实验组　　O_{1A}　　X　　O_{2A}
B. 对照组　　O_{1B}　　　　O_{2B}

图1-1　不等同对照组设计

O_1　O_2　O_3　O_4　O_5　X　O_6　O_7　O_8　O_9　O_{10}

图1-2　基本的间歇时间序列设计

A. 实验组　O_{1A}　O_{2A}　O_{3A}　O_{4A}　O_{5A}　X　O_{6A}　O_{7A}　O_{8A}　O_{9A}　O_{10A}
B. 对照组　O_{1B}　O_{2B}　O_{3B}　O_{4B}　O_{5B}　　O_{6B}　O_{7B}　O_{8B}　O_{9B}　O_{10B}

图1-3　不等同对照组时间序列设计

五、模拟法

实验法具有严格控制变量,可检验自变量与因变量之间因果关系的优点,但不足之处是对变量的控制往往会形成人为化的环境,与现实情形常有较大差距,外部效度较低。准实验设计虽能适应现场实际情况,但对无关变量较难控制,研究结果容易受到干扰。模拟法(simulation method)则兼具实验法和现场准实验的优点,因此成为环境心理学的重要研究方法之一。模拟研究是通过计算机模拟等仿真技术创造出与所研究问题实际情形相同或相似的情境,使身处其中的被试产生与处于实际情境时相同或相似的心理状态与行为反应。由此,模拟研究既保持对变量较严格的控制,同时也提高研究的外部效度,对研究环境—行为关系非常有效。埃利森-波特等人(Ellison-Potter, Bell, & Deffenbacher,

2001)就曾采用计算机模拟法成功研究了影响攻击性道路驾驶行为产生的因素。模拟研究集合了实验法与现场准实验的优点，在无法进行现场研究的环境下可以深入有效地剖析人的行为特点。但是，模拟研究需考虑逼真度问题，尤其是模拟场景对被试产生的心理逼真度，这对研究结果的效度有重要影响。

六、相关研究法

相关研究是一种非干预性的研究方法，研究中既不操纵变量，也不会将被试分配到各个处理组中。其主要的研究目的是探测当前测量的各个变量之间是否存在某种共变关系。在相关研究中，通常通过计算相关系数来评价变量间联系的紧密程度，若变量间存在高相关，那么这将有助于研究者描述和预测它们的变化情况。由于相关研究实施起来相对比较经济、快捷，在很多难以实施实验法与准实验法的情境下，它是一种不错的选择。不过，相关研究也有其局限性。由于缺乏对变量的控制，相关研究无法确定变量之间的因果关系。即使研究结果具有良好的预测力，也无法由此明确地区分孰因孰果。由于相关研究能够显示变量之间的共变关系，具有预测功能，而且可以提示研究者注意变量之间可能会存在的因果关系，因此它也是环境心理学常用的研究方法之一，通常可以利用它研究环境中自然发生的变化（例如自然灾害等）与在此环境中人的行为变化的关系，也可以用相关研究去评价环境条件与档案资料之间的关系（例如居住密度与犯罪率的关系）。在进行相关研究的过程中，特别值得注意的是：选择研究变量应依据研究的目的与理论假设；选用研究指标应着重考虑变量的性质与数据特征，避免统计方法的误用，尤其是在使用档案资料时，应注意档案资料的代表性问题。因为并不是所有的信息都会有同等的机会被保留下来，而在被保留下来的那些资料中，也并不都能随时间的流逝而存留下去，应考虑到这些局限性及其对研究结果的影响。

在描述了环境心理学的学科特点、发展简史和研究方法以后，简要描述本书各章节的内容。首先总结并分析现有的环境—行为关系理论（第二章），这是我们进行研究时要依据和有待检验、完善的重要理论基础。接下来介绍环境知觉与空间认知（第三章），研究环境被知觉的方式和原理，情境如何影响我们的环境认知，而我们又如何通过环境来确定和调试行为。接着介绍环境中的社会行为（第四章到第六章），这部分内容包括私密性、个人空间、领域性等相关概念和理论，并试图由对这些行为机制的探讨引出对环境设计的启示。随后，我们会讨论环境应激（第七章到第九章），看拥挤、噪声等因素是如何影响人们对环境压力的反应。最后将总结那些如何消除破坏环境的行为，激发亲环境行为的方法（第十章），从而改善我们与环境之间的互动关系。

本 章 小 结

　　环境心理学是一门研究人与其所处环境之间相互作用及关系的学科，它包括旨在促进人工环境设计人性化，改善人与自然环境关系的各种理论与实践研究。对于"环境"这一概念，有必要采用整体的观念来看待。

　　20世纪60年代末70年代初，环境心理学作为一门独立的学科正式诞生。环境心理学的兴起有其社会历史背景、心理学理论基础，而且与巴克、伊特尔森、普罗夏斯基、霍尔、林奇等人的杰出工作密不可分。1947年，巴克和赖特在美国堪萨斯州奥斯卡卢萨镇建立了第一个环境心理学研究机构——中西部心理学现场研究站，专门研究真实环境对人行为的影响。1969年，环境心理学第一份专业期刊《环境与行为》(*Environment and Behavior*)问世；1981年，《环境心理学杂志》(*Journal of Environmental Psychology*)创刊。

　　环境心理学的学科特点：强调环境与行为的整体性；关注应用，结合并丰富理论研究；多学科交叉明显。环境心理学研究主要采用的方法有观察法、调查法、实验法、准实验法、模拟法、相关研究法等。

本书接下来的各章节内容将主要包括：环境—行为关系理论（第二章）；环境知觉与空间认知（第三章）；环境中的社会行为（第四章到第六章）；环境应激（第七章到第九章）；环境问题与行为对策（第十章）。

关键术语

环境心理学　　　　物质环境　　　　现场研究
中西部心理学现场研究站　　　　行为情境
生态行为科学

思考与实践

1. 环境心理学对人与环境关系的认识。
2. 环境心理学的研究对象、学科特点与发展简史。
3. 巴克的行为情境理论及其研究实例。
4. 环境心理学的研究方法及其各自的优势与局限。
5. 翻阅近几年的《环境与行为》（*Environment and Behavior*）或《环境心理学杂志》（*Journal of Environmental Psychology*），看有哪些研究的热点问题和研究方法的推进？

第二章　环境—行为关系理论

斯托科尔斯(Stokols，1978)提出,环境心理学的绝大多数研究都可以被纳入人与环境关系最优化(human-environment optimization)的基本框架。其中,环境最优化的概念基于一种循环的且具反馈性质的人类认知与行为模式。最优化的观点假定,从理论上讲,人们总是试图去获取最佳环境(即能最大限度满足人们需要、使人们实现自身目标与计划的环境)。然而事实上,受各种情境因素的约束,人们往往会被迫接受一些不理想的环境状况,或是退而求其次寻求一些能够达到满意性目标的环境改善。环境最优化这一概念强调人与环境之间交互过程的目标指向性与循环性,同时也暗示在人与环境的交互过程中会有一些基本的过程与规律可循。在阐述环境最优化假设时,斯托科尔斯重点区分了优化(optimization)与适应(adaptation)这两个概念。适应主要指人们在行为、认知和生理等各个方面努力去应对现有的环境条件。优化则涉及更具计划性与循环性的过程,通过优化,个体不仅仅适应现有环境,而且还会根据特定的目标选择并决定维持还是改变环境。优化强调个体与环境的交互控制。斯托科尔斯根据交互作用的两个维度(交互形式与交互状态)将人与环境交互作用的基本模式总结为解释型(主动性—认知的)交互、操作型(主动性—行为的)交互、评估型(反应性—认知的)交互与响应型(反应性—行为的)交互。其中,解释型交互包含个体对环境的认知表征或建构;操作型交互包含个体在环境中的运动或对环境直接施加的一些影响;评估型交互包含个体根据预定的标准对环境进行的评价;响应型交互则主要包括环境对个体行为及健康的影响。总之,斯托科尔斯认为,在环境心理学的主要研究领域存在一些基本假设,而这些基本假设可以作为统一的环境—行为关系理论的基础。其中,他强调,交互论与最优化假设是最值得重视的两个基本点。交互论认为,人与环境之间的关系具有双向的性质。最优化假设则表明,人与环境之间存在多种交互模式,各种各样的模式会被按照目标、计划的不同优先权加以组织。斯托科尔斯还指出,交互论和最优化假设这两个基本观点将有助于我们解决所有行为科学都需面临的一项重要任务,即明确环境的分类,以提高对行为的预测力。

理论在科学研究中发挥着重要作用,有价值的理论能够对大量经验数据进行概括,有助于知识的总结和对事实的预测,并将有助于引发其他新的研究。本章将主要讨论环境心理学理论的实质与价值,并重点分析现有的四种较为成熟的环境—行为关系理论,即唤醒理论、环境负荷理论、环境应激理论和生态学理论。

第一节　环境心理学理论的实质与价值

作为一门科学,环境心理学是如何减少不确定性并帮助人们去把握环境—行为关系的一般规律呢?研究始于观察。例如,在一些情况下,研究者发现,随着监狱内囚犯的增多,监狱中的暴力事件也会增加,基于观察到的这一现象,研究者可能会提出这样的问题:人口密度与攻击性行为是否存在某种联系?接下来,基于现象的观察可作出如下假设:较高的监狱人口密度会导致攻击性行为的增多(而实际研究显示,在监狱中拥挤的效应比较复杂,详见第八章相关内容)。在提出假设后,一项重要的内容便是利用科学的方法进行假设检验。采用公开的可观察的实证数据验证假设是科学坚持的基本原则,在环境心理学研究中进行假设检验的科学方法有很多,例如实验法等(详见第一章相关内容)。通过各类研究方法获得数据后,若观测资料不支持假设,研究者要么进一步修改和完善假设,要么推翻先前假设,再去建立一个新假设。

当通过反复的假设检验收集到足量的实证资料后,我们就可以上升到一个较为抽象和理论化的水平去解释并整合这些事实。与对现象之间简单的可观测的关系进行论述的实证定律不同,理论包含的概念及其关系通常会更为抽象,在范围上也更为广泛。一般情况下,理论是由大量实证性关系推演而来的。简言之,理论包含一组概念以及将这些概念联结起来的一组说明。经由理论,我们可以对可实证观察的变量间因果关系进行抽象推论,从这个意义上来讲,直接观察与抽象推断的区别,恰恰是科学研究中实证水平与理论水平的主要区别之一。

通过上述描述和分析,可以明确的是,理论至少应具备以下四个基本功能:其一,可对大量的经验数据进行概括;其二,能够帮助研究者预测变量之间的关系;其三,能够有助于知识的总结,可将某些概念及其相关关系推演到更多的现象中去;其四,理论的成形与发展能够有助于引发其他新的研究,并能被应用到实际问题的解决中去,即指导我们进行有效决策。如心理学家勒温倡导的:"好理论最实际。"

与其他任何一门学科中的理论一样,环境心理学理论也必然不断地在被评估的过程中得以发展和完善,而上述提及的理论的基本功能恰好是用于评估理论价值的基本标准。具体讲,第一,一个有价值的理论应能很好地概括多种实证关系;第二,一个有价值的理论应具有一定的预测性;第三,一个有价值的理论应具有较好的可推广性;第四,最有价值的理论往往可以产生更多有意义的新假说,并能被有效地用于指导实践。

在绝大多数科学活动中,建立并完善理论都是重要的科学目标,因为对于我们理解要研究的现象而言,理论研究至关重要。接下来,我们就来分析目前在环境心理学中应用广泛的环境—行为关系理论。

第二节　环境—行为关系理论

从发展初期到逐渐走向成熟，环境心理学已历经40多年的时间。目前已有一些较为成形的理论在指导着研究。虽然在环境心理学中基于广泛的应用性研究来发展理论是很困难的，但是由于理论在预测变量之间关系、概括大量经验数据、总结某一领域的知识以及产生新假说等方面具有非常重要的价值，在经历了一个多样化的研究阶段后，就环境与行为之间的关系已有四种较为成形的理论，即唤醒理论、环境负荷理论、环境应激理论和生态学理论。这四种理论的存在与完善对于环境心理学的发展而言至关重要。总体来看，这些理论认为环境影响着人类，而人类也对环境产生着影响，我们需要适应刺激以寻求环境与行为之间的平衡。至于环境与行为之间的这种交互作用如何发生以及为何会发生等，不同的理论则有不同的解释。

一、唤醒理论

环境刺激对个体行为产生的重要影响之一便是改变个体的唤醒（arousal）程度。唤醒水平增强主要体现在自主性活动等生理反应增强，例如心跳加快、血压升高、呼吸频率加速、肾上腺分泌增多等，此外还可表现为肌肉运动等行为反应增强，或者个体自我报告唤醒水平有所提高。有研究者将唤醒描述成处于一个连续体中的状态，这个连续体的一极是睡眠状态，而另一极则是兴奋状态（Berlyne，1960）。由于唤醒通常被视作引发或抑制许多不同类型行为的重要变量，环境心理学家也会经常以此来解释环境对人的行为的影响，认为唤醒水平是环境特征（例如，声音、温度等）发生影响作用的中介过程，而且在中等程度的唤醒水平下，通常会产生最佳的作业绩效与最理想的满意度，当然其中还会受到任务难度及其他一些因素的影响。

具体讲，首先唤醒理论通常可以预测低唤醒水平和高唤醒水平下不同的行为表现，还可以有效解释诸如高温、拥挤和噪声等环境因素导致的后果(Bell & Greene，1982；Evans，1978；Broadbent，1971；Klein & Beith，1985)。此外，唤醒也是用于进行环境评估的重要维度之一(Kerr & Tacon，1999；Russell & Snodgrass，1987)。梅尔贝因和拉塞尔(Mehrabian & Russell，1974；Russell & Mehrabian，1974，1977；Mehrabian，1976，1980)认为，预测人们对环境产生的情绪反应的关键维度之一是唤醒/未唤醒。但值得注意的是，不论是愉快的刺激还是不愉快的刺激，它们均能提高唤醒水平，因此对于唤醒水平变化原因的解释就显得非常重要。

那么，个体唤醒水平发生变化，会对人的行为产生怎样的影响？首先，唤醒状态的变化会促使我们试图去解释变化的原因及其实质，而如何解释唤醒将对我们的行为产生重大影响。例如，通常对个人空间的侵犯会导致唤醒水平增强，若个体将这一提高的唤醒状态归因于场景中的其他人，那么他将会产生较强的拥挤感(Worchel & Teddlie，1976)。如果人们将他们的高唤醒水平归因为除拥挤之外的其他原因(例如，所看的电影、噪声等)，那么他们就不会产生太强的拥挤感(Worchel & Brown，1984；Worchel & Yohai，1979)。其次，我们在被唤醒时通常会有的另一表现就是寻求别人的看法，个体会把自己的行为与别人进行社会比较，并以此来评价自身的行为是否恰当(Festinger，1954；Wills，1981)。例如，汉森等人(Hansson，Noulles，& Bellovich，1982)发现，当自然灾害的受害者在被环境高度唤醒时，他们会比较自己与其他人的命运。最后，唤醒水平对个体的作业绩效会有重要影响。耶克斯-多德森定律(Yerkes-Dodson's law)明确阐述这一观点。根据这一定律，当唤醒水平为中等程度时，作业绩效最佳；唤醒水平与作业绩效之间的倒U形关系会随任务难度而发生变化，在难度较大的任务中，唤醒状态的最佳水平点要比简单任务的稍低一些。根据这一观点，我们能够预测，环境刺激会影响个体的唤醒水平，而其任务绩效也会随之发生变化，任务绩效的变化取决于在特定任务下个体的实际激活状态是高于还是低于其最佳唤醒水平(Broadbent，1971；Hebb，1972；Kahneman，1973)。

唤醒理论,作为环境心理学的一个重要理论基础,在解释环境因素引起的一些行为变化(例如,作业绩效、攻击性行为等)方面具有较强的预测力。然而,对于唤醒水平的测量,目前还难以做到准确、统一。已有的常用测量方法主要包括心率、血压、呼吸频率、皮肤电反应、脑电活动、自陈量表等。在特定的环境下,某一测量指标表明被试的唤醒水平有所增加,但其他指标则可能显示被试的唤醒水平有所降低或无显著变化。因此,选择哪些测量方法和指标来预测行为就非常重要。

二、环境负荷理论

环境负荷理论主要源于认知心理学对注意与信息加工过程的研究,主要从信息加工的角度来探讨环境与行为的关系,尤其关注个体对一些新奇刺激和意外刺激的反应。它主要包括以下五个方面的内容(Broadbent, 1958, 1963; Cohen, 1978; Easterbrook, 1959; Kaplan, 1995; Milgram, 1970)。

1. 个体对外部刺激的加工能力是有限的,对外部刺激输入的注意容量也是有限的。

2. 环境信息量超过个体信息加工的最大容量会导致信息超载(overload)。信息超载的一般反应是注意狭窄,即个体会忽略与任务相关不大的信息,但会对相关信息给予更多关注。

3. 刺激出现(或个体意识到刺激出现),会要求个体有相应的适应性反应。在作出应对反应之前,个体会对该刺激的意义进行评估。当刺激强度较大、具有较强的不可预测性、不确定性与不可控性时,它的适应性意义就越大,需要个体给予越多的注意力。

4. 长时间的注意可能会导致资源耗竭。这种超负荷或注意疲劳会导致注意力涣散、绩效下降和情绪问题。

5. 减少信息加工量或进入一些有利于恢复健康和体力的环境,例如林荫小道、公园、动物园等,可以使注意疲劳现象得到改善,这一机制被称为注意恢复理论(attention restoration theory, ART)(Kaplan & Kaplan, 1989; Kaplan, 1995)。关于注意恢复理论的详情,见专栏 2-1。

专栏2-1　　　　　　　　注意恢复理论

关于自然对个体具有恢复性功能这一点,注意恢复理论的倡导者卡普兰(Kaplan,1995)认为,需要个体付出心理努力的任务唤起了个体的定向注意,为完成此任务,个体必须加倍努力,延缓表达不适当的情绪和行动,抑制突发的分心事件(见图2-1)。当然,解决问题也需要其他资源,例如知识储备。卡普兰指出,定向注意特别容易被破坏。因此,知道如何将转移的注意力再拉回来很重要。

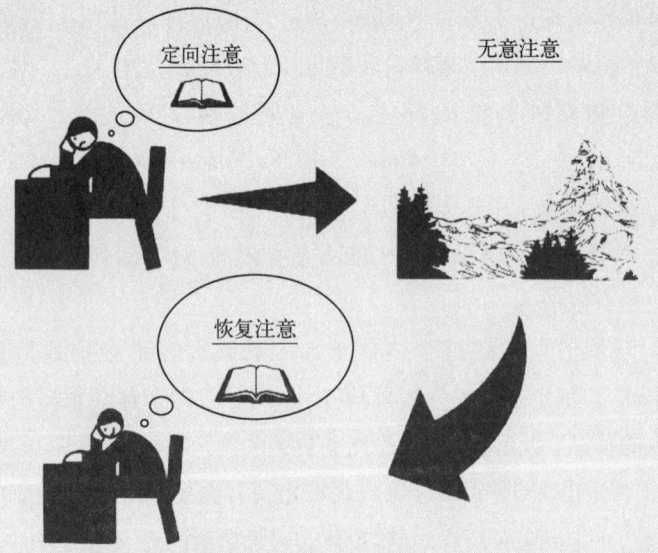

**图2-1　休养性环境的魅力在于它恢复了我们对
　　　　生活挑战的注意指向能力**
(来源:保罗·贝尔,等,2009)

任何计划,只要强度足够大而且持续时间足够长(即使是令人愉快的任务),就会引起定向注意疲劳(directed attention fatigue)。卡普兰夫妇(R. Kaplan & S. Kaplan,1989)引用大学期末考试后的心理衰竭作为一个典型的例子。我们需要某种方式"再充电"。可以睡觉,但是只睡觉还不够。按照注意恢复理论,注意指向疲劳状态最有可能在恢复性环境中得以恢复,这种环境有以下四个特点:(1)远离,或者不同于你平常所处的日常环境;(2)扩展,或能提供一个在时间和空间上都能有所拓展的经历;(3)入迷,或是产生兴趣并且参与其中;(4)兼容,即你想要做的事情能从环境中获得支持。例如,对一些人来说,一次野外郊游(Hartig, Mang, & Evans, 1991)或参观博物馆(Kaplan, Bardwell, & Slakter, 1993)就可以满足恢复性环境的需要。而很多人认为,自然环境在恢复性方面最为有效(Herzog, Black, Fountain, & Knotts, 1997; Parsons, 1991)。……自然环境被看作是一个重要资源,是一个能引起人们注意的迷人事物。实际上,自然中有大量迷人的事物。有些是软性奇观,例如云彩、日出、落叶在夕阳中闪烁。这些软性奇观很容易抓住我们的注意力。重要的是,它们也与人类的需要一致(这一点不同于其他的入迷,例如被蛇和蜘蛛等吸引了注意力)。恢复性的自然要素使人入迷,需要让人们在一个既不同于日常环境又符合人的需求的环境中作出反应。

当超负荷发生时,它会对行为产生怎样的影响?这主要取决于被关注的刺激和被忽略的刺激是哪些。一般而言,对任务最为重要的刺激会受到足够多的注意,而次要的刺激则会被忽略。如果这些次要刺激会干扰中心任务,那么忽略它们则能提高绩效。然而,当我们必须同时做两件事时,即在双任务范式下,若主任务需要的注意资源较多,并且次任务与其产生较强的资源竞争时,那么聚焦主任务则会令次任务的绩效有所下降。例如,布朗和波尔顿(Brown & Poulton, 1961)要求被试在重要刺激相对较少的居民区和拥挤的购物中心附近边开车边听磁带中播放的一系列数字,并判断在不同序列中哪些数字有变化。结果发现,在第二种条件下完成次任务(数字任务)时出错较多。研究者解释,当被试在购物中心时,会把更多的注意力放到主任务(开车)上,从而干扰了次任务的完成。

超负荷理论还认为,一旦注意容量出现耗竭,即使是很小的注意要求也可能引发超负荷,甚至刺激中止后仍会产生不良的行为后效,例如对挫折的承受力降低、心理功能失误增多和利他行为减少等。超负荷理论将这些后效归因为对相关线索的注意力降低。

利用超负荷理论,可以解释一些现象。例如,社会学家西美尔(Simmel,1957)曾将大城市中的行为病理归因于超负荷。米尔格拉姆(Milgram,1970)也指出,大城市社会生活恶化的主要原因在于人们对周围社会刺激的忽视与注意这些信息的容量减少,而这些又都源于日常需求的不断增加。每天繁忙的都市生活需要人们投入大量精力,以至于人们几乎没有太多剩余精力来关注周围的社会。一些城市居民可能被迫形成对他人比较冷漠的态度,以便能有充足的时间和能力去应付日常生活。对超负荷环境的应付与适应机制主要包括:(1)对每一种投入分配较少的时间;(2)忽视低优先权的投入或只注意那些对自己重要的事情;(3)把负担转嫁给别人,要求人们自我服务,工作更加专一化;(4)阻隔刺激,频繁使用隔离装置,例如对陌生人和寻求服务的人不友好、不接待;(5)采用过滤装置降低刺激强度,例如把社会交往保持在表面水平并中断那些试图深交的联系;(6)建立专门机构,例如各色福利机构,由它们来照管市民的问题,从而在整体上保护公民不为他人负责。

环境负荷理论不仅能解释而且还可以有效预测过量环境刺激对人的行为造成的一些后果与影响,可以用于评估某一特定的环境是否有可能引发超负荷,注意与认知加工超负荷对人的心理与行为及各类社会问题和环境问题的影响程度等。然而,在超负荷理论中,关于人的信息加工能力与具体的环境特征之间关系的研究仍有待深入和拓展。

三、环境应激理论

环境应激理论是最为广泛应用的环境心理学理论之一,有时应激(stress)这一概念被限定为环境事件,而另一种解释"紧张"则主要是用来描述有机体反应的结果。但在此,我们将应激视作整个的刺激—反应情境,用应激源来标识环境因素,用应激反应来标识由环境因素引发的有机体反应,而这种反应包含生理、情绪与行为等成分,由于生理和心理应激反应通常是相互联系、相伴而生的,因此环境心理学家通常将所有这些成分整合到一个理论中去,即环境应激模型(environmental stress model)(Baum, Singer, & Baum, 1981; Evans & Cohen, 1987; Lazarus & Folkman, 1984)。

环境应激源主要包括灾难性事件(例如自然灾害、科技灾难等)、生活事件(例如重大疾病、家庭问题等)、日常烦人事(例如拥挤或较长时间的上下班往返路程等)、潜在环境因素(例如长期处于高分贝噪声环境下等)等四类(McAndrew, 1993),其中日常烦人事和潜在环境因素可被统称为背景应激源(background stressors)。一个事件是否能够成为应激源取决于多种因素,其中主要包括事件本身的特点和个体对事件的认知评价(Evans & Cohen, 1987),其中认知评价是应激过程中重要的环节。有研究表明,对一个即将发生的负面事件(例如拥挤等)的认知评价往往也足能引发应激过程与反应,即使这一事件本身还并未真正发生(Baum & Greenberg, 1975)。

关于认知评价,拉扎勒斯(Lazarus, 1966, 1998)认为,它主要受制于个体的心理因素(例如,个体已有的知识经验、智力水平、动机、控制感、社会支持等)与刺激情境本身的特性(例如,刺激的可控性、可预测性等)。而且,对一个情境的认知评价会有不同的类型,大致可分为以下三类。其一,伤害或损失评价(harm or loss appraisal)。该评价主要关注的是已经造成的损坏(Lazarus & Launier, 1978),例如灾难性事件发生后,受害者首先进行的主要应是此类评价。其二,威胁性评价(threat appraisal)。该评价主要关注的是将要发生的危险,预知潜在危险的能力同时也会使我们体验到预期的危机,例如对环境中的有毒物质,人们在真正接触到威胁之前可能就已经会产生一些威胁性评价,而且由于信息的缺乏或不确定,有时这种威胁性评价导致的应激反应往往会比简单的伤害或损失评价带来的反应要严重得多(Baum, Fleming, Israel, & O'Keeffe, 1992; Baum & Fleming, 1993)。其三,挑战性评价(challenge appraisal)。与上述两种评价方式不同,挑战性评价不关注事件实际(或潜在的)的严重性,而是关注个体战胜应激的可能性。

对应激源的认知评价有助于决定如何对其作出反应,若个体对一个事件的评价是负面的,具有危险性,那么他将会对其产生一系列反应,这些反应可能会涉及生理变化、情感、心理与行为上的反应等。关于应激反应中有机体生理状态的变化情况最初由谢耶(Selye, 1956)提出,他认为,应激会导致一般适应综合征(general adaption syndrome, GAS),其过程包含警觉阶段、抵抗阶段和衰竭阶段。其中,在警觉阶段,对应激源的警觉会促使自主反应,例如心率、肾上腺素分泌等加速;在抵抗阶段,也是以一些应对应激源的自主反应机制作为开始,当这些自主反应机制无法使机体维持和恢复平衡时,有机体便会出现衰竭征兆,这一阶段明显的体征便是溃疡、肾上腺肿大、淋巴及其他免疫系统的内分泌腺素减少。在抵抗阶段,通常伴有害怕、愤怒等负面情绪,而且在此阶段,个体会采用一些应对策略试图适应或抵制应激源,拉扎勒斯等人将这些应对策略划分为两大类:其一为直接行动或以问题为中心的策略,例如搜寻信息、逃离、消除或制止刺激的各种努力;其二为缓解或以情绪为中心的策略,例如使用心理防御机制(合理化、否认等),重新对情境作出无威胁的评价等。

当应对不足以对付应激源,而且所有的应对能量已用尽时,有机体将会进入衰竭阶段。当然,在有机体进入衰竭阶段之前,也可能会另有一些情况出现,例如适应。即当一个刺激反复出现时,我们对它的应激反应就会越来越弱,这主要是由于有机体对该刺激的神经敏感度越来越弱,该刺激的不确定性在不断减少,或者个体对该刺激的威胁性评价越来越少等造成的。对应激源的适应既有利也有弊。有利的一方面在于,几乎所有的生活事件,包括离家入学、第一次在高峰期独自驾车等,都具有不同程度的应激性,只有经历过应激事件并学会如何应对的人才能更好地去应对下一个应激性事件,这种应对经验既能提高个体的自信心,也有助于个体发展应对技能(Aldwin & Stokols, 1988; Martin, Kuiper, Olinger, & Dobbin, 1987)。适度的应激状态还有助于提高一些作业的绩效。不利的方面在于,面对并适应应激源也需要付出代价,例如抵抗力下降、身心失调、挫折承受力下降等。当应激总量远远超出个体的应对能力范围后,就不可避免地会导致身体或心理上的崩溃。

应激模型(见图2-2)在预测性上具有较好的表现,它有助于我们预测环境恶化的可能后果以及各类环境应激源的影响。在这个方面,应激理论具有较好的可推论性。此外,我们还可以利用应激模型来帮助人们应对应激性事件,以便有效地改善人们的应激反应,这将具有更重要的应用价值。但应激理论中,对于应激源的区分与界定仍有待进一步明确,此外在准确预测个体会在什么时间采取什么方式来应对应激源时也

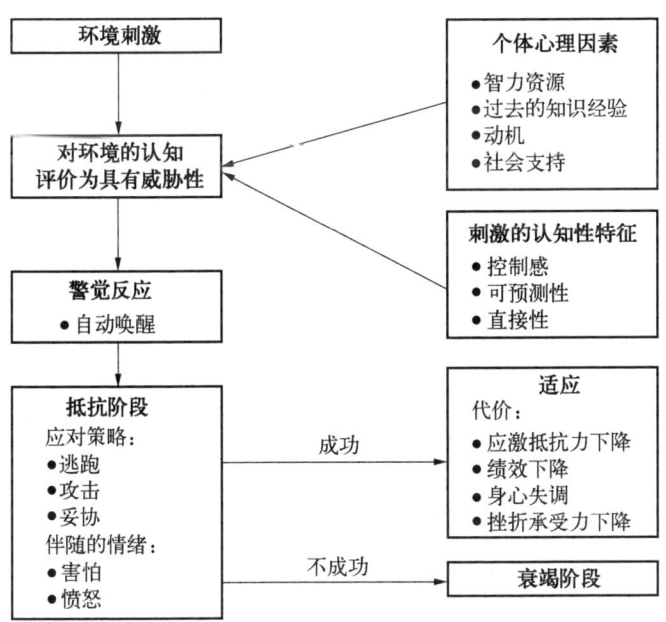

图2-2 应激模型

(来源:保罗·贝尔,等,2009)

存在一些问题,与目前已有的事后描述和区分不同的应对风格及类型相比,事前准确预测仍有待进一步发展和完善。

四、生态学理论

巴克(Barker,1968,1979,1987,1990)是生态心理学的主要倡导者,该理论将环境与行为的关系比作一条双行道,认为二者具有互依性。与环境心理学的其他理论相比,生态学理论更强调情境而非个体差异性对人在环境中行为反应起到的决定性作用。正是由于巴克的理论关注行为情境(behavior settings)对参与其中的人群的影响,也被称为超越个体的行为模式(extra-individual behavior pattern)。其中最基本的分析单元就是,人们在某一特定时刻或某一特定情境下反复出现的标准行为模式(standing patterns of behavior)。与个体行为相比,标准行为模式代表群体共同的行为特点,这种行为对于个体而言可能并不具有独特性,但对于不同的环境背景而言则是独特的。例如,若行为情境是正在上课的课堂,那么在该行为情境下的物理环境应主要包括一个房间、一个讲台,可能还有黑板和多媒体教学工具等,而标准行为模式应主要包括讲、听、看、坐、记笔记、举手、提问和回答问题等。在这一特定的行为情境中,物理环境与标准行为模式之间具有相似的结构,即具有一定的同构性,而且它们相互影响,彼此依存,共同创造出能反映特定文化目的的行为情境。

那么,接下来应考虑的问题是为了能发挥行为情境的最佳功效,特定的行为情境下应容纳多少人员才是适宜的?在生态学理论中,关于人员的配置已成为重要概念之一。威克等人提出最小维持量(maintenance minimum)和容量(capacity)分别用于描述维持一个有效行为情境需要的最少成员数量和最多数量极限。如果一个行为情境中的成员数量低于最小维持量,那么其中部分成员乃至全体成员就必须承担更多的责任才能维持行为情境的有效运作,这种情况被称为人员配备不足(understaffing);反之就会出现人员配备过剩(overstaffing)。行为情境中人员配备过多或过少都会对其成员的外显行为和主观感受产生显著影响，而这一假设已得到一些研究结果的支持。例如，威克等人指出，与大教堂相比，小教堂一般配备的人员较少，而小教堂的成员支持度与参与度都更高；相对于大教堂，小教堂的新成员能更快地融入其中（Wicker & Mehler, 1971; Wicker, McGrath, & Armstrong, 1972）。此外，在一些对大型高中与小型高中的比较研究（Baird, 1969; Barker, & Gump, 1964）中也显示小型学校的学生确实参与的活动更加广泛，而且报告有较好的满意度与挑战感。这些研究及其他相关研究都表明，在诸如教会、高中、大学（Baird, 1969; Berk & Goebel, 1987; Cini, Moreland, & Levine, 1993）、商业中心（Greenberg, 1979; Oxley & Barrera, 1984）、精神病院（Srivastava, 1974）等环境中，人员配置理论对于评价和预测参与度及满意度都具有一定的效度。

生态学理论对记录社区生活状况、评估变化的社会影响以及分析组织结构对操作效率、责任管理等方面的影响非常有帮助，还可以有效地用于环境设计的评估。生态学理论强调物理条件与行为结构之间的自然契合，通过认真理解行为情境的特点，可以深入分析它的一些设计特征，进而更加有效地去实现预期的功能（Wicker, 1979, 1987; Bechtel, 1977）。但生态学理论有其不足。它主要凭借现场观察的方法，而且使用现实世界中的真实行为作为研究对象，这种研究取向虽然考虑到人与环境相互关系的整体性因素，具有较高的生态效度，但是在明确具体的因果关系方面则有明显的缺陷与不足。对情境中现实行为的研究也往往因为缺乏对变量的科学控制而使其解释变得困难。此外，由于该理论主要针对群体行为数据进行研究，在了解个人行为数据和精确预测个人行为方面就会略显劣势。但值得肯定的是，生态学理论确实提出许多富有价值的问题，例如在特定的行为情境中，有哪些共性因素导致相似的群体行为；当行为情境中的结构发生变化时，人们的行为会随之发生怎样的变化；一种行为情境会对另一种行为情境中的行为产生怎样的影响等。在将来的研究中，生态学理论需进一步明确以下基本理论问题：（1）情境的参与者在何种条件下可以建立、改变或终结这一情境？（2）在不同的群体或文化条件下，人员配置的效应是否存在差异？

(3) 人员配置条件是否与人口、建筑环境和行为模式之间存在交互作用？这些相关问题的解决极有可能需要综合认知与动机结构等更为完备的理论的提出以及更为广泛的实验室与现场实验研究(Stokols，1978)。

五、其他理论观点

以上我们列举了环境心理学中四种主要的理论观点。实际上，在一些更微观的领域还存在其他一些理论模型。例如，在环境知觉研究领域中有透镜模型、生态知觉理论(详见第三章)，在环境设计中有防御空间理论(详见第六章)等，在环境中的社会行为研究领域有私密性调整理论(详见第四章)等。这些阐释某些具体机制的理论对于明确和深化环境—行为关系的研究发挥着重要作用，是未来提出一个更为完善的关于环境与行为关系的整合方案的重要基础。尽管目前的理论发展仍处于初级阶段，但有些研究者已开始尝试对现有的一些理论观点进行综合和总结，例如贝尔等人(保罗·贝尔，等，2009)提出的折中模型(详见专栏2-2)。尽管贝尔等人也承认折中模型并非一个完全成形的环境理论，而仅仅是将适用于环境与行为关系的各种中介变量加以综合的一种尝试，但是对于现有的理论观点进行梳理和整合的确有益于环境心理学理论的发展。

专栏 2-2　　　　　各理论的折中模型

图2-3的流程图阐述了折中模型这一理论观点。种种客观环境条件，例如人口密度、温度、噪声水平、污染程度和建筑设计等都是独立于个体之外而存在，尽管个体也有可能改变这些客观条件。这个方案涉及一系列的个体差异因素，例如适应水平、接触时间长短、控制感、个性、个人偏好、依恋和应对环境相关因素的能力等，此外还包括社会因素，例如社会支持和对他人的喜好或憎恶等。对这些客观环境条件的认知既取决于这些客观条件本身，也

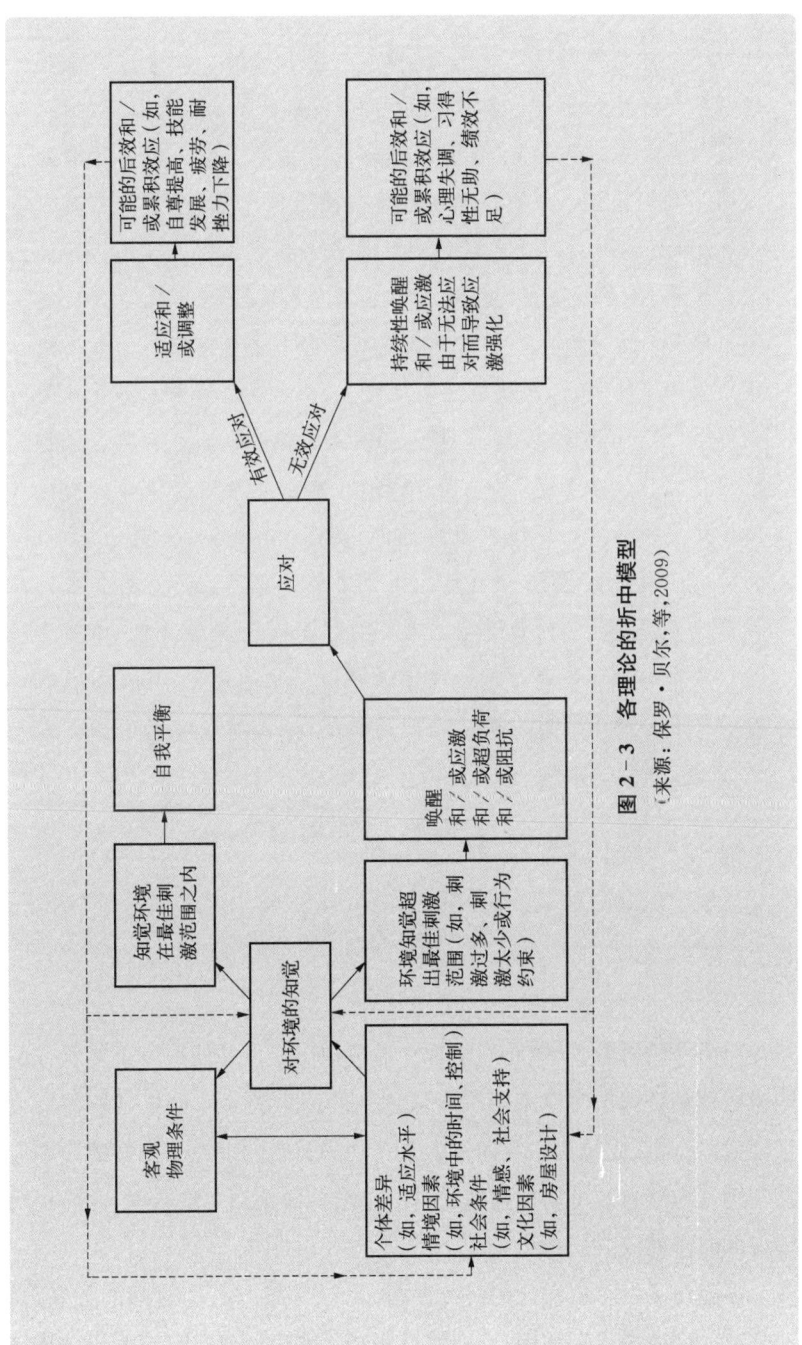

图 2-3 各理论的折中模型
（来源：保罗·贝尔，等，2009）

取决于个体差异因素以及态度、感觉与认知过程。如果这种主观理解判定环境处于最佳刺激范围之内,或是与预期行为相符的话,那么结果就是内部稳定(自我平衡),或者指期望输入与实际输入之间的平衡状态。如果环境在最佳刺激范围之外(例如在刺激水平之下,超过刺激水平或以勉强行为方式接受刺激——包括人员配置过剩、不足或不当的情况),那么像唤醒、应激、信息超负荷或阻抗等一种或多种心理状态就会出现并会引发应对策略。如果试图应对的策略成功,即适应或调节发生,可能继之而来的结果就是耐挫力下降和疲劳,以及应对下一个突发事件的能力衰减。累积的后效可能包括上述任何一种情形,也有可能导致自信心的增强和应对未来的意外环境刺激的能力提高。如果应对策略不成功,唤醒和应激仍将继续,还有可能由于个体意识到应对策略失败而增强。无法成功应对的潜在结果表现为衰竭、习得性无助、糟糕的绩效表现和心理失调。正如反馈循环所显示的那样,有关环境的经验将会影响个体对未来环境的认知水平,同时会造成个体以后的经验差异。

本 章 小 结

作为一门科学,环境心理学旨在通过提出假设并使用可重复验证的经验数据验证修正假设来理解变量之间的因果关系。如果足够的假设被证实,就可形成包含一系列概念及其之间关系的理论。而好的环境心理学理论应能有效可信地描述、解释、总结并能预测实证数据,并能提出很好的改善建议。

在经历了一个多样化的研究阶段后,就环境与行为之间的关系,目前已有四种较为成形的理论,它们分别是唤醒理论、环境负荷理论、环境应激理论和生态学理论。唤醒理论指出，环境刺激对个体行为产生的重要影响之一便是改变个体的唤醒程度，唤醒水平是环境特征发生影响作用的重要中介过程，而且在中等程度的唤醒水平下，通常会产生最佳的作业绩效与最理想的满意度。因此，可以根据刺激引发的个体唤醒水平是高于或低于其最佳水平来解释并预测刺激增强是促进或削弱行为绩效。环境负荷理论指出，个体对外部刺激的加工能力是有限的，如果环境信息量超过个体信息加工的最大容量，就会导致信息超载。信息超载的一般反应是注意狭窄，即个体会忽略与任务相关不大的信息，但会对相关信息给予更多关注，长时间的注意可能会导致资源耗竭，这种超负荷或注意疲劳会导致注意力涣散、绩效下降和情绪问题。环境应激理论是最为广泛应用的环境心理学理论之一，该理论假设一旦环境刺激被认为具有威胁性，应对策略就会被启用。如果应对策略的运用导致学会更多应对压力的有效方法，这类应对策略就是有益的。若长期处于压力之下就会导致严重的后果，包括心理失调、绩效降低和对压力的抵抗力下降。巴克的生态学理论认为，环境与行为具有互依性，并将行为情境视作基本的研究单元。而且特定的行为情境若要发挥其最佳功效，则必须有适宜的人员配置。行为情境中人员配备过多或过少均会对其成员的外显行为和主观感受产生显著影响。

关键术语

人与环境关系最优化	唤醒	信息超载
环境应激模型	伤害或损失评价	威胁性评价
挑战性评价	行为情境	最小维持量
容量		

思考与实践

1. 论述斯托科尔斯的交互论观点和最优化假设。
2. 论述关于环境—行为关系的四种主要理论观点。
3. 请对某一行为情境（例如课堂、教堂、拍卖等）进行仔细观察至少一周时间,记录在这一行为情境下经常出现的典型行为模式是什么？在这一行为情境下人员配置是否适宜？如果人员配置不适宜,那么对参与其中的人有怎样的影响？如何来改善这种情况？

第三章　环境知觉与空间认知

现在，请你花几分钟时间想一下你所在校园的布局，想一下你经常走的路以及路边的景色和建筑，然后在一张白纸上尽可能详尽明确地画出一幅校园地图，并在图上标出校园布局的重要特征，这样即使是陌生人也可以利用你画的这张地图在校园中找到他要走的路。

上述这类绘图反映了个体对环境的认知地图，通常被称为草图（sketch map）。艾普亚德（Appleyard，1970）采用草图法评估个体的认知地图，发现这些草图基本上可分为序列地图和空间地图。序列地图按照行进时的先后顺序记录下来，包括的路径名称较多。空间地图主要强调空间结构。那么，你绘制的草图属于哪种类型呢？

对空间信息进行加工、贮存和提取的能力对于有机体适应环境具有重要意义，个体需要对分布于环境中的不同客体及其位置进行信息加工，以有效实现与环境的互动。因此，探讨环境知觉与空间认知过程的规律是环境心理学研究的重要内容。本章主要讨论环境知觉的基本概念与理论、空间认知的基本概念、认知地图与城市意象、认知成图能力与寻路行为等内容。

第一节 环境知觉

环境知觉(environmental perception)是个体捕获各种环境信息并对其加以组织和解释的过程,是环境刺激与个体已有知识经验相互作用的结果。知觉是个体获取和组织各类环境信息的源泉,它对于个体理解和适应环境具有重要意义。

一、环境知觉的基本概念

外界环境信息通过感觉器官传入大脑,并由大脑对这些信息作出解释。认知心理学认为,知觉就是对感觉信息进行组织和解释从而获取意义的过程。个体通过感觉器官接收大量的环境刺激,在已有知识经验的参与下,通过富有选择性的建构过程对刺激加以解释,把握刺激的意义。

环境知觉通常有赖于两类信息:环境刺激;知觉者已有的知识经验。自上而下的加工(top-down processing)主要受知觉者已有知识经验的制约,加工过程基于对环境的预期。对特定环境的预期和假设往往能够提高信息加工的速度,并有利于解释具有模糊性或不确定性的环境刺激。自下而上的加工(bottom-up processing)是基于环境刺激的加工,加工过程主要由感觉输入信息驱动,在对环境不易产生预期的情况下通常有赖于这种加工方式。总之,自上而下的加工与自下而上的加工是方向不同的两种加工方式,它们相互联系,形成统一的知觉过程。在不同的环境下,知觉过程对这两种加工方式可有不同的侧重。

二、环境知觉的理论

关于环境知觉的理论,比较有代表性的主要有布伦斯威克(Brunswik,1956)的透镜模型和吉布森(Gibson,1979)的生态知觉理论。它们从不同角度探讨环境知觉的本质,透镜模型强调知觉是受个体差异影响的概率判断过程,生态知觉理论则认为知觉的意义蕴含于环境中,可直接得被感知。

(一) 布伦斯威克的透镜模型

如图3-1所示,布伦斯威克(Egon Brunswik,1903—1955)的透镜模型(lens model)认为,人的知觉过程犹如捕获光线并使光线聚焦的透镜,通过它,人将接收到的大量分散的环境刺激序列加以过滤、重组,最终形成统一有序的知觉。布伦斯威克认为,感觉信息本质上具有不确定性,无法准确反映现实世界,而个体需要凭借这些不确定的信息对环境的本质进行概率判断。因此,透镜模型通常又被称为概率模型(probabilistic model)。在建构环境知觉的过程中,人具有极大的主动性。在已有知识经验的参与下,个体可以获悉哪些刺激能够最准确地反映真实环境,那么这些生态效度较高的刺激在将来的知觉组织中就会被赋予较高的权重。透镜模型强调对整体环境进行研究,将人视作主动的信息加工者,认为知觉建构来自当前感觉信息与过去知识经验之间的相互作用。这些基本观点对此后的环境知觉研究产生了深远影响,具有重要的理论指导意义。

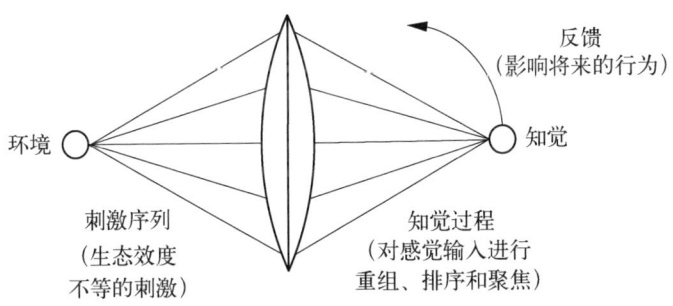

图3-1 布伦斯威克的透镜模型
(来源:Holahan,1982)

布伦斯威克(Brunswik,1956)曾以美观知觉为例说明透镜模型在实际中的应用。人们对自然环境产生的美观知觉依赖于哪些线索呢?如图3-2所示,布伦斯威克认为,首先环境向它的观察者展现了一系列可测量的客观特征(即间接线索),观察者对间接线索的主观印象被称为直接线索,而对环境美观的判断则建立在对直接线索的整合基础上。布伦斯威克认为,由于来源于环境中的刺激线索在帮助观察者形成精确知觉时产生的作用大小不同,因此在知觉加工中占据的地位也会大小不一,即刺激的生态效度(ecological validity)不尽相同,同时由于个体各自的经验、人格特征等方面的差异也会导致对这些刺激的评价不同(即线索利用,cue utilization)。由此可见,布伦斯威克的透镜模型揭示在环境知觉过程中刺激、主体因素等对个体知觉加工的影响,并指出这一知觉过程决定了由个体评判形成的、具有个人风格的评估模式,而目前已有越来越多的证据表明,拥有相似背景或个性特征的人会具有相似的评估标准。

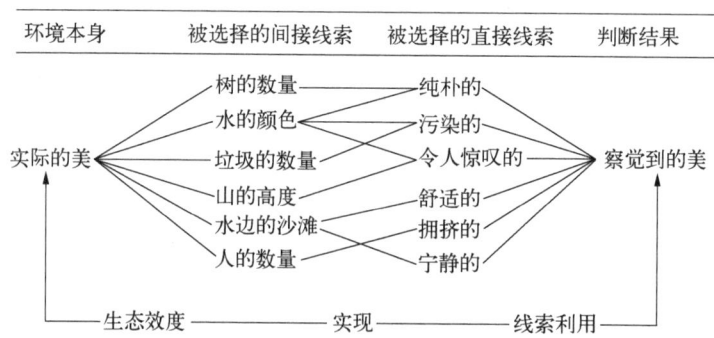

图 3-2 关于美观的知觉分析:基于布伦斯威克的透镜模型
(来源:Brunswik,1956)

(二) 吉布森的生态知觉理论

与透镜模型强调环境知觉是个体对各种线索进行权衡以建构意义的观点不同,吉布森(James Jerome Gibson,1904—1979)的生态知觉理论(ecological theory of perception)认为这种意义已经存在于环境刺激的模式之中,环境知觉是环境刺激生态特性的直接产物。吉布森(Gibson,1979)认为,对环境的知觉,与其说是觉察到那些被纳入模式识别中的个别特征或线索,不如说是对那些存在于具有生态学结构的环境中的意义作出的反应,即发现并与之协调。吉布森还强调,各线索之间的组织赋予了观察者直接的知觉体验。与布伦斯威克复杂的概率判断过程相比,吉布森认为,环境知觉是更直接的,不需要太多解释。我们通过环境知觉直接获取许多有价值的信息,因此环境知觉具有重要的适应性功能。

针对环境知觉的适应性功能，吉布森认为，在认知与行为活动中，环境首先不是作为对象，而是作为它们的支撑出现的，有机体生存的适应性策略不是抛开而是要借助环境本身给予认知与行为以支撑的那些特有结构和持久特征。吉布森把这些有利于行为的可知觉可凭依的环境的可能性和机会称为给予性(affordance)。例如，一个水平方向的固体表面可供人站立或休息，一个延长的水平向固体表面可供人移动行走，但一个垂直的固体表面却只能提供机械运动而非人的行进，这些都体现着环境特定的给予性。个体正是通过知觉发现并利用这种给予性来满足自身的生存需要。从一定意义上讲，给予性具有物种特异性，能为人类提供某种功用的物体或环境未必同样造福于其他生物。因此，对给予性的理解应考虑到环境的生态功能，人类在对环境的知觉和行动的过程中，发现并试图完善着自己的生态小环境(ecological niche)。但在这个过程中，我们同时也改变了该环境对其他人或有机体的给予性。而对这一不断发生变化的环境的知觉，则取决于每一个有机体从中得到和失去多少环境的给予性。不可否认，我们人类在为了自身的一些短期利益而强行改造环境时，已对人类自身和其他物种的生存造成了长期的不良影响。因此，对于人类改造环境给予性的神奇技术，我们应该谨慎对待。

吉布森的生态知觉理论从知觉的适应性功能出发，强调人在环境中的适应性。尽管该理论因过分强调个体知觉反应的生物性而受到一些研究者的质疑与批评，但是这种生态学的观念、对环境给予性的重视以及对环境知觉目的与功能的强调，对于理解环境知觉的本质、改进环境设计与管理均具有重要的启发意义。专栏 3-1 就呈现了一个通过改造环境的给予性来管理公共场所吸烟行为的研究。

专栏 3-1　　环境的给予性与管理吸烟行为

吉布森和沃纳(Gibson & Werner, 1994)在机场候机室研究了环境线索可识别性对吸烟行为的影响。在研究一中，他们区分了三类区域：明令禁烟区（醒目的禁烟标识，区域内不提供烟灰缸，与周边可吸烟区的边界明显）、明示可吸烟区（醒目的许可标识，区域内提供烟灰缸，与周边禁烟区的边界明显）与不明确区域（既有禁烟标识又有提供烟灰缸，无任何醒目标识，禁烟标识与许可标识距离很近并且无清晰的边界区分禁烟区与可吸烟区）。自然观察结果发现，在不明确区域里的违规吸烟者要显著多于明令

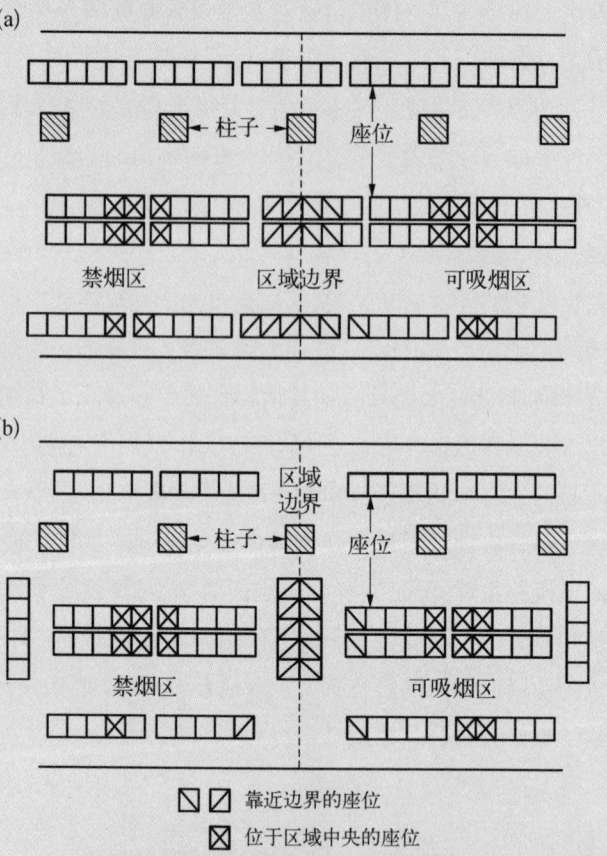

图 3-3 吉布森和沃纳（Gibson & Werner, 1994）实验场景中对边界明确性因素的控制，其中图 3-3(a)为边界不明确条件；图 3-3(b)为边界明确条件

（来源：Gibson & Werner, 1994）

禁烟区。在研究二中,他们系统操纵了环境线索可识别性因素,主要包括两个方面:烟灰缸线索的可识别性(水平1:仅在可吸烟区提供烟灰缸;水平2:在可吸烟区和禁烟区均提供烟灰缸);边界明确性[水平1:边界不明确,如图3-3(a)所示;水平2:边界明确,如图3-3(b)所示],其中一部分被试就坐于靠近边界的地方,另一部分则就坐于该区域的中央位置(如图3-3所示)。结果发现,在可识别性较差的环境里,有更多违规行为发生。在研究三中,他们在禁烟区系统操纵了环境线索的可识别性,同研究二,结果进一步验证了可识别性好的环境中违规行为的发生也较少,还发现增进环境的可识别性还能有利于禁烟区的人们有意识地去维护规范的执行,尤其是位于禁烟区中央的人比位于边界位置上的人,对违规行为表现出更多的不认同和反对。综上所述,环境的设计与暗示对禁烟规范的实施有重要影响,具有良好可识别性的环境线索不仅有助于降低违规吸烟的发生,而且有助于其他个体对规范执行的维护。

总之,对环境知觉的解释,布伦斯威克与吉布森的理论取向差异较大。布伦斯威克强调知觉是受个体差异影响的概率判断评价过程,而吉布森则主张知觉的实质与意义蕴含于环境之中,可直接的被感知且不需要复杂的评判。但他们都认为,对知觉主体的深入分析与考察将有助于更好地理解环境知觉的本质。

第二节 空间认知

为有效实现与环境之间的互动,个体需要在环境知觉的基础上进行一系列空间认知加工过程,个体对空间的理解和心理操纵能力被称为空间认知能力(spatio-cognitive ability)。空间认知对于有机体适应环境具有重要意义。

一、认知地图与城市意象

(一)认知地图概述

认知地图(cognitive map)是指个体对外部环境的心理表征。这一概念最早由心理学家托尔曼(Tolman,1948)提出,用于解释白鼠学习走迷津的行为。认知地图为有机体提供了关于环境的有用模型,代表着个体认为的世界。在个体关于环境的认知地图中,主要包括路径知识(route knowledge)和结构知识(survey knowledge)。路径知识主要基于个体在环境中的直接经验,指个体在环境中采取的一系列行动。结构知识则主要通过地图学习等途径获得,表达着环境中不同位置之间的相互空间关系。

在认知地图中,环境信息通常被图式化,其中有许多信息被省略。在其抽象化的过程中,由于注意、知觉、回忆等认知活动的偏差,个体形成的认知地图与现实环境之间往往会存在一些差异。例如,在绘制认知地图草图时,人们往往倾向于将他们最熟悉的场所置于草图的中心位置,并扩大其尺寸,扩充其细节。唐斯和斯泰亚(Downs & Stea,1973)将个体认知地图中常见的偏差归为残缺(incompleteness)、曲解(distortion)和添加(augmentation)。残缺是指环境中的某些事物在认知地图中的表征不完整或是被漏失。例如,我们经常会遗漏一些小的街道或细节,有时甚至会遗漏较大的街区和地标,有研究报告显示,不同年龄阶段的被试一般都不会在草图上画出他们不喜欢的地点或街区(Seibert & Anooshian,1993)。曲解指的是实际环境中的结构、距离、方位等在认知地图中的表征不正确。例如,人们在其认知地图中往往倾向于调整道路之间的角度,使其更加规则化,人们容易将成锐角的道路交叉角度估计得过大,而对较缓和的成钝角的交叉角度则估计过小,还可能会把不平行的两条道路误认为是平行的或者把不垂直的道路认为是垂直的等。很多研究已表明,人们往往会夸大自己熟悉或喜欢的地区的范围,而且地区的强盛与否也会影响人们对该地区范围的认知（Milgram & Jodelet，1976；Pinheiro，1998）。添加则是指臆造实际环境中并不存在的事物。例如，在艾普亚德（Appleyard，1970）的研究中有一例，一位欧洲设计师在其草图中添加了一条并不存在的铁路线，因为他根据经验推测，在钢厂与矿口之间应有铁路相通。在这个例子中，设计师凭经验推论添加了一个元素，虽然合乎逻辑，但确实是现实环境中不存在的特征。

综上所述，尽管在认知地图的构建中，空间知识的表征并不完善，但是作为一种简化的认知结构，认知地图中包含着个体认为的环境中最重要的部分。它有助于人们在行动之前理解环境的空间结构及其意义，并能够帮助他们实现定向、寻路等行为，有益于个体适应环境。虽然我们在认知地图中会出现误差，但是了解误差来源可以帮助我们更好地去理解经验、年龄、性别、人格等个体差异的影响，这可以丰富我们对人类认知过程的认识和理解。

（二）城市意象研究

在环境心理学中，关于认知地图的许多研究都涉及对于城市的认知。其中，最经典的工作来自城市规划设计师林奇（Kevin Andrew Lynch，1918—1984）。林奇最早研究城市的认知地图，并在《城市意象》(*The Image of the City*，1960)一书中作了详细阐释。林奇认为，识别性（legibility）是城市最重要的特征之一。具有良好识别性的城市，其特征能够被轻松识别、组织和回忆。人们通常乐于接受可读性强的环境，对于城市也不例外。林奇在其颇具开创性的研究中，主要采用草图绘制法（sketch mapping）等技术调查分析居民关于城市的认知地图，并在此基础上得出关于城市的公众意象（public image），公众意象反映着居民群体对于城市空间组织结构的共识。林奇指出，在构筑关于城市的心理意象时，人们通常会使用路径（paths）、边界（edges）、区域（districts）、节点（nodes）和地标（landmarks）五种基本要素（如图 3-4 所示）。路径是指行进时沿着的路线或通道，例如街道、地铁线等。边界是指分界线，可以将环境分割为不同的部分，例如围墙、河流、海岸线等，有时路径也会起到边界的作用。区域是指具有共同特征的较大的空间范围，例如行政

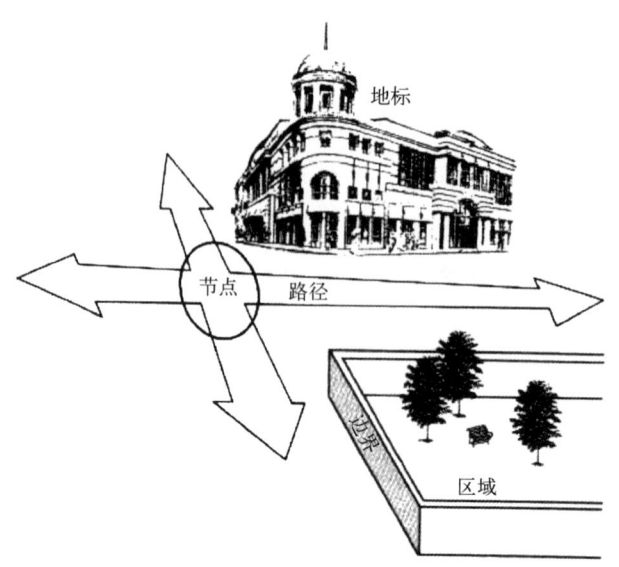

图 3-4 阐明林奇关于认知地图五种基本要素的图示
(来源：保罗·贝尔，等，2009)

区、各类功能区等。节点是指居民可以进入的重要的连接点或地物点，例如十字路口、车站、换乘中心等。地标是居民识别城市时依据的重要参照物，通常具有独特性、醒目性和重要性等特征，例如造型独特的建筑物、雕像、喷泉等。有些特殊的地标，例如上海的东方明珠电视塔、纽约的自由女神像等还会成为一个城市的象征。林奇关于城市意象的研究对于城市规划与设计具有重要的指导意义，而且他的思想也被推广到其他尺度的实质环境(例如建筑物等)的研究工作中。虽然林奇采用的草图绘制法遭到一些批评，对于公众意象的理解也受到一些质疑，但是在该领域中他的工作无疑具有重要的里程碑意义，他提出的认知地图要素分类法已被广泛运用，引发了此后关于城市意象的众多跨文化、跨群体的比较研究(Appleyard，1969；Francescato & Mebane，1973；Orleans，1973；Milgram & Jodelet，1976；夏铸九、叶庭芬，1981；Hanyu，1993；林玉莲，1999；顾朝林、宋国臣，2001)。

(三) 认知地图的研究方法

搜集和分析认知地图的研究方法很多，其多样性往往使得研究数据之间的比较变得比较困难,但多样性的方法也使得这一领域的研究非常活跃和丰富。下面简单介绍四种常用的认知地图研究方法。

1. 草图绘制法

林奇在研究城市意象时采用的主要方法便是草图绘制法(sketch mapping),即让被试画一张自己所在城市的草图。此后,草图绘制法被普遍用于不同尺度环境的认知地图测量。草图绘制法对建立认知地图标准概念十分有效,比如路径、地标、节点、边界等。而且该方法能够提供丰富的数据来源,具有较高的生态效度。但是,它也存在一些不足。首先,被试画草图时需要采取一种假设视角,即要将被试自己置于所画地图的上方,而这种视角可能是被试不曾体验过的。因此,被试的绘画能力或运用假设视角的水平可能会影响到他们真正要表达的内容。其次,草图的内容与风格易受研究条件的影响,往往难以有效比较不同条件下的被试绘制的草图。在不同研究条件下,被试在画图时选择的比例与方位可能会有差异,而不同研究者采用的计算标准也会有差别。此外,对于绘图失真情况应如何做量化处理,也是草图绘制法在分析数据时面临的问题。

2. 地图反应法

地图反应法要求被试根据一些评价维度(例如对场所的偏爱、熟悉度等)进行等级评定,并在此基础上总结不同个体对这些特性的共同的主观评定,并以地图的形式表征。例如,古尔德和怀特(Gould & White, 1982)曾采用这种方法收集了加州居民对美国不同地区的偏好度状况。专栏3-2则详细列举了该方法在校园布局规划中的运用和意义。

专栏3-2　　　　认知地图与校园布局规划

图3-5描绘了数百名大学生对他们校园持有的评价,说明了在一个小规模校园中人们感到的舒适愉悦平均水平。在图中,我们看到最令人感到舒适愉悦的区域位于地图的左下角,即图3-6中我们看到的幽静的林荫道。这些数据除了用于教学目的之外还

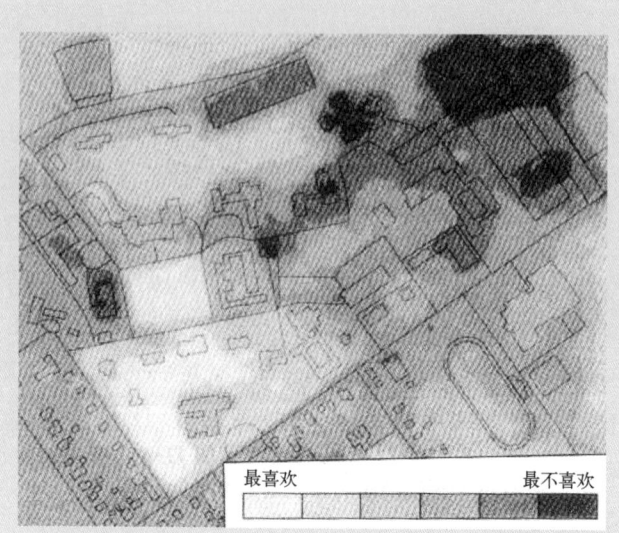

图3-5 根据大学生的评估分数绘制的校园舒适区域和不舒适区域图

图3-6 图3-5中提到的人们认为校园中最为舒适的地方——一条幽静的林荫道

有其他用处吗？恰好在20世纪80年代中期，这所大学雇用了一家建筑规划公司来帮助他们对其后20年内的发展制定一个总规划。建筑师就利用早期获得的一些调查结果明确了学生和员工喜欢的区域。他们还要求进行一次交通路线调查并对此进行了总结，利用他们的专业技能并进行实地考察最终得出一个新的校园布局的总规划（部分规划设计如图3-7所示）。在新的布局中，停车场及其相关马路被从校园中心区域移走。

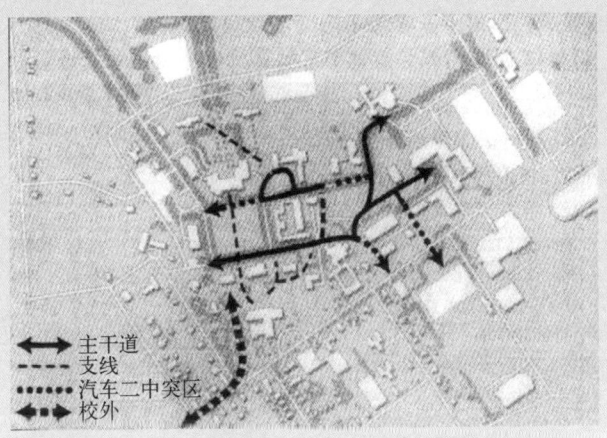

图3-7 基于舒适度评估和交通路线调查数据
分析的校园布局总规划的一部分

（来源：保罗·贝尔，等，2009）

3. 识别任务法

采用识别任务法，可以避免被试绘图能力差异对结果造成的干扰，它主要是采用地图再认、航摄像片再认等任务，为被试提供关于环境的表征，然后要求他们正确地识别出特征和结构。与草图绘制法不同，识别任务法强调再认而非回忆，因此在该任务中体现出来的空间知识与结构是否精确会受到质疑。尽管帕西尼（Passini，1984）认为，再认任务与大多数人在熟悉环境中进行活动的方式十分接近，但是应该明确的是，该方法在比较不同空间要素间的方位和地理距离时有明显的局限性。

4. 距离估计法

距离估计法是指通过要求人们估计地点之间的距离从而了解个体对环境结构和空间知识的表征。其中对功能距离的估计是最常见的方法。功能距离是指个体在环境中两个地点之间实际行走或驾车行驶的距离(Festinger, Schachter, & Back, 1950)。由于在环境中活动，距离估计是一项重要工具，因此采用距离估计法能较有效地评估个体对地点之间结构关系的认识，而且得到的结果也容易被量化，但是该方法也存在一些不足，与草图绘制法相比，缺乏生态效度和表面效度。

目前基于距离估计而进行的认知地图测验有了进一步完善，可以凭借一系列算法，从被试提供的一维数据(例如距离、方向等)中构建出二维空间，而这些从一维到多维转换测验的实现方法主要包括多维标度分析(multidimensional scaling, MDS)等。多维标度分析主要基于个体对地点间距离的估计，并在此基础上生成能够描述地点之间关系的地图。通过该方法，可以发现一系列经验数据蕴含的模式或结构，并将其结果以可视化的方式呈现(Kitchin & Jacobson, 1997)。专栏3-3就形象说明，多维标度分析的基本原理在实际中的简易应用。

专栏3-3　　　　　　　　试一试

你可以用一种非正式的方法来检验多维标度分析这种测量方法。请你的10位朋友对10个建筑物之间的距离进行一下估算，然后计算出每对建筑物之间的平均估计距离。按相应的长度比例分别选取一些线来代表每一段平均距离，然后把所有这些线用大头钉(代表建筑)连接起来。如果你所有朋友对每段距离的估计都是绝对精确的话，那么这个程序就会生成一幅精确的地图。当然，出现一致的失真也是很有趣的。例如，你的朋友很可能同时夸大了他们不喜欢或不熟悉的一段路程。

(来源：保罗·贝尔，等，2009)

(四) 影响认知地图质量的个体因素

认知地图的精确程度与详尽程度会受经验、性别等个体因素的影响。

1. 经验

经验的累积和丰富会影响个体对环境的认知深度与精确性。个体体验环境的机会往往会因其社会经济地位、文化背景、年龄甚至性别的不同而不同,而这种经验差异会影响个体对环境的认知。经验因素主要包括对环境的熟悉度、旅行经验和预期等。

已有大量研究发现,个体对环境越熟悉,对环境的认知地图就越精确详尽(Appleyard, 1970; Evans, 1980; Gärling, Böök, & Ergezen, 1982)。在艾普亚德(Appleyard, 1970)的研究中,他将认知地图主要区分为序列地图和空间地图,其中空间地图更加能够体现环境中的空间结构关系。他在研究中发现,长久居住的居民与新来者相比,其认知地图更具空间结构性,而且结构性因素在他熟悉的区域里显得尤为突出。这表明,随着个体对环境熟悉度的增强,其认知地图也会变得越具空间结构性。

对于一些常见现象,有些研究者也采用了熟悉度的观点加以解释。例如:社会经济地位高的人群的认知地图要比穷人的更详尽(Appleyard, 1976);公交司机对路线经过地区的认知地图要比偶尔乘坐公交车的人更丰富。对于前者的解释是,与缺乏便利交通工具活动受限的下层阶级人群相比,中上层人群对城市的体验更多更广,因而其认知地图会较详尽。对于后者的解释是,与单纯的移动行进相比,那些必须留意所经过的环境中的人(公交司机)更容易掌握道路的名称、方位、地址和距离。总之,对环境接触的时间越长,而且经常在其中活动,个体的认知地图也就越精确详尽。

除了熟悉度以外,旅行经验与预期等经验因素也会影响个体对环境的认知。贝克和伍德(Beck & Wood, 1976)研究发现,旅行经验丰富的人,其认知地图更好。拉姆迪尔和莫塞(Ramadier & Moser, 1998)的研究则表明,源于文化的预期会影响个体对环境的认知。该研究在巴黎进行,结果显示来自撒哈拉沙漠以南非洲地区(Sub-Saharan Africa)的学生与来自欧洲的学生(西班牙、意大利、葡萄牙)对巴黎的认知地图有显著不同。对来自欧洲的学生而言,源于文化的预期可以帮助他们了解和认识这个新城市,而来自撒哈拉沙漠以南非洲地区的学生则很难理解和运用环境中具有文化基础的物理线索。值得注意的是,环境认知,尤其是对新环境的认知,经验的作用可能是双向的。例如,前面提到的艾普亚德(Appleyard,1970)研究中欧洲设计师在草图绘制中的添加,其实是基于经验的推测,但这种合乎逻辑的推测实质上是一种错误编码。

2. 性别

在认知地图测量中,很多研究已发现在性别之间存在差异性。艾普亚德(Appleyard,1976)发现,男性的认知地图要比女性的精确和广泛。阿布-奥贝德(Abu-Obeid,1998)则报告,男性认识新环境会更快些。对于这种性别差异,有研究者认为这主要是由于男女对地区熟悉度的不同而导致的,男性接触城市的经验更多(Appleyard,1976;Evans,1980)。也有研究者认为由于动机因素,即方向感强对男性的自尊可能要比对女性的自尊更为重要(Bryant,1982)。还有研究者从认知风格上去解释,他们认为男性与女性认知地图的风格不同,女性更强调地标,而男性可能更关注路径结构(Galea & Kimura,1993;McGuinness & Sparks,1979;Pearce,1977)。情感可能也是导致性别差异的原因之一。女性的空间焦虑较强,而男性似乎对空间认知和寻路等任务更为自信(Devlin & Bernatein,1995;Lawton,1996;Schmitz,1997)。

总之,在认知地图测量中,已有证据表明存在一些性别差异,但是其原因尚不明确。目前的解释主要围绕着男女对环境的熟悉度、经验、动机、认知风格和空间焦虑等方面的差异展开,但也有研究者提示,不能完全忽视生物构成因素的影响。

综上所述,研究个体对环境的认知地图不仅对环境布局规划具有实践指导意义,而且对于明确个体在环境中的空间认知加工过程,促进个体有效执行定向、寻路等环境行为都具有重要意义。下面来看一下关于认知地图的发展与寻路行为的相关研究。

二、认知成图与寻路

(一) 认知成图

认知成图(cognitive mapping)是指个体形成关于环境的内部空间表征的过程。构建并灵活运用这些表征以有效实现空间巡航的能力,是在个体发展过程中逐步建立和完善起来的。

1. 空间知识的心理表征

认知地图在记忆中如何得以表征？心理表征的具体形式以及记忆和提取过程的组织和结构是如何实现的？这些关于空间知识表征方式的基本问题目前仍然存在一些争议(Evans, 1980; Searleman & Hermann, 1994)。

关于空间知识的表征,主要有模拟表征(analog representation)和命题存储(propositional storage)两类基本观点。模拟表征观认为,记忆中存储着关于环境的表象或心理图片,模拟表征意味着心理地图是对真实世界的模拟(Cornoldi & McDaniel, 1991; Kosslyn, 1980, 1983)。命题表征观则认为,环境信息是以意义为基础的,用命题来存储的。环境信息是通过大量的概念或命题得以表征的,每一个概念通过可检验的联结与其他概念之间发生联系,连接的紧密程度与概念之间的相互关系密切相关(Johnson-Laird, 1996; Pylyshyn, 1981)。

对模拟表征的支持证据主要来自心理扫描实验。这类研究发现,当要求被试判断两个地点之间的距离时,在地图上两点之间的距离越大,则回忆和判断所用的时间也就越长(Kosslyn, Ball, & Reiser, 1978)。对于空间信息以图解的方式存储,也存有一些异议。首先,在实际的寻路行为中,表象并不总是有必要每次每时都出现,也就是说表象信息必须与其他形式的信息(例如言语信息等)联合在一起才能有效解决空间问题。其次,目前研究中显示的表象信息主要是二维的,那么它是如何去表达现实世界中的三维环境？越来越多的研究已发现,人们在进行距离估计时,对从 A 点到 B 点的距离估计并不一定就与从 B 点到 A 点的估计距离相等,这种不可逆现象违背了欧几里得模型阐释的基本规则,那么是否存在更具解释力的认知结构模型呢？

针对上述问题，命题表征的观点提供了一个思路，对命题表征的支持证据显示，人们会采取类似于组块的方式，对空间信息进行划分（Allen，1981；Allen & Kirasic，1985）。那些相距很近且在构造和用途上都很相似的一些地标和场所被划分为同组。有大量证据显示，人们会认为同一个组内的两个地标间的距离，会比它们中任何一个与第三个不在该组内的一个等距地标间的距离要小（Hirtle & Jonides，1985；McNamara，1986；Holding，1992）。对于组群的具体表征形式，命题表征的观点（例如语义网络模型）认为它可能是按照一定有序的方式存贮，信息存储在一个有组织的系统里，概念之间以有条理的分类为基础彼此关联。当需要确定某些概念之间的关系时，个体会在分类系统中按照某种序列进行搜索。史蒂文斯和库普（Stevens & Coupe，1978）以及特沃斯基（Tversky，1981）等人的研究已证明，当人们对两个城市的方位关系进行判断时，通常会依据这两个城市隶属的州或省之间的相对位置来进行判断。例如，他们曾向人们提问："西雅图与蒙特利尔，哪个城市更在北面一些？"通常人们会认为蒙特利尔会更北一些（而实际上，西雅图位于北纬 47°37′35″，而蒙特利尔市中心则位于北纬 45°30′），因为他们将西雅图编码在美国这一类别中，而将蒙特利尔编码在加拿大这一类别中，当次级类别做比较时，通常会以上一级类别之间的关系做参照。由此可见，人们对空间信息是分类存储的，这种做法显然符合认知经济原则，因为有些信息对一个组群或类别中的所有成分都是共同的，只需要存储一次即可，但有时这样做也可能会导致判断错误，但正是从这些错误判断中，我们发现人们会将空间信息分类并将其组成一个层级结构以备搜索和提取。但也有研究者指出，一个简单的树状图或等级网络并不能解释我们在认知地图研究中观察到的所有现象。那么认知地图的表征方式究竟如何，是模拟表征还是命题存储，抑或是兼而有之，既有简明的图解表征，又有经济有效的分类系统？这仍有待认知心理学和环境心理学进一步深入研究。

2. 认知成图能力的发展

关于认知成图能力的发展可以通过两种情境进行研究：不同年龄儿

童认知成图能力的发展；初到某地的成人认知地图的建立。

发生认识论创始人、瑞士心理学家皮亚杰（Jean Piaget，1896—1980）认为，在理解空间关系的过程中，儿童经历了一系列可预知的发展阶段：感知运动阶段（sensorimotor period）、前运算阶段（preoperational period）、具体运算阶段（concrete operations period）和形式运算阶段（formal operations period）。在感知运动阶段，儿童对于空间世界的认识具有以自我为中心的明显特征，他们主要凭借与自身的关系定义空间及周围客体的位置；在前运算阶段，儿童的认知仍然具有自我中心主义，但是他们已能开始初步建构关于当前环境的符号表征；在具体运算阶段，儿童开始摒弃自我中心主义，能够越来越熟练地运用地标作为参照点来定位客体和场所。到形式运算阶段，个体就能够越来越自如地运用抽象的符号和概念表征空间，能够形成范围更大、更具统一性的认知地图。

皮亚杰理论关于认知发展阶段的描述对于理解个体认知能力的发展具有重要的理论指导意义。此后有一些心理学家发展了他的思想，建立了更为具体的关于个体空间能力发展的模型。例如，西格尔和怀特（Siegel & White，1975）认为，儿童起初注意和运用地标只是为了标记出行的起止点、估量行程，随着对沿路地标逐渐熟悉，儿童对于场所之间的路线学习亦逐渐完善。只有在地标和路线知识已被充分了解以后，有关路线结构的心理表征，即真正意义上的认知地图，才能形成。此外，哈特和穆尔（Hart & Moore，1973）、穆尔（Moore，1979）也提出过类似的模型。他们认为，空间参照系是个体识别和认知环境的基础，在理解空间世界的过程中，儿童依次建立三种不同的参照系：自我中心参照系（egocentric frame of reference）、固定参照系（fixed frame of reference）和坐标参照系（coordinated frame of reference）。他们认为，儿童最初主要是以自我为中心，运用自身的活动等线索定位空间中的客体；此后，他们逐渐会围绕环境中某些固定的场所建立起一些零散的心理表征。在此基础上，最终形成具有结构性的认知地图，该地图能够反映出有机的整体空间环境。

综观上述三种理论与模型，不难发现，它们对于个体空间能力的发展具有一些共识。例如,他们都认为儿童在理解其空间环境的过程中需要经历一系列可预测的发展阶段;与寻路技能相比,更为抽象的认知成图能力发展较晚;地标是环境学习过程中的首要维度,其次是关于路径知识的学习,最后才形成关于环境整体的心理结构。

对于个体认知成图能力的发展过程,除了发展心理学家通过研究儿童空间认知能力的发展得出结论以外,研究成人在新环境中认知地图的建立也很有意义。很多研究者认为,成人在新环境中认知成图的发展历程也大致遵循着从地标到路线再到结构知识的发展顺序(Golledge, Smith, Pellegrino, Doherty, & Marshall, 1985; McDonald & Pellegrino, 1993)。但成人在认知地图的建立过程中,与儿童相比,有一个优势,即他们能够更加有效地使用地图这一空间学习工具,但有研究者认为,人们从地图中学习和从实际环境中的经验学习可能存在本质的区别(Thorndyke & Hayes-Roth, 1982)。为此,麦克唐纳德和佩莱格里诺(McDonald & Pellegrino, 1993)区分了初级空间学习和次级空间学习,初级学习涉及探索环境的直接经验,而次级学习则源于对地图或其他描述环境的资料的学习。随着时间推移,通过实际经验获得的空间表征越来越趋于结构知识,尤其是当街道规则、环境相对简单时,实际探索要比地图更有助于人们更快更准确地把握结构知识。此外,地图呈现的是环境的俯瞰图景,这种视角虽然有助于个体发展关于空间的结构知识,但有时地图方向也会影响个体随后记忆中的方向(MacEachren, 1992; Warren, 1994)。例如,你看一幅按上北下南惯例绘制的地图,那么你就总会把地图中东边的位置定为右边,西面的位置则被定为左边。如果你是向北行进,那么这种方法不会有什么问题,但如果向南行进,这时你就需要重新定义方位。

(二) 寻路

寻路(wayfinding)是指人们在环境中实际巡航的过程。帕西尼(Passini, 1984; Passini, Proulx, & Rainville, 1990)将寻路描述为一系列的问题解决任务,它包含着计划、决策、信息加工等一连串复杂的活动,而这些活动均有赖于个体对空间的理解力和心理操作能力。已有研究表明，个体在路线学习的过程中会采用灵活多样的策略。在寻路过程中，绝大多数人更乐于使用地标。若地标位于一些关键位置，那么它对于寻路行为的辅助作用会更加有效。

加林等人（Gärling, Böök, & Lindberg, 1986）列举了影响寻路行为的一些具体的环境特征，其中主要包括区分性（differentiation）、视觉通达度（degree of visual access）和空间布局的复杂性（complexity of spatial layout）等。区分性是指环境中各部分相似或各具独特性的程度，通常区分性较高的环境易于个体进行空间巡航，那些造型奇特的建筑物更容易被人们记住，而颜色编码对人们在建筑物内部寻路也非常有效（Evans, 1980）。视觉通达度是指从其他观察点可以看到场景中不同部分的程度，林奇在提到地标时也强调了视觉通达度的重要性，通常视觉通达度较高的环境会有利于个体进行寻路。而空间布局的复杂性则反映着个体在环境中行进时需要进行信息加工的数量和难度，过于复杂会削弱个体行进和从空间中进行学习的能力。在预测寻路难度时，空间布局的复杂性往往要比对环境的熟悉度更为重要。而已有研究表明，尽管简单的平面地图有助于个体在校园里的寻路行为（Weisman, 1981），但是复杂的楼层平面图事实上并无益于个体在建筑物中的寻路，反而会加大其难度（O'Neill, 1991）。因此，在个体的寻路过程中，不宜加大个体信息加工的负荷。

关于寻路的研究对于优化环境设计具有重要的启示意义，通过发掘影响个体寻路行为的各种环境因素与个体因素，可以帮助人们更加有效地适应新环境。环境预览（environmental previews）已被广泛应用于不同的情境，以帮助人们在各种新环境中有效地实现寻路（Hunt, 1984; Cohen, Evans, Stokols, & Krantz, 1986; Kirasic & Mathes, 1990; Hiss, 1990）。科恩等人（Cohen, Evans, Stokols, & Krantz, 1986）研究发现，入园前两周，让部分孩子实地参观幼儿园或借助校园模型进行一次模拟参观，在开学后数周里，与控制组那些没有接受任何熟悉校园训练的孩子相比，接受过训练的孩子感觉会更加安全和舒适。亨特（Hunt, 1984）则研究了环境预览对老年人寻路行为的影响。在实验中，第一组老人每人被单独引导着在新环境里走了一遍；第二组老人则每人单独观看与第一组老人行进顺序一致的关于环境的幻灯片，以及相应的平面图和三维模型。在随后一系列实际寻路任务中，这两组被试都比控制组完成得更出色。而且，在寻找先前学习过的路线这一任务中，模拟组与实际参观组之间没有显著性差别，而在寻找新方位、辨认建筑物标志照片和建筑物外形及空间结构时，模拟组甚至优于实际参观组。总之，这一研究发现对环境进行模拟接触或实际接触都将有助于此后的路线学习，而良好的模拟训练似乎更有助于个体建立丰富和全景式的心理意象。

（三）认知成图与寻路的个体差异

与其他能力一样，认知成图与寻路能力亦存在显著的个体差异。目前已有诸多研究表明，个体的某些寻路及认知成图活动与其一般空间能力相关。定位地标、记忆路线以及为他人提供有效的路线指导等活动都会受个体空间能力的影响（Pearson & Ialongo, 1986; Vanetti & Allen, 1988）。与方向感差的人相比，方向感良好的个体在记忆地理与方位信息时会更加准确，在进行寻路时也能够更加灵活地运用各种有效的策略（Kozlowski & Bryant, 1977; Kato, 1987; Kato & Takeuchi, 2003）。

桑代克和史塔兹（Thorndyke & Stasz, 1980）研究了地图学习中存在的个体差异，发现成功的学习者擅长通过地图学习掌握环境信息，他们更倾向于将地图分解为许多小部分，并且会对各个小部分加以系统研究；通常他们在复述已知材料上费时较少，但会花费较多时间对新材料进行编码。

已有一些研究表明，年龄、教育和社会经济背景等人口统计学变量与认知成图和寻路能力之间亦存在相关。成人的认知成图和寻路能力一般优于儿童（Olson & Bialystok, 1983; Cohen, 1985），而到老年时能力又会有所下降（Arbuckle, Cooney, Milne, & Melchior, 1994）。还有一些研究发现，具有较高教育水平和社会经济地位的人通常能够绘制出更加准确全面的地图，这可能与他们拥有更多的旅行机会和经验有关（Appleyard, 1970, 1976; Orleans, 1973; Goodchild, 1974; Karan,

Bladen,& Singh，1980）。值得一提的是，虽然绝大多数研究并未发现个体总体的认知成图能力存在显著的性别差异，但是，有迹象表明，男性与女性在理解环境时具有不同的途径与方式。例如，女性在其认知地图中往往强调地标，而男性则更加关注路径结构。此外，在为他人提供路线指导时，男性往往更倾向于提供关于距离估量或罗盘方向等信息（Pearce，1977；McGuiness & Sparks，1979；Coluccia，Iosue，& Brandimonte，2007）。

此外，寻路策略也是影响个体寻路行为的重要因素。关于寻路策略的划分与测量，目前采用最多的是寻路策略量表（Lawton，1994），其中包括定向策略（orientation strategy）和路线策略（route strategy）两个分量表。其中，定向策略使用者主要关注整体框架，以东南西北或自然参照物等作为方向的参照，注意地点与地点之间的方位关系，并容易形成关于全局的认知地图，而路线策略使用者则主要依据前后左右或主要的路标为参照，并容易聚焦局部的路线特征。已有研究发现：不同策略使用者在环境中进行寻路时主要依据的导航线索是有区别的（Chen，Chang，& Chang，2009），而且在寻路策略的使用上已有很多研究表明具有显著的性别差异，男性善于从整体上把握全局地图，更擅长使用定向策略；而女性则更关注局部特征，更多使用路线策略（Lawton，1994；Coluccia，Iosue，& Brandimonte，2007；Lachini，Ruotolo，& Ruggiero，2009）。

对于某些特殊群体，例如各类视障者，他们在对环境中的客体进行定位或进行距离估量时，通常会凭借回声、触摸等获取重要线索。然而，由于空间认知过程经常会与视觉和视觉意象相关联，因此，他们在理解环境、进行寻路的过程中，通常还是会遇到许多困难。目前关于视障者认知成图与寻路行为的研究，仍存有很多争议。对于他们表现出来的与正常人群之间的差别，主要有缺损论（deficiency theory）、低效论（inefficiency theory）和差异论（difference theory）三种理论解释。其中，缺损论认为，先天性盲人本身就不具备进行某些空间认知操作的能力。低效论认为，视障者主要凭借听觉和触觉获取环境知识，理解周围环境，其效率较低。

差异论则认为视障者具备加工和理解空间概念的各种能力,他们表现出来的与正常个体之间的各种差别是由一些中介变量(例如,信息获取、经验和压力等)造成的(Passini & Proulx, 1988; Golledge, 1993)。总之,虽然有关视障者环境认知加工的研究尚有争议,但是通过探讨他们如何获取、学习、贮存和提取环境信息,将有助于改善环境设计,使之能够更好地为其记忆和使用。此外,这还将有助于为他们提供更加有效的辅助和训练。

本 章 小 结

环境知觉是指个体捕获各种环境信息并对其加以组织和解释的过程。关于环境知觉的理论,较有代表性的有布伦斯威克的透镜模型和吉布森的生态知觉理论。透镜模型强调环境知觉是个体对各种线索进行权衡以建构意义,生态知觉理论则认为这种意义已经存在于环境刺激的模式之中,环境知觉是环境刺激生态特性的直接产物。

个体对空间的理解和心理操纵能力被称为空间认知能力。对空间的理解有赖于认知地图,认知地图是指个体对外部环境的心理表征。在关于环境的认知地图中,主要包括路径知识和结构知识;常见的偏差主要有残缺、曲解和添加。林奇最早研究城市的认知地图,他主要采用草图绘制法得出关于城市的公众意象,并指出城市意象的基本要素有路径、边界、区域、节点和地标。研究认知地图的方法很多,除了草图绘制法外,还有地图反应法、识别任务法和距离估计法等。影响认知地图质量的个体因素主要体现在经验和性别上。目前关于认知地图在记忆中的表征方式仍存有争议,主要有模拟表征和命题存储两类基本观点。

认知成图是指个体形成关于环境的内部空间表征的过程。认知成图能力的发展可以通过两种情境进行研究:不同年龄儿童认知成图能力的发展;初到某地的成人认知地图的建立。关于前者,皮亚杰、西格尔和怀特以及哈特和穆尔的理论具有一些共识,他们都认为儿童在理解空间环境的过程中需要经历一系列可预测的发展阶段；与寻路技能相比，更为抽象的认知成图能力发展较晚；地标是环境学习中的首要维度，其次是关于路径知识的学习，最后才形成关于环境整体的心理结构。而针对成人认知地图的建立，已有一些研究表明，在新环境中成人认知地图的发展历程也大致遵循着从地标到路线再到结构知识的顺序，但成人会更多地借助地图学习，而人们从地图中学习和从实际环境中的经验学习之间可能存在本质的区别。

寻路是指人们在环境中实际巡航的过程。加林等人列举了影响寻路行为的环境特征：区分性、视觉通达度和空间布局的复杂性等。已有研究表明，环境预览能够帮助人们在新环境中有效地实现寻路。认知成图与寻路能力存在显著的个体差异，与个体的一般空间能力、寻路策略以及年龄、教育水平、社会经济背景等因素之间存在关系。此外，通过对特殊群体，例如视障者进行研究不仅有助于改善环境设计，而且有利于加深对空间认知本质的理解。

关键术语

环境知觉	透镜模型	生态知觉理论
给予性	空间认知能力	认知地图
路径知识	结构知识	路径
边界	区域	节点
地标	草图绘制法	多维标度分析
认知成图	模拟表征观	命题存储观
寻路	环境预览	定向策略
路线策略		

思考与实践

1. 评述布伦斯威克的透镜模型和吉布森的生态知觉理论的内容、应用和意义。

2. 简述林奇的城市意象研究。

3. 列举常用的认知地图研究方法，并分析各自的优缺点。

4. 影响认知地图质量的个体因素有哪些？

5. 关于空间知识的表征方式，模拟表征和命题存储的基本观点是什么？

6. 简述个体认知成图能力发展研究的基本途径和主要理论。

7. 加林等人列举的影响寻路行为的具体环境特征主要包括哪三个方面？

8. 认知成图与寻路的个体差异主要体现在哪些方面？

9. 请你的几位朋友画一幅学校的认知地图，按照本章开篇要求的那样去做。将几个人的认知地图集合起来，看它们的要素相同吗？这些地图是否会因绘制者的性别、专业、在校时间长短而有显著差异？地图中是否会有残缺、曲解和添加等常见的偏差存在，几个人中是否出现相同或相似的偏差，这反映出怎样的问题？

第四章 私 密 性

德国建筑设计师路德维希·密斯·凡德罗（Ludwig Mies van der Rohe，1886—1969）设计的法恩斯沃思住宅（Farnsworth House）高度体现其"以更紧密的单元将人、自然和住宅结合在一起"的设计理想（见图4-4），整个住宅主要由八根钢柱支撑，形似长方形的玻璃盒子，除中心有一小块封闭空间用作厕所、浴室和机械设备间外，主人的生活起居都在周围敞通的空间内。室内的一切外面都看得通通透透，而且室内没有隔墙，只用矮柜分离。密斯·凡德罗本来与房屋业主关系融洽，但在住宅落成时却引发了法律纠纷，除了造价过高、屋顶漏水等问题以外，业主还反复强调并抱怨设计中彰显的"自由流动空间"实际上既固定又封闭，因为她不得不在四周安上窗帘以防窥视从而保护自己生活的私密性。法恩斯沃思住宅虽然彰显了建筑师独特的"密斯风格"，但作为私人住宅而言，却并不是一所私密、安全又实用的建筑。

私密性（privacy）意味着个体一种能动的界限控制过程，私密性管理有助于个体在自我与他人之间确定界限，确立自我与他人的角色，并进一步有助于自我同一性的建立和完善。本章主要讨论私密性的特征与形式、私密性管理的机制、动态过程及其功能，并结合居住场所和开放式办公室等几类比较典型的环境设计来探讨了解并尊重人的私密性需求对于环境设计的启示。

第一节 私密性的特征与形式

一、私密性的概念与特征

私密性是指个体对他人接近自身或自身所属团体的选择性控制（Altman，1975）。奥尔特曼认为，与通常理解的意义不同，私密性并不简单地意味着远离其他人，而是指一种能动的界限控制过程，通过这一过程，个体控制着与谁进行互动，以及何时、以何种方式进行这种互动。对人际互动保持一定程度的控制对于个体而言具有重要意义。理解私密性将有助于我们管理人际关系，避免与他人冲突。已有研究（Glaser，1964；Heffron，1972）表明，在许多情境下，例如监狱里、军舰中，私密性不足往往会与个体的反社会行为和攻击性行为相关联。

奥尔特曼（Altman，1976）认为，私密性具有如下特征。

1. 私密性是一个辩证的过程，包括自我的隔离与开放。
2. 私密性是一个人际界限控制的过程，它包含一系列控制社会交往、调整自我可渗透性的事件。这一界限控制过程有助于平衡和管理个体的社会交往。
3. 私密性是一个变化的过程，超出或低于理想水平均会引发令人不满意的交往质量。
4. 私密性可涉及不同的社会单元（例如个体、群体等），或是不同的社会单元组合。
5. 欲得的私密性与已得的私密性。欲得的私密性指个体主观上想得到的或者暂时的理想水平，而已得的私密性则是指实际获得的结果。当已得的私密性低于欲得的私密性时，会出现拥挤感或入侵感；而当已得的私密性高于欲得的私密性时，则会出现社会孤立的状况。
6. 私密性是一个涉及输入与输出的过程，其中包含个体从他人那里获取的社会刺激以及个体指向他人的支出。

基于上述分析，奥尔特曼列出八种私密性状况（见图 4-1）。图中 P

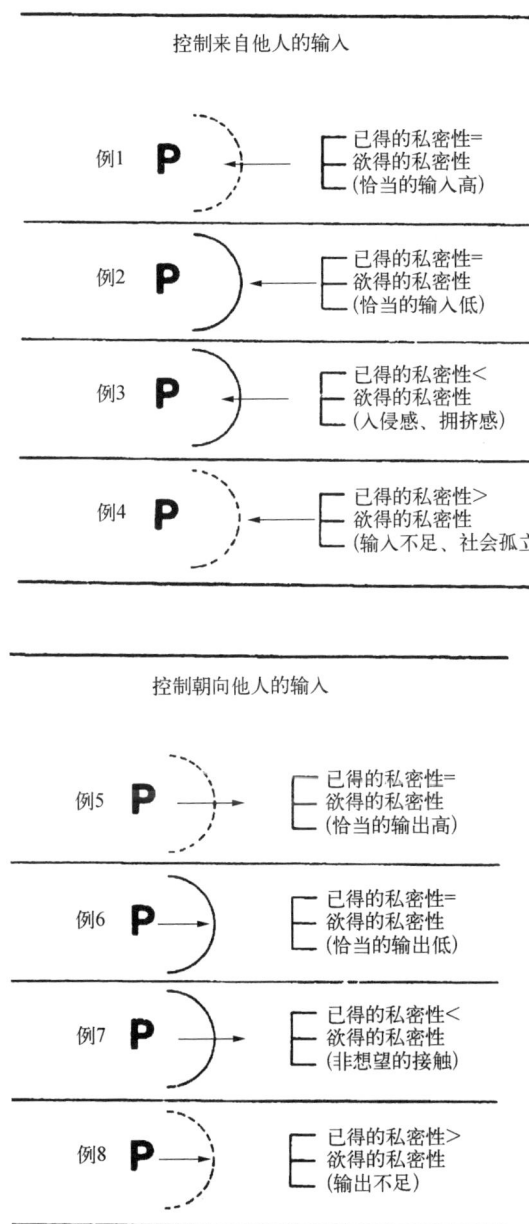

图 4-1 私密性状态

（来源：Altman，1976）

指单一个体或群体；E指另一个体或群体或者指环境刺激。围绕着P的界限既可以是封闭的(实线表示)，也可以是可渗透性的(虚线表示)。例1~4从他人输入角度描述了欲得的私密性与已得的私密性之间的关系,例5~8则从个体支出的角度描述了二者之间的关系。例1和例2,P欲与E发生一定水平的交流且最终成功达成,欲得的私密性与已得的私密性获得平衡,个体从中得以满足。其中例1中,P需要来自E的输入信息,于是敞开自我边界,而E恰好进入P的自我区域。例2则反映了传统的私密性良好的状态,P视E的输入是不合需要的,故放置界限防止E渗入,并成功将其屏蔽,同样也实现了欲得的私密性与已得的私密性之间的平衡。在另外两个例子中P在保持私密性方面是失败的。在例3中,P受E的侵入；而在例4中,P也未能实现与E预期水平的交流。具体讲,在例3中,P关闭了自我界限,但E却仍执意跨越界限,从而造成入侵。在例4中则显示另外一种调节无效的情况,E被视作一个积极的刺激源,然而P却未能达成预想的接触,从P的角度出发,已得的私密性水平超过欲得的私密性,此时会出现社会孤立的状况。例5~8与例1~4情况类似,只是强调P朝向E的输出。例5中,P成功得实现与E的接触；而例6中,则是P成功地设置了界限调整系统,阻止了朝向E的支出。例7中,P未能如愿避开E,例8中,则是表示P未能与E达成预想的接触。综上所述,例1、2、5、6显示P成功的私密性管理；而例3、4、7、8则显示私密性管理不力的情况。

二、私密性的形式与功能

关于私密性的形式,韦斯廷(Westin,1967)概括出独处(solitude)、亲密(intimacy)、匿名(anonymity)和保留(reserve)四种基本形式。独处是人们通常理解的私密性,指个体远离他人,离开别人的视线。亲密是指个体与他人单独相处,不受无关干扰的自由。匿名是指个体在公共场合下不被人认出或被人监视的自由。而保留则是指个体对于自身信息的交流有所限制。若他人打破这种限制,则会影响到个体的私密性。

基于上述四种基本形式的分析,韦斯廷认为,私密性具有个人自主性、情感释放、自我评估以及限制和保护交流四项重要功能。其中,个人自主性功能主要与个体保持自我独立性和维持自我同一性有关。情感释放功能主要有助于人们从社会角色中释放出来,以一种保护性的方式使人从繁文缛节和规则惯例中抽离出来。自我评估功能则涉及经验整合和提供计划、评估将来行动的机会。限制和保护交流功能则是为个体提供与特定人(群)分享秘密的机会,这对于个体与他人维系亲密关系而言非常必要。

对于私密性的四种基本形式和四项功能,研究发现它们存在对应关系。这进一步说明人类对空间私密性的不同需求和价值。一方面,为了自我评估和反省需要独处,为了情感释放和自我表现需要亲密,为了保持个体的自我独立性和维护个人行为的自由需要匿名,为了避免干扰、限制交流则需要有所保留;另一方面,如果充分实现独处、亲密、匿名和保留这四种私密性形态,那么也就实践了个人自主性、情感释放、自我评估以及限制和保护交流这四项基本功能。

第二节　私密性的管理机制、过程与功能

一、私密性的管理机制

关于私密性的管理机制,主要包括言语行为、非言语行为、环境行为以及文化规范与习俗。这些机制通常都是作为一个有机的系统来发挥作用,它们有时可以互相替代,有时互为补充,而有时也会发生冲突。私密性的管理机制具有动态特征,会对正在发生的时间作出及时响应。如果个体的私密性管理未能达成预期水平,那么他就可能会纳入其他机制。因此,私密性管理涉及一个复杂的反馈系统,旨在实现需求与结果之间的匹配。

(一) 言语行为

作为私密性管理的手段,言语行为可以从内容和结构两个方面来考

虑。言语内容指言语交流的实质,即所述内容。言语行为的结构部分指作出陈述的方式,主要包括各种副言语特征：语言风格(例如言语中动词和形容词的比率、动词时态等)、词汇的选择与多样性、发音与方言、语音的动态特征(例如节奏、停顿等)、语速、时间特征、言语输出、语音质量(例如音高、音响等)、发声(例如言语中的 uh-huh 和 uh-uh 等伴随音,还包括哭,笑等声音)(Mahl & Schulze, 1964)。总之,言语的韵律特征(prosodic features)、突发性特征(spasmodic features)和次要发音(secondary articulations)等副言语特征,可以表明说话人的态度、社会地位以及其他与交流密切相关的多种意义。

(二) 非言语行为

非言语行为包括头面、四肢、躯干等身体部位的动作,例如体态、手势、面部表情、视线接触等。当入侵者靠近时,人们通常会侧身、用手臂遮挡,有时会怒视、转身离开。通过这一系列非言语行为,人们试图在自我与他人之间建立起可接受的界限以维持必要的私密性。当处于局促环境中时,遮住脸庞、避免直接的视线接触都是用于屏蔽人群保有私密性的常见方式。即使是在以高接触文化著称的地中海文化中,通常也会存在以非言语行为为主的私密性管理机制。

(三) 环境行为

人们对环境设施的使用和布局,是表明私密性需求的重要方式。在私密性管理中,物质环境发挥着非常重要且微妙的作用。这包括最贴近自身的个人空间和领域性等。

1. 个人空间

用于私密性管理且最贴近自我的部分是个人空间,对于这种环绕自身的看不见的界限,美国人类学家霍尔进行了深入的研究,并成为近体学(proxemics)研究的先驱。基于对美国人的交际距离的分析,他提出四种社交距离：(1)亲密距离(intimate distance),主要适用于私人场合中亲密的关系；(2)个人距离(personal distance),主要适用于好友间的接触和熟人间的日常交往；(3)社交距离(social distance),适用于非私人性的和公务性的接触；(4)公众距离(public distance),主要体现在个体(例如演员、政治家等）与公众之间的正式接触。研究发现，对个人空间的认识和理解具有显著的文化差异，具体体现为高接触文化（high-contact culture）和低接触文化（low-contact culture）的区分。这种差异在很大程度上影响着人们对房间的布局与摆设、对空间的利用以及对拥挤的公共场所的态度。研究还发现，不同文化对距离含义的理解也有所不同，高接触文化中的人们视接近为积极美好的，视疏远为消极不好的，而在低接触文化中，则恰好相反。而这种认识上的差异也会影响到人们对社交距离的把握和接触行为。关于个人空间的更多内容，详见第五章。

2. 领域性

领域性是进行私密性管理的另一重要机制。研究发现：家庭成员拥有各自独立的房间是很重要的；门、围栏、标识等能够保护人们免受侵扰；在住家与公共环境之间应设置严格区分的界限，家庭成员个人拥有的独立房间之间应界限分明，区分成人与儿童使用的空间界限应分明，进入各个私人空间的路径应有良好区分。关于领域性及其行为的更多内容，详见第六章。

（四）文化规范与习俗

在私密性管理中，文化因素也发挥着重要作用。尽管在言语行为、非言语行为、环境行为的使用上存在差异，但不同社会都存在其独特的私密性管理机制。在深刻解读不同社会文化后，可以这样说，用于规范人际界限以获取理想的私密性水平的机制是普遍存在的。即使是在那些看起来并不太重视个体私密性需求的社会和文化中，也存有一些机制。专栏4-1就介绍了婆罗洲（Borneo）伊班族（Iban）社会中保护个体私密性的规范和机制。

> **专栏4-1　婆罗洲伊班族人的私密性保护机制**
>
> 帕特森和奇兹威克（Patterson & Chiswick，1981）研究了婆罗洲（Borneo）的伊班族人（Iban）在维护个体私密性上的一些规范和机制。伊班族人居住在传统的长屋（longhouse）里（见图4-2）。这

种排列成一行的木屋,其规模小到长约十几米,住几户人家,大到长达几百米,有数十户人家居住。而每户人家通常有父母、四五个孩子以及几位祖父级长辈。在同一屋檐下居住的人们由于居住空间紧密相连,共用走廊,因此无论从视觉上看,还是从听觉上而言,物质环境中体现出来的私密性都很差。但是伊班族人在这样的环境下形成了一些规范来保证个体的私密性。例如:亲戚尽可能毗邻而居;男女分工明确严格,男人白天外出种地捕鱼,而女人则在家做饭、收拾房间、照料孩子;他们一般不向不熟悉的人询问私人问题,认为这很不礼貌,而且也严禁批评或训斥别人家的孩子。到了晚上,人们也不会再像白天那样肆意在长屋附近的公共区域走动。长屋的头领有权调解争端,并有权对违反规范的人施行罚款等处罚。每一户家庭都能自给自足,经济独立。在家庭内部,对超过12岁的未结婚成员,在换衣服、睡觉位置安排等方面都有规范,考虑到男女有别,都分开进行。

(来源:McAndrew,1993)

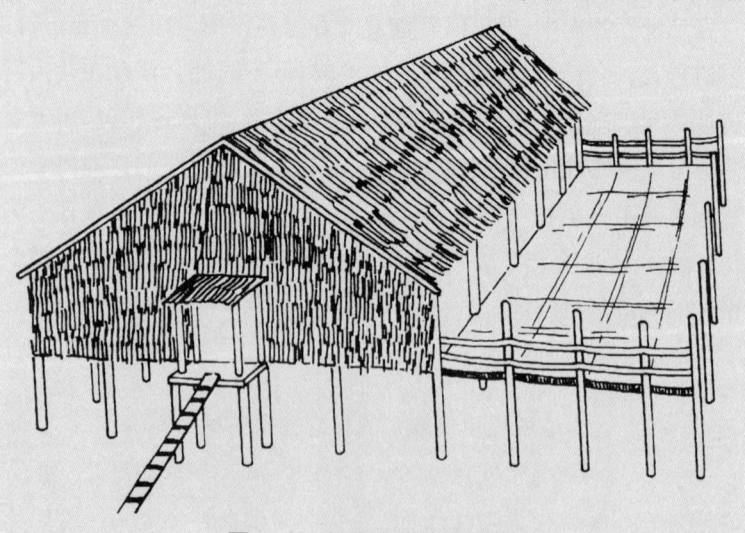

图4-2 伊班族传统的长屋

(来源:Patterson & Chiswick,1981)

二、私密性管理的过程

私密性管理是一个动态过程,通过各种管理机制旨在实现欲得的私密性与已得的私密性之间的平衡(见图4-3)。

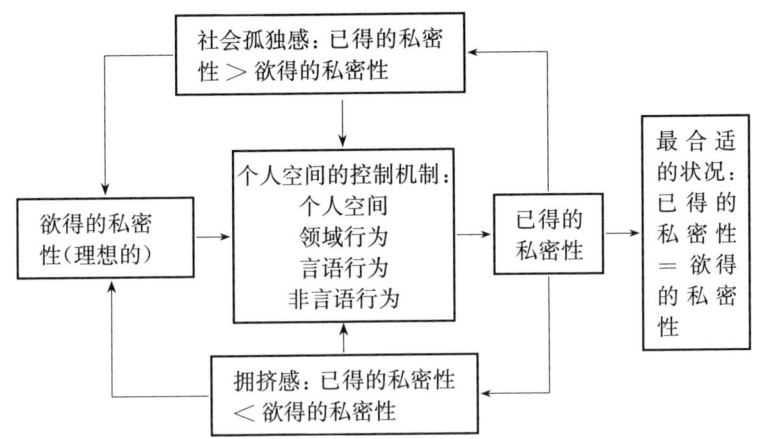

图4-3 私密性、个人空间、领域性与拥挤之间的关系
(来源:Altman,1975)

首先,在特定场合下,主体会产生欲得的私密性水平的诉求,这既包括与人零接触的愿望,也包括与他人实现最大化接触的理想水平。基于这种主观目标,主体接下去会启动一系列行为调整机制。这些机制包括言语行为、非言语行为、环境行为以及文化规范与习俗等。其调整的结果会有两种:一种是实现了欲得的私密性与已得的私密性之间的平衡;二是二者之间不匹配,超过理想私密性水平会引发社会孤立感;而低于理想水平则会引发拥挤感、侵入感。这些不一致就反映了行为机制在人际界限控制中的失利。当出现不一致的情况后,主体可能会动员更多的努力来减少实际结果与理想水平之间的差异。举例来说,人们可能会通过关门来表达不想与他人交流,这时如果某人强行进入,那么就会打破平衡。为了保持低水平的接触,人们可能会采取一些措施,例如以眼神或表情表达对入侵者的不满,忽略他(她),甚至直接采取言语行动,告知对方自己希望独处。如果上述这些行动还不能奏效,那么人们可能会采取更加激烈的举动,例如用身体推搡入侵者使其离开或者干脆自己离开

现场。然而除此之外,可能还会出现这样的情况,即人们可能会改变初始的欲得的私密性水平,在这个过程中可能会发现入侵者实际上也是可接受的,甚至是可爱的,当前的结果也是有益的。那么这样通过改变预期的理想水平也会实现平衡状态。总之,不管采用哪种解决方案,在人际界限管理过程中,始终会处于一种随势而动的动态变化中。在这一过程中,随着理想水平与实际情况之间匹配程度的变化,个体与群体动机的改变,会有连续不断的调整和再调整。这种系统的调整有赖于界限管理过程中主体付出的"代价",这既包括身体方面的支出,也包括心理方面的付出。人们在付出时间和身体能量的同时通常会导致生理与心理的变化,例如肾上腺功能和心血管活动增强,会紧张、焦虑等。如果这些代价持续时间过长,个体就可能会被卷入得不偿失的境地。因此,当未能达到预期的界限控制水平,或者达到了理想状态但需要消耗大量个人资源时,成本自然就会加大并累积。在私密性管理过程中"代价"对于理解是否有必要进一步调动资源以保持界限调整以及究竟采取什么样的机制来维持理想的私密性水平具有重要的意义。杜博斯(Dubos,1965)曾经精辟地指出,人们之所以能够表现出超乎寻常的适应极端物理环境和社会环境的能力,在很大程度上与成功适应所付的代价和收益有关。

三、私密性管理的功能

私密性管理能够满足人们哪些基本需要?私密性管理的目的和价值主要体现在以下三个方面。

首先,私密性管理具有人际功能。私密性管理的人际功能主要体现在管理主体与社会环境之间的交互,就像韦斯廷提出的限制和保护交流功能。这涉及个体管理与他人的交往,在自我与其外之间设置界限,在自我信息的敞开与保留之间取得理性的平衡。管理自我与他人的界限对于恰当的自我鉴定(self-definition)意义重大。管理界限的能力会为个体提供有关自我社会定义的基本信息。例如,如果个体认为自己总无法如愿管理来自他人的输入以及对他人的输出,即无法掌控私密性的尺度,那么就会对周遭社会环境和自身管理能力形成消极的认识,进而会促就消极的自我鉴定。总之,虽然人际界限控制是一项重要的私密性功能,但在其背后却隐含着更为根本的目标。

其次,私密性管理充当着自我与周遭世界之间的接口。韦斯廷曾指出自我评估是私密性的功能之一。当远离他人时,个体能够整合经验,加工信息,计划和权衡未来行为的各种可能性。因此,私密性能为人们提供吸收经验和信息的机会,并且可以审视自我与他人之间关系的状况和发展。

最后,私密性管理对于个体自我同一性的完善至关重要。自我同一性功能是建立在上述两种水平之上的,是私密性管理的终极目标。在这里,自我同一性主要是指个体在认知、心理、情绪等方面的自我鉴定以及对自身存在意义的认识和理解。它包括通过与他人比较了解自我,明确物质环境与社会环境中哪些部分属于自我,哪些部分又属于他人。它涵盖了对自身潜力和局限、优势和劣势、能力和无力等全方面的认识。自我同一性对个体的社会行为意义重大,因为个体要想与他人实现有效交流,就需要对自我有恰当的认识。如果自我被视为无价值的,如果认为世界中无一属于自我,如果自我没有边界,那么很难想象这样一个人能够具备良好的社会行为机能。反之,如果个体认为世界万物皆属于自我,可受自我操控,那也无助于他(她)建立良好的自我同一性。

私密性管理有助于界定自我的边界,通过改变边界的可渗透性,个体意识才会形成。也就是,有时需要与他人和环境结合,而有时候则需要抽离。但是,真正重要的并不是包含或排除的过程本身,而是启动这些过程的能力,而正是这种能力才有助于形成恰当的自我鉴定和自我同一性。如果个体能够控制哪些属于我,能够认识到自身控制力的范围和局限,那么这对于个体清晰的自我认识和鉴定有举足轻重的意义。

总之,私密性管理的人际功能主要是在自我与他人之间确定界限。此外,作为自我与他人之间的界面,人们可以通过使用社会交往信息来确定自我与他人的角色。而最为核心的则是其自我同一性功能。对个体管理社会交流能力的认识有助于对自我的鉴定。

目前已有众多研究支持了私密性管理对满足自我效能感和幸福感

等方面的重要性。例如,温塞尔等人(Vinsel, Brown, Altman, & Foss, 1980)研究发现,具有较好私密性管理机制和成效的大学生对其大学生活满意度更高,较少发生辍学。而是否拥有良好私密性控制机制也是有效预测工作满意度的重要指标(Barnes, 1980; Becker, 1990)。相反,无力控制自我空间和所属物则会给个体带来各种有害后果,例如会导致行为动机水平下降、产生与精神紧张相关的各种机能失调,甚至还会引发故意捣乱等反常行为(Westin, 1967; Greenberger & Strasser, 1986)。

第三节　私密性与环境设计

如前所述,拥有良好私密性意味着环境使用者能够对周遭环境进行能动的界限控制,这种选择性和控制感对于个体而言非常重要。因此,在环境设计上,应充分考虑使用者的私密性需求,在其需要独处的时候可以屏蔽无关刺激,而在其需要与人交流时又能提供必要的物质环境的支持。下面,就结合几类比较典型的环境设计(主要包括居住场所、开放式办公室)进行讨论。

一、居住场所的私密性

正如本章开篇导言中列举的密斯·凡德罗设计的法恩斯沃思住宅这个例子(见图4-4),缺乏私密性的建筑设计会令业主不满甚至不安。因此,要注意采取一些措施以确保满足使用者的私密性需求。

首先,减少或隔绝视听干扰是获得住宅场所私密性的主要方式。其中,在建筑设计方面应主要考虑以下几个方面:合理选址,避开不良环境(例如,高楼俯视、噪声源等);布局设计应合理(例如,注意内外有别、动静分区、设置屏障以阻断他人的视线和降低过往人流的干扰等);优化细节处理(例如,根据情况需要加强隔音措施等)。关于如何在住宅中合理布局,体现内外有别,在中外一些经典建筑设计中都有一些范例可供赏鉴和参考(详见专栏4-2)。

图 4-4　法恩斯沃思住宅
（来源：林玉莲，胡正凡，2006）

专栏 4-2　　中外经典建筑设计中体现和尊重居民私密性需求的案例

一、中国传统住宅设计的范例

设置屏蔽是确保内外有别的常用手段，如中国传统住宅的影壁、屏风、半门、篱笆和围墙等。中国传统文化中，家与园构成一个不可分割的整体。家是私密空间，园是半私密空间，一片可耕种的土地。虽然受到财力和物质条件的限制，但在建筑特征方面，仍能明显地反映出从居住的私密空间到半私密空间再到公共空间的递变。以北京一般百姓居住的普通合院为例：由房间围合成对外封闭、对内开放的院落。尽管后来大多数都成了杂院，但室内仍属于个人或家庭的私密空间，院内则是全院居民共享的公共空间，而对外人来说，这里又是私密空间。院门通过过道对着厢房山墙。至于典型的四合院，院门内侧则正对影壁（独立或附于厢房山墙）。无论独门小院还是深宅大院，站在门外都不可能看到院子内部。

二、国外住宅设计的范例

美国建筑大师赖特(Frank Lloyd Wright, 1867—1959)早年设计的切内(Cheney)住宅在宅前设置了有挡墙的平台,行人的视线越过挡墙顶部,恰好落到住宅起居室大门的上缘。居住者坐在室内时行人完全看不到他的身影,而在需要时,居住者又可很方便地走到室外凭靠挡墙与邻居和行人谈话,既能使住宅生活不受干扰,又为居民提供了丰富的感受(见图4-5)。

图4-5 切内住宅
(来源:林玉莲,胡正凡,2006)

其次,居住场所的设计应注意考虑私密性的不同层次。当人们生活在一个具有丰富私密性—公共性层次的环境中时,会感到适意和自然,因为物质环境提供了不同交往方式的选择机会。例如,在住宅中,划分不同的功能区,将有助于维持家庭成员间亲密而有间的良好关系。客厅和餐厅是家庭的公共空间,而卧室和书房则是属于个人的私密场所。除了家用住宅外,对于其他一些居住场所的设计,例如养老院,也应考虑既要保持老人的相对独立性,又要便于他们彼此交往和照应,环境设计中应给予其充分的选择权和控制感。图4-6列举的就是老年人小型疗养院一个居住单元的平面图,较好地体现了上述原则,可供参考。

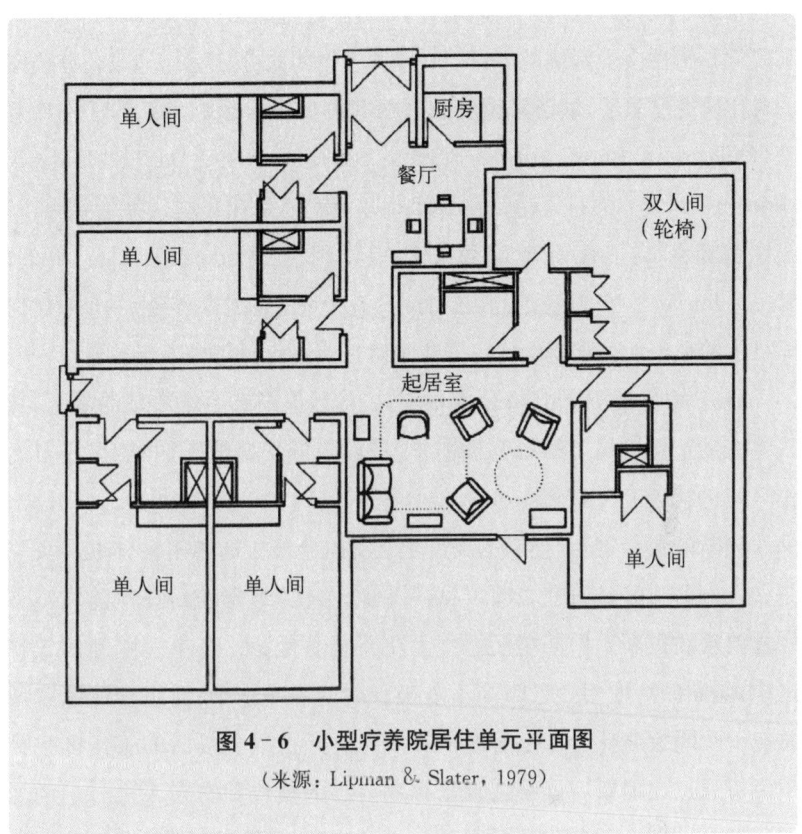

图 4-6 小型疗养院居住单元平面图
（来源：Lipman & Slater, 1979）

二、开放式办公室

自 20 世纪 50 年代至今，Quickborner Team 提出的开放式办公的理念在全世界已得到广泛应用，它试图将各部门合理地并置在一起以实现良好的信息沟通，为全体员工提供舒适工作环境的同时，更加经济地利用空间，并能提高管理部门改变办公室布局以适应工作方式的能力。通常，它是一个大面积开敞的工作区，其间没有从地板到顶棚的隔墙，办公桌、工作空间以及低矮的可移动隔板的灵活布局反映了流线型工作方式和特定的组织程序。开放式办公室（open-plan office）有其优势，首先，它提高了空间的利用率，与封闭式办公室相比，相同的建筑面积内能容纳更多的员工；其次能够方便员工自由无碍地交流。然而，这种开敞式布局也带来了较为严重的一些问题,例如员工的言语私密性(speech privacy)和视觉私密性会受到挑战。目前一些关于封闭式办公室与开放式办公室的对比研究已表明,缺乏私密性的开放式办公室会影响员工的工作满意度(Oldham & Brass, 1979; Block & Stokes, 1989; Du Vall-Early & Benedict, 1992),而且无论是在封闭式办公室还是在开放式办公室中,私密性都是影响工作环境满意度的重要因素(Marans & Yan, 1989; Spreckelmeyer, 1993)。因此,在目前日益普及的开放式办公室中,如何保障员工的私密性需求就成为一个非常值得探讨和研究的热点问题。

研究表明,在开放式办公室中,若工作区周围有一定数量的隔断,那么将有助于保护员工的私密性需求,从而降低其拥挤感,并能提升对工作环境的满意度(Sundstrom, Burt, & Kamp, 1980; Oldham, 1988)。除了隔断的数量之外,隔断的类型也会影响到员工的私密性体验。奥尼尔(O'Neill, 1994)研究表明,与单片隔断相比,组合隔断在保障员工私密性要求和提高工作环境满意度上更具显著优势。在单片隔断的工作区中,隔断的高度相等且略高于人坐着时的视线水平;而组合隔断中通常有一片隔板略低于人坐着时的视线,这样,在组合隔断的工作区中员工就可通过在隔断后挪动位置来控制自己的视线和在别人视野中的暴露程度(见图4-7)。当他觉得独处更好些时,就可以把椅子移到高隔板后面,这样彼此就不容易看到对方;而当他有交流的需要时,也可以通过低隔板来了解和判断对方的情况。由于组合隔断为个体提供了更强的控制感和更多的选择权,因此对改善私密性具有更显著的效果。此外,

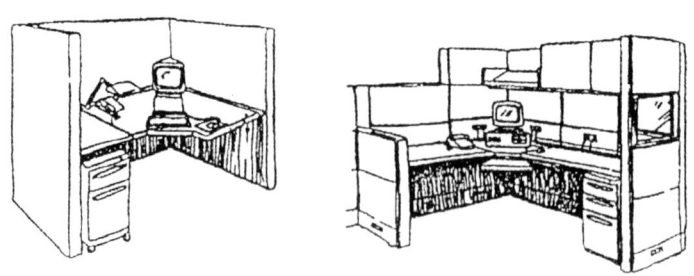

图4-7 单片隔断与组合隔断
(来源:O'Neill, 1994)

杜瓦尔-厄尔利和贝内迪克特(Du Vall-Early & Benedict,1992)研究发现,在开放式办公室中巧妙布置桌椅也能有效改善私密性,在工作时看不到同事也会令人有私密的感觉,这就意味着背靠背办公,正常的工作状态下不产生视觉接触也能保障一定程度的私密性。另外,他们还指出,在工作时即使能看到同事,但与他们保持一定的距离(≥3.5米)也能有助于个体私密性需求的满足。

上述研究及其结果主要针对的是员工视觉私密性的保障,而在开放式办公室中,言语私密性遭受侵犯往往是更为严重的问题。一方面,谈话者在谈论一些信息时并不希望周围的人听到;另一方面,周围的听者也并不希望被别人的谈话声等噪声干扰。从20世纪50年代开始,博尔特(Bolt)等人就开始对建筑的言语私密性问题进行研究,早期主要针对的是封闭式办公室,而随着开放式办公室的普及和发展,开放式办公室中如何保障员工的言语私密性就成为一个热点问题。用于评价开放式办公室言语私密度的声学指标主要有清晰度指数(articulation index,AI)和言语可懂度指数(speech intelligibility index,SII)。1969年,美国国家标准协会(American National Standards Institute,ANSI)提出用清晰度指数来评价建筑的言语私密度。为提高评价的准确度,1997年美国国家标准协会又提出采用言语可懂度指数作为评价指标,由于言语可懂度指数测量的频段范围更广、种类更多,并把混响、噪声和系统失真等都记入了调制传输函数,因此其适用范围更广,准确度也更高。1997年美国出台的标准 ANSI S3.5-1997 规定了开放式办公室常规级和机密级私密度对应的清晰度指数与言语可懂度指数的取值范围(如表4-1所示)。目前这一标准应用广泛。

表4-1 常规级与机密级私密度对应的清晰度指数、言语可懂度指数的取值范围

言语私密度等级	清晰度指数	言语可懂度指数
机密级	≤0.05	≤0.10
常规级	≤0.15	≤0.20

(来源:Bradley,2003)

为了保障员工的言语私密性,在开放式办公室设计中,通常会将房间的混响时间和背景噪声级作为最有效的设计参数。通过进行吸声降噪处理来改善房间的声场特性是一种常规的做法。也有一些研究者会利用人耳的掩蔽效应来达到掩蔽谈话声的目的,这就是所谓的声掩蔽措施(邢晓娟,焦风雷,康健,金虹,2009)。关于常规措施,布拉德利(Bradley,2003)曾采用实验法系统地对影响开放式办公室言语私密度的10个因素进行了定量分析,结果表明,顶棚吸声系数、隔板高度和隔间尺寸是最重要的三个因素,然而要想达到常规私密度的基本要求,其他七个指标也应保证在推荐值附近。这七个指标分别是隔板吸声系数、地板吸声系数、隔板传声损失、房间高度、照明器具、谈话声声级和噪声级。此外,他也指出,由于此实验中声音的来源和接收者都是位于相邻工作区的中央位置,在实际环境中,个体获得的言语私密度水平还要受制于个体在其工作区的位置以及谈话者面对的方向等因素。他又进一步指出,开放式办公室设计中应注重考察办公室活动类型与环境的匹配问题,即不同的开放式办公室布局与在该环境下最适宜展开的活动类型之间的关系。关于声掩蔽措施,常用的声信号主要有四类,即无意义的稳态噪声、类言语噪声、自然声、组合声信号。其中在前三种基本类型中,自然声是较为理想的方式,而在自然声中,有一些研究表明,在一些场合下,流水声的掩蔽效率较好,而且干扰度也较低(Jeon, Lee, You, & Kang, 2010; Ueno, Lee, Salamoto, Ito, Fujiwara, & Shimizu, 2008)。但在引入掩蔽声时应注意考虑掩蔽声对人的生理和心理(例如满意度、烦恼度、愉悦度、干扰度、侵入感、自然度等)的影响,若声掩蔽系统设置不当,不仅会丧失其掩蔽功能,而且自身反而会成为噪声源。

综上所述,无论是在居住场所还是在开放式办公室的设计中,考虑和尊重使用者的私密性需求都是至关重要的。此外,在具体的建筑设计中,还应根据不同群体的特征和预期,以寻求私密性与公共性的平衡。已有研究表明,影响私密性的因素有很多,例如年龄、性别等个体特征,文化背景,个体已有的经验以及对于私密性的预期等(Marshall, 1972;

Smith，1982；Walden，Nelson，& Smith，1981)。其中,文化背景的影响非常重要,因为不同社会对其成员所能拥有的私密性尺度具有不同的理解和规范。例如,霍尔(Hall，1966)曾比较地中海文化与北欧文化在这方面表现出的差异。地中海文化属于典型的高接触文化,在公共场合下陌生人之间的眼神碰撞和身体接触被视为常理;而在北欧文化背景下,视觉和听觉上的私密性却是至关重要的。因此,在建筑与环境设计中,应注意细致调研以便能了解使用者的真实需求和预期。

本 章 小 结

奥尔特曼认为,私密性是指个体对他人接近自身或自身所属团体的选择性控制。良好私密性并不简单地意味着成功远离其他人,而是指一种能动的界限控制过程。私密性的基本形式有四种,即独处、亲密、匿名和保留。私密性管理的手段主要包括言语行为、非言语行为、环境行为以及文化规范与习俗,这些机制通常都是作为一个有机的系统来发挥作用。私密性管理过程具有动态特征,其中涉及一个复杂的反馈系统,旨在实现需求与结果之间的匹配。私密性管理有助于个体在自我与他人之间确定界限,确立自我与他人的角色,并将进一步有助于自我同一性的建立和完善。

拥有良好私密性意味着环境使用者能够对周遭环境进行能动的界限控制,这种选择性和控制感对于个体而言非常重要。因此,在物质环境设计上,应充分了解和尊重使用者的私密性需求,为其提供较多的选择权和更强的控制感。例如,在居住场所的设计中,应注意减少或隔绝视听干扰,此外应注意为使用者提供具有丰富私密性—公共性层次的环境;而在如今日益普及和发展的开放式办公室设计中,尤其要注意保障员工的言语私密性和视觉私密性。恰当地采用隔断、进行吸声降噪处理以及采用声掩蔽措施等将有助于维护员工的私密性需求。

关键术语

私密性	独处	亲密
匿名	保留	近体学
高接触文化	低接触文化	开放式办公室
言语私密性	清晰度指数	言语可懂度指数

思考与实践

1. 阐述奥尔特曼对私密性概念的界定和认识。

2. 论述私密性管理的机制、过程和功能。

3. 结合案例,谈一谈在环境设计中为何以及应如何尊重使用者的私密性需求。可参考本章示例也可从扩展性阅读以及日常生活和观察中发现有价值的案例。

第五章 个人空间

科内奇尼等人（Konecni, Libuser, Morton, & Ebbesen, 1975）研究发现，若行人在等绿灯时其个人空间受到侵犯，那么此后他们穿越马路的速度会更快。已有许多研究都表明，当个人空间受到侵犯时，被侵犯者会感到不快甚至导致紧张和压力，其生理激活水平会有所提高。因此，在我们的生活中，我们总会尽力避免侵犯他人的个人空间，同时也会努力使自己的个人空间免受侵犯。

在下次你准备去乘电梯的时候，请注意仔细观察和记录：当人们进入电梯间后，会站在哪里？当四个角落及中央位置被占尽后，其他人会选择怎样的位置来尽可能保证充足的个人空间？哪些人的个人空间更易/更不易被侵犯？当电梯间很拥挤，人际距离近到让人感到不舒适时，人们会作出怎样的反应（例如眼神接触状况、面部表情、肢体动作等）来缓解个人空间不足带来的尴尬？

个人空间（personal space）是指一个人身体周围若受到他人侵犯会引发不适的区域，它有助于个体调节感觉输入，是人们用于传达和调控亲密度的重要机制，具有自我保护功能。本章主要讨论个人空间的基本概念、功能和测量方法，基于对个人空间的测量探讨影响个人空间的情境因素和个体因素，并由此引出有关个人空间的研究对环境设计的意义，包括有利于实现职业目标的距离和促进群体活动的最佳空间设计等。

第一节　个人空间的概念、功能与测量

一、个人空间的概念

个人空间是指一个人身体周围若受到他人侵犯会引发不适的区域(Sommer, 1969；Hayduk, 1983)。这一术语最早由凯兹(Katz, 1937)提出，并引起包括心理学在内的众多学科的关注，其中美国人类学家霍尔(Hall, 1963, 1966)的近体学(proxemics)理论尤为著名(详见专栏5-1)，他将个人空间视作一种非言语交流方式，并认为人际距离决定着信息交流的质量，反映着交际双方之间的关系类型和交往活动类型。

专栏5-1　　　　霍尔的近体学理论

1966年，人类学家霍尔出版了《隐藏的维度》(*The hidden dimension*)一书，提出近体学理论。在书中，他将近体学界定为对人类空间行为的科学研究。他探讨了人们空间使用行为背后的隐义，并首次科学地论述了不同文化下存在的不同空间使用规范。根据霍尔的近体学理论，美国成年人在交际时使用的四种交际距离分别是亲密距离(intimate distance)、个人距离(personal distance)、社交距离(social distance)和公众距离(public distance)。这四种距离的特征及反映的人际关系类型如表5-1所示。

值得注意的是，表中所述四种人际距离主要基于对美国中产阶层白人的观察，霍尔自己也曾指出即使是在美国社会内部，不同的亚文化群体例如非裔、西班牙裔、亚裔美国人可能会存在不同的空间使用标准。霍尔的研究成果对于此后有关个人空间跨文化研究的发展至关重要，并成为20世纪60年代末人类空间行为研究

表 5-1　霍尔的个人空间：人际关系类型和交往活动类型以及感官特征

	适合的关系和活动	感官特征
亲密距离(0～0.5米)	亲密接触(例如做爱、抚慰等)，体育运动(例如摔跤等)	强烈意识到来自对方的感官刺激(例如气味、热辐射等)，通常触觉代替言语成为主要的交流模式
个人距离(0.5～1.2米)	好友之间的接触，熟人之间的日常交往	比亲密距离更少意识到来自对方的感官刺激；频繁的视线交流；交流更多地通过言语而非触觉实现
社交距离(1.2～3.7米)	非个人的和公务性的接触	来自对方的感官刺激极少；视觉通道提供的信息不如个人距离情况下那样详细；正常的声音水平(在6米处可听到)；不可能碰触
公众距离(3.7米以上)	个体(例如演员、政治家等)和公众之间的正式接触	没有来自对方的感官刺激；没有细节的视觉输入；夸张的非言语行为用于补充言语交流，因为在此距离上看不清细微的表情变化

(来源：保罗·贝尔，等，2009)

繁盛发展的起点。

关于个人空间这一概念的理解，通常认为它并非指代某一固定的地理范围，而是会随个体而移动，并且在不同场景下会发生或增或减的变化。有人曾将个人空间类比为围绕在个体身边的"空间气泡"，但许多研究者认为这一类比并不恰切，会对个人空间实质的理解产生误导(Hayduk, 1983; Patterson, 1975; Winkelhake, 1975)。他们认为，个人空间的大小变化具有较强的灵活性，而且人们在交际过程中的实际表现并不像两个气泡相遇会互相弹开彼此一样。甚至，有研究者指出，就连"个人空间"一词本身也并不是恰切的，更妥当的做法是直接讨论人际距离而非其他(Aiello,

1987)。尽管存在一些质疑,但是"个人空间"这一术语已被研究者认同和使用,沿用至今。关于个人空间的形状,由于目前有关个人空间的绝大多数研究都集中于面对面的人际距离上,个人空间的形状通常也被认为呈单一平面的"环状"。然而有研究者认为,应从三维的角度去看待个人空间,综合考虑其垂直面和水平面上的特征(Holahan,1982)。基于这种认识,目前已有一些研究证据初步显示,对身体不同的部分而言,个人空间的大小是有区别的,其整体呈不规则的圆柱状(Hayduk,1981)。

在绝大多数情况下,侵犯他人的个人空间都会令其感到不快,甚至会导致紧张和压力。在许多场合下,例如在电梯间、图书馆、游乐场等,我们会刻意调整自己的举止以避免侵犯他人的个人空间,同时也会努力使自己不被别人侵犯,我们会试图与同时使用该场所的人保持一定的距离。有研究已证实,人们通常总会尽力去避免侵入他人的个人空间,而且触碰,尤其是初次相见的异性之间的碰触要小心避免(Barefoot, Hoople, & McClay, 1972; Reid & Novak, 1975; Sommer & Becker, 1969; Andersen, Andersen, & Lusting, 1987)。此外,有研究还发现,当个人空间受到侵犯时,个体通常会放弃并逃离此地(Barash, 1973; Felipe & Sommer, 1966; Sommer, 1969),而且个人空间受到侵犯会增加受侵犯者的激活水平,通过测量掌心出汗情况、皮肤电阻的变化以及相应的举止、姿势和面部表情等可观察到个人空间受侵犯者的生理激活水平会有所增强(Dabbs, 1971; Aiello, Epstein, & Karlin, 1975; McBride, King, & James, 1965; Efran & Cheyne, 1974; Konecni, Libuser, Morton, & Ebbeson, 1975; Smith & Knowles, 1979)。尽管研究者对于侵犯他人个人空间会令其激活水平提高这一事实具有共识,但是对这一现象的解释却存有争议。一些研究者认为,唤醒水平提高是对空间侵犯产生的一种反射性的自动反应,而另有一些研究者则认为唤醒水平提高反映的是我们对他人行为的预期受到挑战时体验到的一种惊诧反应(Burgoon,1978,1983;Burgoon & Jones,1976;Cappella & Greene,1982;Hale & Burgoon,1984;Patterson,1982)。

二、个人空间的功能

保持个人空间对个体而言具有重要的适应功能,主要体现在以下三个方面。

(一) 自我保护

作为身体的"缓冲区",个人空间最明显的功能之一便是保护个体免受身体或心理上的威胁(Horowitz,Duff,& Stratton,1964;Dosey & Meisels,1969)。拥有较大个人空间的个体更容易避开身体伤害,并能缓解心理压力和负效。埃文斯和霍华德(Evans & Howard,1973)认为,个人空间对个体的适应性意义主要体现在控制攻击性行为和减少压力上,而现有的很多研究也佐证了这一解释。例如,一些研究发现,在遭受侵犯后或收到一些负面反馈时,人们通常会保持较大的交际距离(Karabenick & Meisels,1972;O'Neal,Brunault,Carifio,Troutwine,& Epstein,1984)。此外,在一些存在潜在威胁的情境中,例如正在接受他人的评估和考察时,人们也会保持较大的交际距离(Dosey & Meisels,1969;Brady & Walker,1978)。埃德尼等人(Edney,Walker,& Jordan,1976)认为个人空间有助于人保持控制感并由此消除恐惧或疑虑,施特鲁布和沃纳(Strube & Werner,1982,1984)的研究则证实了这一点,研究显示具有较强控制感的个体通常拥有较大的个人空间,而且面对来自他人控制威胁的个体通常也拥有较大的个人空间。此外,卡拉贝尼克和迈泽尔斯(Karabenick & Meisels,1972)也报告,那些在社交场合容易焦虑的个体或自尊感较低的个体通常也会保持较大的人际距离以维持安全感。

(二) 调节感觉输入

适宜的刺激量对个体而言非常重要,而个人空间的另一重要功能就在于帮助个体调控感觉信息量以使其维持在最佳水平。内斯比特和史蒂文(Nesbitt & Steven,1974)在加州一家游乐场里进行研究发现,与充当"低强度刺激"相比,当实验助手变身"高强度刺激"(着艳丽的衣装并喷洒大量香水)排队等待时,队伍中其他人会与其保持较远的距离。由此可见,变换个人空间的范围是人们用于调节环境刺激量的重要手段之一。

(三) 亲密度传达和调控

个人空间最重要的功能之一,便是用于传达和管理人际交往的亲密度。用于进行亲密度管理的非言语行为,被称为即时行为(immediacy behaviors)(Mehrabian,1967,1969)或介入行为(involvement behaviors)(Patterson,1987),例如个人空间、微笑、眼神接触、身体定向、姿势、身体接触等。其中个人空间是最重要的成分之一。

关于即时行为的作用机制,最具影响力的理论解释是阿盖尔和迪安(Argyle & Dean,1965)提出的亲和—冲突理论(affiliative-conflict theory)。他们认为,接近与回避两种倾向共存于人际接触中,例如一方面你可能会受同伴吸引而去接近对方,而同时你也可能会因为害怕被拒绝或不愿意坦露太多而会有所保留或控制。当这两股冲突的力量达到平衡时,在交流中便会出现令彼此都会感到适宜的亲密度水平。因此,该理论后来也被称为均势理论(equilibrium theory)。均势形成的过程:在交互发生之初,有一段不稳定期,在此期间,交互双方试图建立平衡。一旦达成平衡,任何一方的改变将会被另一方相应的即时行为补偿。例如,两人交谈时,若一方突然与另一方拉开距离,改变了此前的适宜亲密度水平,那么另一方可能会通过跟进、增加眼神接触等即时行为来恢复先前的平衡。目前,对于阿盖尔和迪安的理论,已有许多研究证据的支持,此类研究通常是在实验室中进行,要求被试与陌生人互动,在交谈过程中,与被试互动的陌生人改变其即时行为,然后观察并记录被试相应的反应。绝大多数研究都验证了阿盖尔和迪安的预测,即被试会产生相应的补偿性即时行为来恢复此前的平衡,在这些研究中,最经常使用的即时行为指标包括人际距离和眼神接触等(Aiello & Jones, 1971; Argyle & Ingham, 1972; Baxter & Rozelle, 1975; Carr & Dabbs, 1974; Coutts & Ledden, 1977; Goldberg, Kiesler, & Collins, 1969; Patterson, Mullens, & Romano, 1971)。

尽管绝大多数研究支持了均势理论,但在一些研究中也发现,个体会以同样的方式而不是用补偿行为去回应对方(Breed, 1972; Jourard & Friedman, 1970; Schneider & Hansvick, 1974)。因此,均势理论的解释力受到了质疑,继而引发了关于即时行为机制的深入探讨。帕特森(Patterson, 1976)提出了一个更为完善的激活模型(arousal model)来解释和预测在人际互动中亲密度水平的变化情况。如均势理论所言,个体的激活水平深受对方即时行为的影响,但均势理论忽略了激活水平的变化对即时行为产生的影响。帕特森指出,激活水平的变化以及个体对这种改变的评估,是最终决定其反应的重要中介因素。如图5-1所示,激活模型认为,个体A在与B发生互动的过程中通过即时行为表现出来的亲密度水平的改变会导致B激活水平的变化,B对此变化的评估至关重要。若B对此激活水平变化的评估为愉快,那么他会以同样的方式回

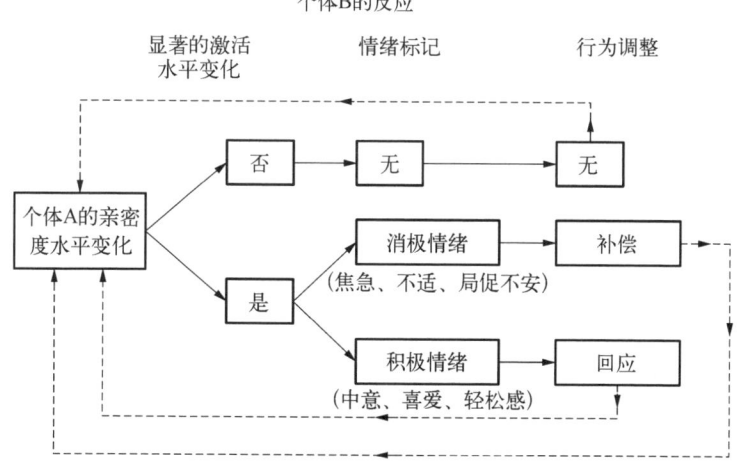

图5-1 帕特森关于人际亲密度的激活模型

(来源: Patterson, 1976)

应这一新的亲密度水平以保持或增强这种愉悦的激活状态;如果这种激活水平变化被视作消极状态,那么B就会采取补偿性即时行为以将亲密度水平调节至更好的状态。帕特森的激活模型较全面地分析了人际亲密度水平的变化,也获得了众多经验研究的支持。然而,就模型中情绪反应与即时行为本身之间的关系仍未得到确切的验证,而且模型中并未详细说明积极评价和消极评价发生的条件,因此该理论的预测力不甚理想(Foot, Chapman, & Smith, 1977; McAndrew, Gold, Lenney, & Ryckman, 1984; Patterson, Jordan, Hogan, & Frerker, 1981)。

作为即时行为的重要组成部分,关于个人空间行为的机制虽仍有待进一步研究,但有一点是毋庸置疑的,即个人空间在调控人际亲密度水平以及个体对他人的情感反应中发挥着重要作用(Burgoon, 1983; Patterson, 1987)。

三、个人空间的测量

关于个人空间的测量方法,大致可分为三类:模拟/投射测量法、实验室止步距离测量法和自然观察法。

(一) 模拟/投射测量法

在个人空间研究初期,模拟/投射测量法(simulation/projection measures)被广泛应用。较早的模拟法主要采用剪影来指代人物,实验中告知被试将这些图像想象为真实的人,并将他们按照实验描述的场景做恰当的空间排列(Kuethe, 1962a, 1962b, 1964; Little, 1965; Pedersen, 1973)。然后,据此推知在真实社会场景中个体会采取的人际距离。此后,还有其他一些形式的投射测量法出现,例如纸笔测验。其中最被普遍使用的是由杜克和诺维茨基(Duke & Nowicki, 1972)开发的"舒适人际距离量表"(Comfortable Interpersonal Distance Scale, CID)(见图5-2)。使用该量表施测时,首先让被试想象他们正站在一个房间的中央,然后告诉他们有另一人将从图中所示的八个方向中的一个方向向其靠近,接下去请他们在相应的方向线上画出另一人靠近到令他们开始感到不舒适的那一点。按照此方法让被试在其他七个方向线上做标记,

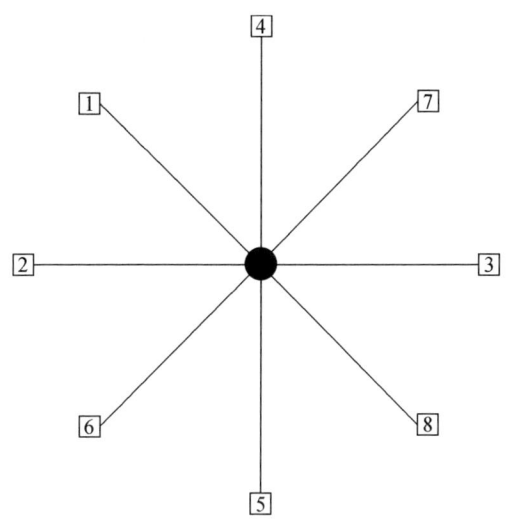

图 5-2　杜克和诺维茨基的"舒适人际距离量表"
（来源：Duke & Nowicki, 1972）

最终可得被试完整的个人空间。

模拟/投射测量法在研究初期被广泛使用，该方法实施方便，计分简便，成本低且便捷。一些研究者认为，通过该方法可以对个人空间作出有效估计（Knowles, 1980；Gifford, 1982；Sanders, Hakky, & Brizzolara, 1985）。也有研究者质疑，采用设想的情境进行研究是不合适的，认为该类测量方法的信度并不甚理想（Aiello, 1987；Hayduk, 1983；Love & Aiello, 1980；Sundstrom & Altman, 1976）。因此，目前为止，投射测验的应用开始渐渐衰落。

（二）实验室止步距离测量法

与模拟/投射测量法采用设想的情境进行个人空间测量不同，实验室止步距离测量法（laboratory stop-distance methods）中被试面对的是真实的他人，实验中要求被试指出与他人互动时，令他感到舒适的距离。该方法有两种形式：其一，被试站立不动，另一人向其靠近，一旦达到舒适距离，被试即让其止步；其二，要求被试去主动靠近他人，并在达到舒适距离后止步。与模拟/投射测量相比，实验室止步距离法较为真实，但具有一定的人为性,其生态效度会受影响。此外,需求特征(demand characteristics)等因素也可能会影响实验结果的准确性。尽管存在一定的局限性,但依据实验室止步距离测量法仍获得了许多有价值的研究结论(Bailey, Hartnett, & Gibson, 1972; Hartnett, Bailey, & Gibson, 1970; Hayduk, 1981; Horowitz, Duff, & Stratton, 1964)。

(三) 自然观察法

环境心理学家一致赞同最理想的状况是在尽可能自然真实的场景下开展研究,因为这些场景就是他们最终想要理解和解释的问题。而自然观察法(naturalistic observation method)就具有这样的优势,然而如第一章研究方法的介绍中所言,自然观察法在实施中难于进行随机化处理,而且会面对诸多伦理学和逻辑学上的难题,其结果及其解释不如实验室研究精准。然而,由于自然观察法具有良好的生态效度,它在个人空间研究中已被广泛运用。通常研究者会对在自然场景中进行互动的人们进行录像或摄影,然后根据坐标方格、地砖数量、人行道上的方块等参照物估计人际距离。自然观察法已被成功运用于各类场景中,例如幼儿园(Smetana, Bridgeman, & Bridgeman, 1978)、游乐场(Nesbitt & Steven, 1974)、海滩(Thomas, 1973)、动物园(Baxter, 1970)、讨论小组(Henrick, Giesen, & Coy, 1974)和城市街道(Dabbs & Stokes, 1975; Heshka & Nelson, 1972; Jones, 1971)等。然而在采用自然观察法研究个人空间时可能会遇到一些伦理学问题的挑战,详见专栏5-2。

专栏5-2　　采用无干扰观察法研究个人空间时的伦理学问题

在采用无干扰观察法研究个人空间时,其中有些招致了激烈争议,其争议焦点在于对个人隐私的侵犯等伦理学问题。例如在米德尔米斯特等人(Middlemist, Knowles, & Matter, 1976)研究中,选择的被试是在公厕中小便的男性。在研究过程中,由实验助手侵犯被试的个人空间,并由事先精心安装好的潜望镜监控其行为,由实验助手用秒表记录其小便时间。该实验成功地显示对个人空间的侵犯与受侵犯者的生理激活水平之间存在关联。尽管这一研究获得的结论很有价值,但研究中对被试隐私的侵犯却受到了质疑。反对者认为,在如此私密的场所中去窥视被试,不顾被试的隐私权是有违心理学研究的道德伦理法则的。而支持者则认为,发生在公共场所中的任何行为都是受公众监督的,而心理学家只不过是充分利用了这个人人都可以去使用的机会来获取有价值的数据资料而已。要想在理解真实环境中发生的行为方面有所进展,研究就必须在真实场景中展开。在这类现场研究中,被试的身份自始至终都是匿名的,任何一人的行为也都将受到保密保护。因此,被试的个人隐私是受保护的,并未受损。关于这两种观点的争议,仍在继续进行。

(来源:McAndrew, 1993)

第二节 影响个人空间的因素

基于个人空间的各类测量方法,目前已有研究表明,影响个人空间的因素主要有情境因素和个体因素。

一、情境因素

物理空间的结构会对个人空间产生强有力的影响。费希尔等人(Fisher, Bell, & Baum, 1984)总结了建筑对个体空间行为的各类效应,并着重指出人们对空间的使用通常反映出最根本的问题,即对安全的关注。例如,当知道自己可以离开时(如果有时这样做是必要的话),那么人们能容忍较小的空间,需要较少的个人空间即可。相应地,与站立相比，当我们坐着时会需要较大的个人空间（Altman & Vinsel，1977），在室内要比在户外需要更大的个人空间（Cochran, Hale, & Hissam, 1984; Little, 1965; Pempus, Sawaya, & Cooper, 1975），在房间角落要比在房间中央时需要更大的个人空间（Dabbs, Fuller, & Carr, 1973; Tennis & Dabbs, 1975）。当天花板较低或房间较小时，人们会需要较大的个人空间（Cochran & Urbanczyk, 1982; Daves & Swaffer, 1971; Savinar, 1975; White, 1975）。而鲍姆等人（Baum, Reiss, & O'Hara, 1974）研究发现，有效利用隔断能降低个人空间受侵害的感觉，并能提高空间的实际利用率和使用的舒适度。

除了上述因素外，个人空间还会受交际双方的情感关系、吸引力等情境因素的影响。正如森德斯特伦和奥尔特曼（Sundstrom & Altman, 1976, p.50）所言："有关个人空间最广受支持的基本论点就是积极情感、友谊及吸引力总是与人际距离亲密接近相联系。"通常，人们报告朋友而非陌生人站在离他们较近的地方时，他们会感到比较舒服（Ashton, Shaw, & Worsham, 1980）；在混合性别的组对中，强吸引力基本上总会与较近的身体距离相关联（Allgeier & Byrne, 1973; Byrne, 1971; Byrne, Ervin, & Lamberth, 1970）。而其他一些研究则显示在这些混合性别的组对中，主要是女性会调整她们的个人空间以反映人际吸引的水平，吸引力与交际距离的关系在女性—女性组对中同样成立，但在男性之间就并不总是适用（Edwards, 1972; Heshka & Nelson, 1972）。一般而言，人际吸引较强的双方，例如由于高度相似而产生较强吸引力，通常会拥有较近的人际距离。除了双方的情感关系会影响个人空间的大小之外，身份地位关系也会对个人空间产生影响。有研究表明，双方关系中具有较高身份地位的个体总会拥有、控制和使用较大的空间（Henley, 1977; Sommer, 1969）。

除此之外，还有一些因素会与个人空间的使用相关联。例如，当人们寻求帮助时，若采取较近的人际距离或有恰当的身体接触发生时，通常更易求助成功（Baron, 1978; Willis & Hamm, 1980）。还有研究（Sommer, 1969）发现，在排队等候看不同内容的电影时，人际距离也会有显著差异。

二、个体因素

影响个人空间的个体因素主要包括年龄、性别和文化种族背景等。

(一) 年龄

有关个人空间使用状况的发展研究虽然为数不少,但其结果一致性较差。因此,对于儿童何时开始使用稳定的个人空间来处理他们之间以及他们与成人之间的关系尚不明确,但研究者普遍认同的观点是,儿童对个人空间的需求会随年龄增长而稳定增强(Burgess, 1983; Hayduk, 1983)。非常年幼的儿童在结伴游戏时彼此会挨得比较近,而且身体接触也较多(Burgess, 1981)。而类似于成人的个人空间使用规范大致会在青春期建立(Aiello & Aiello, 1974; Aiello & Cooper, 1979; Altman, 1975; Evans & Howard, 1973),而性别差异则出现得较早,女孩通常会使用较近的人际距离(Guardo, 1976)。有研究也表明,成人似乎也意识到儿童空间行为的不稳定性,因为10岁以下的儿童对其个人空间的侵犯很少会引发他/她的消极反应(Dean, Willis, & Larocco, 1976; Fry & Willis, 1971)。关于老年人的个人空间使用状况,尽管有研究表明老年人可能会使用较小的人际距离(Heshka & Nelson, 1972),但是对于个体成年后其个人空间使用的变化情况仍缺乏系统研究,因而难以定论。

(二) 性别

性别是影响个体空间行为的重要因素,但是鉴于性别效应与其他各类个体因素和情境因素的影响往往会交织在一起,因此在解释和预测性别效应时应谨慎。回顾现有的大量经验研究,其结果表明,在不同的年龄阶段,女性通常使用较小的人际距离(Aiello & Jones, 1971; Lott & Sommer, 1967; Pellegrini & Empey, 1970; Sussman & Rosenfeld, 1982; Wittig & Skolnick, 1978)。男性对过于亲近的人际距离容忍度较低(Aiello, 1987),男性侵犯者会对他人造成更多压力,更易使被侵犯者逃离(Ahmed, 1979; Bleda & Bleda, 1978; Krail & Leventhal,

1976；Murphy-Berman & Berman，1978；Rüstemli，1986)。基于上述研究结果，不难得出以下结论，即人们通常会与女性保持较近的人际距离(Kassover，1972；Long，Selby，& Calhoun，1980)。

绝大多数关于性别差异的结论都是基于现场研究，在此类研究中，通常由实验助手在公共场所侵犯研究对象的个人空间，而一般情况下被侵犯者并不知晓研究的目的，然后观察并记录其反应。这类研究发现在应对空间侵犯上存在诸多显著的性别差异。费希尔和伯恩(Fisher & Byrne，1975)在大学图书馆里进行现场研究，由实验助手侵犯正在自习的学生的个人空间，结果发现，女性受来自身体两侧的空间侵犯干扰最大，而男性则受来自身体前方的空间侵犯影响最大。他们由此得出结论，男性与女性个人空间的形状有差异。然而，这一结论受到了来自其他场合下研究的挑战，同样是针对大学生的研究，对坐在大学校园长椅上的被试进行空间侵犯，结果发现，当侵犯者保持沉默时，男性会更快地离开；而当侵犯者开口征求意见能否坐下来时，则是女性离开得更快些(Sundstrom & Sundstrom，1977)。这预示着，情境因素和性别因素会共同发挥作用影响个体的反应。尽管对于性别效应的分离仍有待进一步明确，但已有其他诸多研究亦显示，在一些场合下，对个人空间的侵犯存在较显著的性别差异。例如，哈里斯等人(Harris，Luginbuhl，& Fishbein，1978)以商场中乘坐自动扶梯的顾客作为研究对象，结果发现，当实验助手从背后侵犯其个人空间时，无论助手是男还是女，男性被试更有可能移开，而女性被试则更多的是假装她们没有注意到这种侵犯。而在电梯间的一系列研究中也发现了一些有趣的性别差异。在这些研究中，被试会进入到一个拥挤的电梯，为了乘电梯而不得不去侵犯他人的个人空间。在这种情境下，绝大多数人选择的是侵犯女性而非男性的空间(Buchanan，Juhnke，& Goldman，1976)。在此后的研究中，布坎南等人(Buchanan，Goldman，& Juhnke，1977)进一步发现，进入电梯后，女性偏好与注视她的其他女性站得更近，而尽力回避那些凝视她的男性。男性在进入电梯后则总会倾向于去侵犯不看他们的人。而其他一些研究也证实了这种性别差异的存在，即当不得已要侵犯另一人的个人空间时,女性更可能会去选择那些对她们示好的人,例如看着她,或对她微笑的人,而男性则更可能会去选择那些假装没有注意到他们的人(Hughes & Goldman, 1978; Lockard, McVittie, & Isaac, 1977)。

关于性别差异的其他研究还显示:女性在与男性交往时偏好的人际距离还会受其生理周期的影响(O'Neal, Schultz, & Christenson, 1987; Sanders, 1978);不仅个体的性别,而且个体的性别角色定向,例如个体对其作为男性或女性角色的认同程度,也会影响个体对空间行为的约束(Lombardo, 1986)。

(三) 文化种族背景

霍尔(Hall, 1966)在其近体学中已明确指出在空间行为上存在文化差异,并区分出两类不同文化,即地中海文化(Mediterranean cultures)和北欧文化(North Europe cultures)。其中,地中海文化的典型代表主要包括阿拉伯世界、南欧和拉丁美洲等。这些地方的人们通过空间行为表现出极大的亲密度,他们使用极其密切的人际距离,而且伴有大量的身体接触和眼神交流。而北欧文化则主要涵盖了北美以及北欧一些国家。在此类文化下的人们在即时行为中表现出较少的亲密性,一般偏好较远的交际距离和较大的个人空间。霍尔指出,来自不同文化背景下的人们在交际中若无视对方的空间需求,就很容易产生问题。霍尔关于空间行为文化差异性的论述和分析得到了许多研究证据的支持(Sommer, 1969; Watson & Graves, 1970; Aiello & Thompson, 1980),尽管对霍尔理论的解释力及两类文化的区分是否精准等仍存有质疑,甚至他自己也承认,这两类文化的区分较为粗糙,因为一些文化(例如东方文化)很难准确地被归为其中哪一类。但是,霍尔理论反映出的个人空间需求和使用规范的文化差异性确实存在,并值得进一步深入探讨。

个人空间的使用除了存在文化背景差异之外,在同一文化背景下还会有较显著的种族差异。不同种族群体之间的人们在交际时使用的人际距离往往要大于同一种族群体内部成员之间使用的交际距离(Booraem, Flowers, Bodner, & Satterfield, 1977; Hendricks & Bootzin, 1976; Rosegrant & McCroskey, 1975; Willis, 1966);与英裔美国人相比,西班牙裔美国人使用较近的人际距离(Aiello & Jones, 1971; Ford & Graves, 1977; Pagan & Aiello, 1982);美国黑人与白人也使用不同的空间行为规范(Aiello & Thompson, 1980; LaFrance & Mayo, 1976)。这些在同一文化背景下表现出来的种族差异具有重要意义。例如,加勒特等人(Garrett, Baxter, & Rozelle, 1981)在研究中,训练白人警察分别使用符合黑人/白人交际习惯的人际距离对一些黑人民众进行面谈,结果发现,黑人民众明显偏爱警察采用符合黑人习惯的空间行为,并评价这种做法更称职。除了亚文化的差异性之外,还有研究发现社会经济地位也影响人们的空间行为,并在有些情况下体现出强于亚文化背景的优势效应(Scherer, 1974)。研究表明,中产阶层与底层阶级的儿童,不论其种族如何,同一阶层的儿童基本上遵循相同的空间使用规范。

第三节 个人空间与环境设计

一、有利于实现职业目标的距离

多大的距离会使教师与学生、医生与患者等之间的互动产生最好的效果?研究个人空间对此类问题的解答具有重要的应用价值。

在学习环境中,适当拉近教师与学生之间的人际距离对学生完成学习任务具有积极意义(Skeen, 1976)。而在有许多学生在场的典型教室场景中,蒙特洛(Montello, 1988)总结到,当座位由教师安排时,座位的位置对学习成绩就算有也只是很小的影响;若学生可以自由选择位置,座位的位置会对学习质量产生影响。教室的中前部区域通常是交流效果最好的(Koneya, 1976),坐在这一区域有利于言语交流并有助于集中注意力。此外,通常选择中间位置的人拥有较强的自尊心(Hillmann, Brooks, & O'Brien, 1991),他们的参与性较强,态度也更积极,并能取得较好的成绩(Becker, Sommer, Bee, & Oxley, 1973; Sommer, 1972)。然而,值得注意的是,座位的位置与成绩仅仅是相关,而这种相关可能是因为座位对参与度的影响，也可能是由于学习表现好的学生选择了参与度高的座位，或二者兼而有之(Stires，1980)。因此，对于座位位置与学业表现之间关系的解释应谨慎。

在临床情境中，来访者与咨询师之间保持多远的距离才合适？一般来说，治疗师偏爱使用中等距离(Brokemann & Moller，1973)，精神病患者在此距离时会最多地谈论他们的恐惧和焦虑(Lassen，1973)。这种模式同样适用于大学生，当斯通和莫登(Stone & Morden，1976)让学生分别在0.7米、1.7米、3.1米的距离和访谈者讨论个人话题时，他们发现学生在中等距离时愿意提供最多的个人信息。对于此类交流而言，中等距离是适宜的，也是符合人们预期的。然而，值得注意的是，在非临床情境下，这一发现并不总是适用(Skotko & Langmeyer，1977)。此外，关于内科医生与患者之间应保持多远的距离才能更好地使患者配合治疗，已有研究发现，这部分取决于患者自述时医生的反应。当医生的言语反应热诚，距离较近会让患者更加遵从医生的建议；但当医生的言语反应冷冰冰时，情况则相反。这显示当言语与人际距离传递出的亲密信息一致时会产生更多积极的效应(Greene，1977)。

二、促进群体活动的最佳空间设计

若要增进群体内的交往水平，环境心理学家建议需要对空间进行社会向心式(sociopetal)布局，社会向心式环境鼓励人们进行社会交往，其空间布置有利于人们聚在一起，例如绝大多数家庭里的聊天区。而与之相反的则是社会离心式(sociofugal)环境，例如机场候机厅里的座位布局(Osmond，1957)。在早期，萨默和罗斯(Sommer & Ross，1958)研究了加拿大萨省(Saskatchewan)医院中新开设的病房，尽管该病房装饰一新、颜色明快、设备齐全，然而却让置身其中的患者有被孤立和感到压抑的感觉，病房里的座椅安排明显不利于患者间的交流，绝大多数椅子被并排着靠墙摆放，面朝同一方向，而另有一些则被安置呈背靠背的方式，坐在那里的人只能看着对面的墙壁和地板，很少与别人交谈。当萨默和罗斯重新布置了场地，减少了长沙发，增加了方形小桌，并将椅子围绕桌子摆放,结果发现,重新安排座椅和家具后患者间的短时交流和持久交流都有了明显增加,交往频率几乎翻倍。其他一些研究也有类似发现,当空间布置使人们能更直接地面对彼此时,群体成员之间的交往就会更频繁(Mehrabian & Diamond, 1971);若座位不是面对面的,则容易出现较长时间的冷场,人们会更多地调整姿势,甚至对交流情况的评价更为负面(Patterson, Mullens, & Romanno, 1971)。这些研究结果提示,当空间被赋予意义时,它既可以鼓励人们之间的交流,也可起到相反的作用。在鼓励人们交流的场合下,应赋予空间社会向心式的含义。正如奥斯蒙德和罗斯(Sommer & Ross, 1958, p. 129)所言:"如果功能无法决定结构,那么结构必将会决定功能。"

此外,在群体活动中,选择桌子的座位也透露出人们交往方式的一些信息,在会议场合二者之间的关系就显得愈发明显。在长桌上开会,通常会议主席坐在桌子的短边,即使是非正式场合下,通常发言最多或居于支配地位的人会坐在此处。坐在此处的人能看到所有的人,具有最全面的视域。而选择圆桌开会时,所有与会者具有平等的视域,体现了群体成员之间的平等和民主气氛。

本 章 小 结

个人空间是指一个人身体周围若受到他人侵犯会引发不适的区域。个人空间若受到侵犯,个体极易产生压力和紧张,生理唤醒水平会提高,并经常会产生逃离行为。较早对个人空间进行研究的学者是霍尔,他将个人空间视作一种非言语交流方式,并认为人际距离决定着信息交流的质量,反映着交际双方之间的关系类型和交往活动类型。个人空间具有多种功能,它既是个体实施自我保护的重要缓冲区,也有助于个体调节感觉输入的强度,还是管理与他人交际时保持适宜亲密度水平的主要机制。个人空间的测量方法很多,大致可分为三类:模拟/投射测量法、实验室止步距离测量法和自然观察法。模拟/投射测量法应用较少,更多的测量是在自然场景下进行现场研究。基于上述各类测量方法，尤其是现场研究的结果，已有研究表明，影响个人空间的因素主要有情境因素和个体因素。情境因素主要包括建筑学方面的特征（例如，物理空间的结构等）和人际关系的特征（例如，交际双方的情感关系、吸引力等）；而个体因素则主要包括年龄、性别和文化种族背景等。个人空间的研究对环境设计具有一定的启示意义，包括有利于实现职业目标的距离和促进群体活动的最佳空间设计。

关键术语

个人空间	近体学	亲密距离
个人距离	社交距离	公众距离
即时行为	介入行为	亲和—冲突理论
均势理论	激活模型	模拟/投射测量法
舒适人际距离量表	实验室止步距离测量法	自然观察法
地中海文化	北欧文化	社会向心式
社会离心式		

思考与实践

1. 如何理解个人空间这一概念？
2. 简述霍尔的近体学理论及其对个人空间研究的贡献。
3. 个人空间对个体的适应功能主要体现在哪三个方面？
4. 试评述阿盖尔和迪安的均势理论以及帕特森的激活模型。
5. 试评述个人空间的三类测量方法。
6. 如何看待采用无干扰观察法研究个人空间时可能导致的伦理学问题？
7. 举例说明影响个人空间的情境因素和个体因素。
8. 谈一谈个人空间研究对环境设计的启示意义。
9. 尝试使用图5-2中的"舒适人际距离量表"（CID），画出表示自己个人空间的形状。使用方法：在纸上画图5-2所示的图形，想象这张图代表一个圆形房间,房间在八个不同的方向上都有一个入口,分别用数字1~8表示,你自己则坐在这个圆形房间的中心位置,面对8号入口。然后想象一下,一个人若从不同的入口进来走近你,当你觉得他应该在哪个位置上停下来时,就在图上对应的位置上标上记号。在八个方向上都做好记号后,用线连接这些记号,你将知道自己个人空间的形状。采用舒适人际距离量表还可以验证影响个人空间的一些情境因素和个体因素。例如,先想象一个朋友靠近你,画出个人空间图;然后再想象一个陌生人靠近你,也画出个人空间图。试比较下:这两张个人空间图一样吗?是否你与朋友间的交往距离会更小些?

第六章 领域性及其行为

埃德尼(Edney, 1975)设计了一个关于领域性的现场研究,他以160名耶鲁大学生为被试,以学生宿舍作为研究现场,将被试区分为居住者(主人)和来访者(客人)两类,并随机让他们以控制者和受控者的角色完成一系列指定的任务。结果发现,无论处在控制者还是受控者角色上,主人和客人在以下四个方面都表现出显著差异:(1)与主人对客人的评价相比,客人认为主人在其领地中表现更自在、更放松;(2)相对于客人对房间的评价,主人认为房间更舒适、更私密;(3)对行为的解释上,客人更倾向于用个性来解释他们以及主人在场景中的行为,而主人更多地将其个人行为归结为环境影响,而客人也认同主人的这种归因方式;(4)主人的被动控制要强于客人,即主人对客人试图控制他的抵制程度要显著强于客人对主人控制的抵制。这一经典研究充分说明了领地优势现象(territory-dominance phenomenon)的特征及意义。

领域性(territoriality)对有机体具有重要的适应意义,与动物相比,人类领域性具有其独特的社会性以及与情感维系等密切相关的各种心理效应。本章主要讨论领域性及其行为的基本概念,包括动物领域性及其行为和人类领域性及其行为的界定和功能,并重点分析人类领域性行为的类型和测评。此外,在回顾人类领域性的研究方法和研究证据的基础上,还将介绍此类研究对环境设计的意义,并重点讨论可防卫空间理论的适用性和局限。

第一节　领域性及其行为概述

一、动物领域性及其行为

对动物领域性及其行为的研究最早可追溯至 18 世纪,研究者关注领域性及其行为的生物学基础和进化作用,而且讨论了生物学意义上的本能和学习在领域性中的作用。其中,一部分生态学研究者以鲜明的进化论观点来阐释领域性及其行为,认为领域性及其行为是由进化力量塑造而成的,物种在进化过程中面临的自然选择压力促成了领域性及其行为,由于实施领域性行为的动物得以存活,并能繁衍出强盛的后代,因为该行为倾向就得以传承(Ardrey,1966;Lorenz,1966)。而一些环境心理学家则认为,动物的领域性行为是相当灵活的,而且是基于学习而成的,简单以领域性本能来解释这一现象是不可取的(Brown,1987)。而另有一些环境心理学家和生物社会学家则采取折中的态度,认为领域性行为是一种社会行为体系,有其生物进化的基础。物种中的个体成员间在生物倾向性的强度方面可能会存在差异,然而所有成员却必共享着同一种生物学基础(McAndrew,1993;Barash,1982)。本能的成分和习得的过程对领域性都有作用,但作用的具体方式可能会有差异,有待深入研究。其中一些研究者认为,本能使物种具有领域性行为的倾向性,但学习决定着行为的形式和强度。另有人认为,本能与一些基本的领域性行为有关,而学习则会造就更为复杂的领域性行为。目前,越来越多的研究者已摒弃领域性行为不是习得的而是本能这种观点,探讨领域性行为中的自发过程和学习过程的机制和效应。

早期对动物领域性的研究对象主要包括鸟类、鱼类、爬行类、啮齿类以及有蹄类和灵长类动物等,其研究方法以自然观察为主。研究结果表明,在脊椎动物中普遍存在领域性行为,但由于物种、栖息地、季节、气候、社会组织性等原因,其表现具有较大差异。虽然形式各异,但是领域性行为具有诸多共同的生物适应性功能(Carpenter，1958)，这主要包括以下三个方面。

(一) 提供安全和保卫

黑猩猩通过群体共同巡逻守卫群体领地的行为来减少族群间冲突的危险。吼猴和燕雀在很远的地方就会不停地通过响亮的声音告知对方自身的位置以避免冲突。狼等肉食性动物则会在其领地周边的关键位置上排便以显示对领地的拥有权。这些领域性行为都有助于动物的自我保护，虽然标记和维持领域性会消耗时间和精力，但是领地一经确定，对动物个体甚至整个族群而言都将具有积极意义。

(二) 减少争斗和屠杀

当面对面的对抗发生时，领域性行为也将能提供一定的安全措施以避免动物之间因打斗而导致严重伤害。典型的例子就是先住效应(prior residence effect)。所谓先住效应是指动物在其领地范围内会表现出优于入侵者的支配性。例如，一只小狗把另一只擅入其领地的大狗逐走，正是先住效应的体现。领域性使动物在其领地里拥有更多优势，从而可以避免激烈对抗。有研究发现，当两条鱼被同时放入鱼缸中时，它们会分别占据不同的领地，领地之间的界限非常清晰。观察发现，如果一条鱼游离到另一条鱼的领地时，它立时会遭到攻击和追逐。然而，在追逐的过程中，保卫领地者一方往往会不小心追过界限，进入到对方领地，成为入侵者。这时两条鱼的角色互换，原先逃跑的鱼变成保卫者，如此往来追逐，直到它们在边界处面面相觑，达成平衡，各自看守确保自身领地安全为止。

(三) 控制族群规模和质量

领域性行为有助于调控种群规模并能强化优势结构。在很多动物族群中，领域性行为会引发对领地的竞争，在此过程中优胜劣汰，优势动物获取社会地位，获得最大化的资源和配对机会，从而有效控制族群规模。在此选择的过程中，对于领地的竞争是核心部分，因为获胜者通常是该区域中唯一的育种者(Wynne-Edwards，1965)，这便保证了族群中最健康和强劲的雄性具有育种的优先权，从而使得族群的优势结构得以强化和延续。

领域性行为还能够为动物提供其他诸多益处,例如确保优质的生存空间,因为领域性行为使得动物分布广泛,从而避免了生存空间内食物供应和其他资源的负荷超载。此外,领域性行为使得废物累积仅限于某一地,也能有效减少疾病的传播。总之,动物的领域性行为总是与其生存紧密相联,具有重要的生物适应学意义。

二、人类领域性及其行为

(一)人类领域性及其行为的界定

真正对人类领域性及其行为的关注和研究始于20世纪中叶,洛伦茨和阿德里是这方面研究的先驱者。洛伦茨(Lorenz,1966)从对动物领域性行为的探讨出发认为,主动防卫是动物领域性行为的关键特征,领域性行为与争斗经常是不分彼此的。他由此推演至人类的领域性行为,认为人类同样会受制于他自身的攻击性本能。阿德里(Ardrey,1966)则声称人类同动物一样具有认领和保卫领地的生物倾向性,该驱力具有生物遗传性,而且根深蒂固。与洛伦茨一样,阿德里认为攻击性行为和敌对是包括人类在内的脊椎动物的天性,而友善和合作只是外界危险和威胁将个体们联合起来对抗共同敌人时出现的次级现象。洛伦茨和阿德里强调将动物领域性行为与人类领域性行为的本质加以类比,将主动防卫作为领域性行为的核心特征,引发了研究者探讨人类领域性行为的热情,就人类领域性行为的本质、与动物领域性行为类比的合理性以及人类领域性行为的独特性等问题展开了激烈讨论。

人类具有领域性行为,在动物领域性行为与人类领域性行为之间确实存在某种程度的类比可能性。例如,对领地的所有权与社会地位之间的关系,领地规模与社会地位之间的关系等。然而,在人类领域性行为中,主动防卫通常并不是关键,而且也不是界定领域性行为的充要条件。与动物的单纯性物理占有不同的是,人类领域性行为在很大程度上具有其独特的社会性以及与情感维系等密切相关的各种心理效应。具体来讲,人类领域性行为与动物领域性行为之间的区别有五个方面:(1)人类对空间的使用具有灵活性,不同于动物定型化的空间反应。这就表明,人类的领域性行为具有显著习得的特征。(2)人类领域性与攻击性之间并不存在明确的关联。(3)动物的领域性主要与动物的生理需求相关,而人类的领域性通常还会与其他更高级的心理需求有关。(4)动物通常仅使用一个领地,而且持续较长时间;而人会在不同的地点同时保有几个领地。(5)人会在时间上分享使用暂时性的领地,而这在动物身上却极少发生。就上述五方面差别,布朗等人(Brown, Lawrence, & Robinson, 2005)强调指出,人类的领域性行为是一种社会行为结构,领域性行为不是简单表达对某区域、某对象的拥有权,更重要的是在社会环境中建立、传达并维持与它的独特关系。作为一种社会行为结构,领域性行为会影响人际交流和人际关系。这种认识与奥尔特曼对领域性的经典解释一脉相承。奥尔特曼(Altman, 1975, p.107)将人类领域性界定为"一种管理自我与他人之间界限的机制,包括对某一场所或物品的个人化或标记行为,以及表明它们已被某人或某个群体'拥有'过程中的全部沟通活动。个人化和所有权旨在调控社会互动并促成主体实现各类社会与物质动机。当领地界限被侵犯时,主体有时会作出反击保卫。"

对于领域性(territoriality)及其行为的界定,还有其他的描述。洛伦茨(Lorenz, 1966)指出,领域性是对特定区域的防卫。阿德里(Ardrey, 1966)指出,领地是指动物或群体专享的主要防止同族其他成员入侵的某一空间区域。艾布尔-艾贝斯费尔德(Eibl-Eibesfeldt, 1970)指出,任何对与空间相关的不耐性(intolerance)都可被称为领域性,在领地所有者面前,另一同族成员必须退却。霍尔(Hall, 1959)指出,认领和保卫某一领地的举动被称为领域性。布劳尔(Brower, 1965)指出,领域性是指有机体倾向于在他们物理范围周围建立界限,认领界限内的空间或领地,并且保护它不受外来者入侵。普罗夏斯基等人(Proshansky, Ittleson, & Rivlin, 1970)指出,人类领域性是指获取并实施对某一部分空间的控制。埃德尼(Edney, 1975)指出,领域性的内涵涉及对有形空间的占有、保护、利用的排他性、标记、个人化等。吉福德(Gifford, 1987)认为,领域性是一种个人或群体具有的行为和态度的模式,它是个体对一个可限定的空间或物体,通过心理拥有或以实际行动形成控制,包括日常占有、保护、个人化和标记等。布朗等人(Brown, Lawrence, & Robinson, 2005)认为,领域性行为是个体对物理的或社会的事物拥有所有权之感的行为表现,其中包含着所有对与个人情感相联结的事物建立、传达、维系和恢复领地所有权的行为。

综上所述,目前对领域性及其行为的定义是多样的。有些研究者强调个体对领地的占有和保卫。有些研究者则强调对领地的依恋和组织。而另有一些研究者则试图结合上述两个方面,强调二者的整合,并且将领域性的潜在焦点拓展至物理空间之外,强调领域性行为的心理意义。这些尝试都将有助于人们对人类领域性行为本质的揭示。

奥尔特曼(Altman, 1975)根据领地对主体生活的重要性,将人类领地划分为主要领地(primary territories)、次要领地(secondary territories)和公共领地(public territories)。不同领地在主体占用时间、领地占有者知觉到的所有权的范围、对领地的个体化程度以及被侵犯时实施防卫的合理性和可能性等方面均存在差异,具体描述见表6-1。目前大量研究证据已表明,奥尔特曼关于人类领地的划分是合理的,不同类型的领地对主体的生活具有不同的意义,通常人们在主要领地中会表现出较强控制力(Taylor & Stough, 1978; Taylor, 1988)。

表6-1 与三种领地有关的人类领域性

领地类型	多大程度上拥有这个领地(自己和别人都认为)	个性化程度/被侵犯时防卫的可能性
主要领地(例如家、办公室等)	高;相对持久地拥有	极度个性化;有完全的控制权;被闯入是严重的事件
次要领地(例如教室等)	中;没有所有权,只是使用者之一	一定程度的个性化;一些管理权
公共领地(例如沙滩等)	低;没有所有权,只是众多使用者之一	有时能暂时地个性化;不能实施控制;几乎没有防卫可能性

(来源:Altman, 1975)

(二) 人类领域性行为的类型

人类领域性行为的目的在于建立、传达、维持和恢复领域权。通常这些行为可被划分为标记和保卫两个基本范畴。标记,建立和传达领域权;保卫,维持和恢复领域权。标记指个体建立对特定领地或事物个人化的情感依恋并将之传达给其他人的领域性行为。标记涉及诸如领地的社会结构、成员间通过相互协商确定领地归属及其具体范围等内容,它要求巧妙运用有效的动作姿态或记号来传达个人的领地和范围。标记主要包括物理标记和社会性标记,物理标记如门上的姓名牌、计算机桌面上孩子的照片、放在椅子上的大衣等,社会性标记则包括雇员使用的职衔、一些可表达归属权或可接近性的社会习俗习惯,或公开宣告自己的想法以确保每个人都知道该领地属于谁。尽管标记划清了领地界限并传达了某领地与某个体之间的联系,但在到底谁拥有该领地或其界限到底是什么却人各有理解,因此难免发生"侵犯",它促使部分感到被侵犯的人采取领域性行为来保卫领地,以阻止侵犯或作出回应。对领地侵犯的担忧和因侵犯导致的愤怒引发两类反击:预先保卫和反击保卫。预先保卫发生于侵犯之前;而反击保卫则发生在侵犯之后。

在标记和保卫两大范畴下可以将人类领域性行为再细分为四类:身份导向的标记(identity oriented marking)、控制导向的标记(control-oriented marking)、预先保卫(anticipatory defending)和反击保卫(reactionary defending)。

1. 身份导向的标记

身份导向的标记,又称个人化,是指领地拥有者通过对环境进行装饰或修饰,以反映其身份。显示个体对某事物的所有权,可以使个体建立并传达自身的身份。例如,通过摆放在橱窗里或挂在墙上的毕业证书、学位证书来表明自己的专业水平;通过在姓名牌上标注自己的职衔或荣誉来表明自己的社会地位;通过在桌上摆放家人照片或旅游照片来表达自己私人生活方面的特点等。这些标记行为不仅传达着身份信息,而且有助于个体定义自我卷入的角色。通过形成身份的符号化表达、被他人接受或拒绝、进一步修改和改进,角色开始理解并认同自己的身份(Gioia,Schultz,& Corley,2000;Pratt,2000)。

2. 控制导向的标记

控制导向的标记是指在某一事物上做能显示出领地界限和拥有者的符号。例如,经理在公共办公室放置他的办公桌来标定他的私人空间,护士用写了名字的便利贴粘在护士站共用的台桌上。通过控制导向标记,可以控制他人的进入和使用。它的功能在于促进对环境的组织,从而有利于任务的达成和提高社会凝聚力,同时也满足人们对于拥有一定区域的需求。通过这种方式,可以提高个体对事物及事物所在环境的承诺感和联系性。

3. 预先保卫

预先保卫是指人们出于担心领地被侵犯而采取措施预防他人占有或使用他们领地的行为,即在侵犯发生前采取的举动。例如,抽屉加锁、计算机文件夹加密、在高级管理层办公区安排预检的接待员等。这种行为能增加人们的安全感和控制感。它与控制导向标记不同的是,后者的功能在于试图说服他人不要尝试进入某领地,即它通过传达界限和所有权来降低他人侵犯的意图;而预先保卫则强调阻止实际的侵犯,即阻止人们成功入侵。

4. 反击保卫

反击保卫是指在领地侵犯发生后个体采取的行为反应,包括强调对某事物的所有权、个体表达对侵犯行为的情感反应,以及取回和恢复个人领地的行动等。尽管尝试标记领地并建立预先防御,但侵犯仍有发生,此时反击保卫就成为领域性行为的主要表现方式。在动物的领域性行为中,动物的反击保卫主要表现为领地受侵犯时采取的"攻击或逃跑"的反应。尽管人们通常不可能会用身体攻击来回应入侵,但存在诸多常规的反击保卫,包括非正式回应和正式回应两种。例如,在组织中,常见的非正式回应包括瞪眼、表达愤怒、喊叫、摔门、寻求同事的支持等,常见的正式回应包括向上级汇报不满或写抗议信等。

基于上述理论,布朗(Brown,2009)开发了"领域性行为量表",其中包括身份导向的标记、控制导向的标记、预先保卫和反击保卫四个分量表,该量表被检验具有良好的信度和效度,具体内容见专栏6-1。

专栏6-1　　　　　　　　领域性行为量表

指导语：在前三个部分之前的指导语："请问在过去一年中，您在现企业发生以下行为的程度是'?'其中，1——从不这样做，3——很少这样做，5——经常这样做，7——尽量去做。注意1—7程度是递增的。"

在回答第四部分之前，被试先要回答："请问在过去一年中，曾经有人侵犯过您的工作区吗？"如果被试回答"是"，那么请他/她接下去回答第四部分的问题："当别人侵犯了您的工作区以后，您发生以下行为的程度是'?'其中，1——从不这样做，3——很少这样做，5——经常这样做，7——尽量去做。注意1—7程度是递增的。"

	从不 这样做	很少 这样做	经常 这样做	尽量 去做

第一部分　身份导向的标记

1. 在工作区放置有个人意义的照片（例如朋友、家人、宠物、参加活动时的照片等）。　　1　2　3　4　5　6　7

2. 在工作区放置艺术品。　　1　2　3　4　5　6　7

3. 将与工作相关的物品（例如咖啡杯、书籍等）带入到工作区。　　1　2　3　4　5　6　7

4. 用自己喜欢的方式装饰工作区。　　1　2　3　4　5　6　7

5. 在工作区放置能表现我个人兴趣爱好的东西。　　1　2　3　4　5　6　7

6. 以令我感到自在的方式放置物品或改变工作区。　　1　2　3　4　5　6　7

第二部分　控制导向的标记

1. 在工作区周围标明界限。　　1　2　3　4　5　6　7

2. 告诉他人我的工作区域范围。　1　2　3　4　5　6　7

3. 在工作区写上我的名字。　1　2　3　4　5　6　7

4. 用标志来表明此工作区已被我占用。　1　2　3　4　5　6　7

5. 告知他人此工作区是属于我的。　1　2　3　4　5　6　7

第三部分　预先保卫

1. 直到他人都明确了这是我的工作区后，才允许他们使用。　1　2　3　4　5　6　7

2. 当不在的时候，会向他人谋求帮助来保护我的工作区。　1　2　3　4　5　6　7

3. 制定规则以保护我的工作区不受侵犯。　1　2　3　4　5　6　7

4. 避免在没人照看我的工作区时离开。　1　2　3　4　5　6　7

5. 在组织内有权力确保这块工作区是属于我的。　1　2　3　4　5　6　7

6. 使用锁、密码等，使他人无法进入我的工作区。　1　2　3　4　5　6　7

第四部分　反击保卫

1. 用面部表情对入侵者表达异议或反感。　1　2　3　4　5　6　7

2. 避免在将来与入侵者打交道或合作。　1　2　3　4　5　6　7

3. 向入侵者解释此工作区已被我占用了。　1　2　3　4　5　6　7

4. 设计策略把工作区从入侵者手中抢回。　1　2　3　4　5　6　7

5. 向入侵者表达不满和敌意。	1	2	3	4	5	6	7
6. 向上级控诉入侵者的行为。	1	2	3	4	5	6	7

(来源：Brown，2009)

(三) 人类领域性行为的功能

人类领域性行为最重要的功能在于其组织功能，通过降低随意性，增强秩序感，可以有效减少主体生活的压力和紧张，提高与环境交流和适应过程的效率。领域性行为的组织功能主要取决于领地类型(Taylor，1988)。在主要领地，例如私人卧室，领域性行为的组织功能主要表现为提供地方让人独处，允许亲密，并能表现个人身份；而在公共领地，例如图书馆、海边沙滩等，领域性行为的组织功能则主要体现在规划空间和规范人际距离上。此外，在不同的群体规模上，例如个体、小群体和社区等不同水平上，领域性行为都有助于行为的组织。对个体而言，领域性能够让人们预见在什么地方将会遇到谁、发生怎样的行为，这将有助于计划生活，保持生活稳定性。在小群体中，例如家庭，领域性行为的组织功能主要体现在阐明群体的社会生态学特点，激发群体功能，并能提供主场优势。在邻里和社区水平上，领域性行为的组织功能则主要体现在区分群体内与群体外的人，群体内的人属于这个地方、可被信任，而群体外的人不属于这个地方、不能被信任。在某些城市地区，领域性控制还可增强安全性。

除了组织功能，人类领域性行为还能有助于使主体拥有区别感、私密性和自我效能感，进而提升个体的主观幸福感(Harris & Brown，1996)。(1) 区分感。区分性理论认为，人们会部分地通过自身区别于他人的一些特质来定义自己(McGuire & McGuire，1981)。该理论认为成功地将自身区别于他人将有助于维护个人自尊，而与他人的极度相似则会造成消极效应。而标记行为，尤其是身份导向的标记行为正是人们将自身区别于他人的有效方法。(2) 私密性。奥尔特曼的私密性理论认为,领域性行为是调节私密性的重要机制。标记和保卫行为能够使个体在工作和生活中避免不必要的侵犯、维持适宜的私密性水平。(3)自我效能感。与动物领域性行为根源于生存需要相比,人类的领域性行为则更多的是与较高层次的需要相联系。通过领域性行为操控环境会使人产生控制感,由此可以满足自我效能感的需要。此外,通过领域性行为,人们不仅能够调控他人对某一领地的可达性,而且表明他人对自身的可接近性,而这对于维持良好的自我同一性是重要的。(4)幸福感。已有研究表明:拥有适宜的领域性行为能有效预测大学生的生活满意度和员工的工作满意度(Vinsel, Brown, Altman, & Foss, 1980);而不能控制自己的空间或所属会导致各类不良后果,包括积极性下降、情绪不良,甚至会导致异常行为等(Greenberger & Strasser, 1986)。

总之,领域性行为的实施能够显著影响个体的行为、幸福感和人际关系。领域性行为会引发个体对于社会群体的归属感(Altman, 1975; Lewis, 1979),并能使社会互动简化和明确化(Altman & Haythorn, 1967; Rosenblatt & Budd, 1975)。关于组织中领域性行为的重要性论述,详见专栏6-2。

专栏6-2　　　组织中领域性行为的重要性

在工作关系中,建立合适的领地界限将有助于任务的达成和形成团体凝聚力,并能增强群体认同,促进社会单元的有序运作。纳桑(Nathan, 2002)报告:在组织中,大部分人都有属于自己的领域性行为习惯,超过半数的员工认为若让他们停止这些行为则会令他们沮丧,并会降低工作绩效。在组织中,如果不正确认识员工领域性行为的价值,则会削弱管理者的管理效能。例如,Chiat/Day广告公司为了提高工作效率,在20世纪90年代进行过一次大规模的办公室布局设计的改造。在改造后的办公空间中,员工没有指定的工作区域,每天会根据需要使用不同的物品和空间。

> 这种剥夺员工领域性行为的设计反而激发了员工更为激烈的领域性行为,人们迅速开始征用和认领自己喜欢的办公区域,并且当其他人试图使用这一所谓的"共用资源"时会作出保卫反应。这个案例表明:当再设计办公空间时,改变物理环境的布局可能会危及使用者已有的环境使用行为,有效的设计应该基于对人们标记和保卫工作空间的领域性行为的充分理解和尊重。无论是私人空间还是共有的工作区域,试图通过改变环境设计来促进合作,都有可能会引发人们领域性行为的增进。如果不能很好地理解和正确对待的话,就可能会严重影响正常的工作和生活秩序。
>
> (来源:Nathan,2002)

第二节 人类领域性行为研究及其意义

一、人类领域性行为的研究证据

对人类领域性行为的研究证据,主要来自现场研究和自然观察法。由于领域性行为通常发生在与个体/群体生活有密切联系的场所中,严格的实验室实验法往往难以复制这一过程。研究者通常会把实验控制引入到真实情境中,进行现场研究;或者凭借非控制的观察法去研究自然发生的领域性行为。

(一)群体的领域性行为

萨特尔斯(Suttles,1968)观察研究了芝加哥南部公共领地上不同种族群体之间的领域性行为,发现每个群体都有各自的领地,也有一些共用领地,即不同的群体约定的方式共同使用领地资源,但绝不同时使用。利和西布里夫斯基(Ley & Cybriwsky,1974a)对费城街头帮派行为进行分析发现,街头帮派具有很强的领域性,每个帮派都有各自的领地,这些领地的划分为帮内人和帮外人所认可。外人通常会避免进入某一帮派的领地,如果进入的话,会受到敌视。

群体的领域性行为普遍存在,这能有助于维系和强化群体内部的信任,因为同一领地的人具有共同的生活背景,分享领地能够加强群体内部的认同感,增进成员的安全感(Taylor,1988)。虽然群体的领域性行为会增强群体凝聚力,但也容易产生一些负面效应,例如形成帮派,群体成员视外人为可疑对象,并由此可能引发攻击。

(二) 个体的领域性行为

在群体内部,各个成员也有各自的领地。一些研究表明,在主要领地,家庭中有领地规则,这些规则约定某些成员在家中特定的地方进行特定的活动,将有助于维持家庭功能和秩序(Ahrentzen, Levine, & Michelson, 1989; McKinney, 1998; Omata, 1995)。阿伦岑等人(Ahrentzen, Levine, & Michelson, 1989)针对家庭生活开展的一项领域性行为研究发现,共用卧室的人表现出领域性行为,在餐桌上也有通过位置安排等规则约定的领域性行为,家庭中领地的划分取决于家庭成员具体进行的活动,同时也与母亲是否外出工作有关。

领域性行为不只局限于主要领地。李普曼(Lipman,1967)针对养老院展开的研究发现,养老院的老人在休息室内都有各自专用的椅子,他们会保卫自己的"领地"。而哈伯(Haber,1980)对学生在教室里的领域性行为进行研究发现,在正式的课堂上,大约75%的学生有自己的专用座位,而且有超过一半的时间占着这个位置。

关于个体的领域性行为,有研究报告存在显著的个体差异性。例如,默瑟和本杰明(Mercer & Benjamin,1980)研究表明,男性的领域性较女性强,这可能与男性的支配性较强有关,在对动物的一些领域性行为研究中,尤其是在资源稀缺、竞争激烈的情况下,也发现了支配性与领域性之间存在很强的相关。但在人类的研究上,关于支配性与领域性的关系仍无明确的定论。支配性强的个体是否会表现出较强的领域性,可能也取决于一些情境因素,例如环境资源数量、社会结构和社会秩序等。尽管有关支配性与领域性的关系研究结果不一,但有研究者指出,在支配性与领域性关系明确存在的情况下,该现象确实有助于群体功能的实现,具有适应意义,因为这有助于确定群体内部的秩序并因此能减少内部矛盾(Taylor,1988)。

(三) 领地标记行为

萨默(Sommer,1969)观察研究了图书馆内的各种领地标记行为,结果发现,当图书馆人少时,人们较少会坐在放有任何东西的桌子边。但当图书馆人较多时,人们看到桌子上的物品时会猜测这是否意味着位置已被占用。如果桌子上的物品是私人用品或有一定的价值(例如一件外套、一本写有名字的笔记本等),人们就会认为这个位子被占了,而去寻找其他位子。但当人们猜测不出物品的意义,比如桌上放的是图书馆的书或报纸,而空位子又很少时,他们就会坐在这个桌子旁边。由此可见,标记的鲜明性会影响到领地标记行为的有效性。还有研究发现,当桌子上的标记是男性用品时,坐这个位子的人会更少,即男性的领地遭受侵犯的可能性更小(Haber,1980;Shaffer & Sadowski,1975)。

除了申明对领地的使用权和所有权之外,人们通常也会个性化自己的领地。领地个性化,例如整理草坪、伺弄花园等有助于邻里间的相互了解,并能增强邻里间的凝聚力,同时也有利于区分居民和外来者,从而更好地监视外来者,减少问题(Brown & Werner,1985;Taylor,Gottfredson,& Brower,1981)。个性化也能增强人们对领地的依恋,让人感觉更舒服,更有家的感觉,此外,个性化还能反映领地所有者的身份和特征,例如经济水平、理想的自我形象、对领地的感情、是否喜欢交际甚至种族认同等(Weisner & Weibel,1981;Sadalla,Burroughs,& Quaid,1980;Harris & Brown,1996;Werner,Peterson-Lewis,& Brown,1989;Arreola,1981)。已有文献显示,同男性相比,女性会花更多的精力个性化自己的家,而且对家有更深的依恋。然而,对领地的依恋对男女都很重要,领地依恋感的丧失是令人沮丧的体验。

(四) 领地保卫行为

关于领域性与攻击之间的关系,有意思的现象是领域性其实既能引发攻击也能防止攻击。当领域权尚未确认或存有争议时,往往会导致更多的攻击;而当领地边界被普遍接受时,生活则趋于稳定,敌意也会减少。例如,利和西布里夫斯基(Ley & Cybriwsky,1974a)发现,与普遍接受的领地边界存在时相比,当领地所有权模糊时帮派之间的暴力事件会更多。奥尔特曼等人(Altman, Nelson, & Lett, 1972)也发现,那些在群体形成早期就建立了自己领地的群体,与没有自己领地的群体相比,社会更加安定,人际关系更和谐。领地边界明确化减少攻击的机制是什么?这主要是领地性行为通过预先保卫和各类标记行为实现的组织功能,提示什么是"自己的",并对潜在"入侵者"可能发生的侵犯进行明确的防御。

然而当预先保卫失效,领地侵犯仍然发生时,人们对领地侵犯的反应会怎样?这取决于许多情境因素。例如,一些研究已指出,领地遭受侵犯时人们会进行成本收益分析,若反击保卫的代价大于保持领地完整的收益,人们就不会采取反击,否则就会采取行动(Brown,1987)。此外,奥尔特曼(Altman,1975)认为对侵犯的归因将决定对侵犯的反应,仅仅当人们感到别人的行为是恶意时才会考虑反击。一般而言,人们会采取言语警告等方式提出警示,当这些方法不奏效时,人们才会进一步采取武力行为。除此之外,领地类型也影响着人们对领地侵犯的反应。侵犯主要领地会引起最强的反击,因为对主要领地的侵犯有更多的故意成分,具有更强的威胁性,因此会激起领地所有者最强烈的反抗。与主要领地遭受侵犯的防御反应不同,当公共领地遭受侵犯后,人们更多的反应可能是避开或者根本什么都不做(Brown,1987)。然而,即使在公共领地,人们也有可能表现出防御行为。哈格德和沃纳(Haggard & Werner,1990)指出,如果公共领地中有"不得干扰他人"的明文规定,人们会通过直接提示公共领地的规定等方式要求入侵者离开。而且,被侵犯的公共领地越有价值,进行防御反击的可能性就越大(Taylor & Brooks,1980)。此外,鲁巴克和斯诺(Ruback & Snow,1993)的研究还发现,对于入侵者,公共领地的先到者会通过延长驻留时间来维护其领域权,而且入侵者与先到者种族特征的匹配情况也会影响到领地保卫行为(详见专栏6-3)。

专栏6-3　　公共领地的先到者如何维护其领域权

鲁巴克和斯诺(Ruback & Snow, 1993)研究了在商场的公共饮水器附近,先到者如何在侵犯发生时维护其领域权。研究一采用现场实验法,实验者控制了三种侵犯水平:无侵犯、远距离侵犯、近距离侵犯。在后两种情况下,主试同谋(一名白人男性)侵犯先到者,研究者记录先到者的驻留时间。结果发现,对于白人入侵者,黑人被试会通过延长驻留时间来维护其领域权。具体体现在,与无侵犯条件相比,在被主试同谋入侵后,黑人被试会驻留较长时间,并且在遭到近距离侵犯时尤为明显。而对于白人入侵者,白人被试却表现出较快离开的倾向。具体体现在,与无侵犯条件相比,在遭到远距离侵犯和近距离侵犯时,白人被试都会较快离开。由此可见,对于领域权的维护,不仅与侵犯类型有关,而且还与入侵者和先到者的种族特征有关。研究二,他们采用自然观察法,进一步研究了相同种族的侵犯和不同种族的侵犯的影响作用。在245个案例中,有47例(约19%)出现了侵犯情况(详见表6-2)。分析结果显示:当入侵者与先到者种族不同时,先到者会驻留较长时间;当入侵者为白种人时,该效应尤为显著。

表6-2　侵犯类型、被试的种族特征与平均驻留时间　　(单位:秒)

侵犯类型	被试的种族特征	
	白 人	黑 人
无侵犯	5.10(112)	6.19(86)
侵犯者为白人	5.42(11)	15.67(12)
侵犯者为黑人	16.05(13)	9.16(11)

(注:括弧中标明相应案例的个数。来源:Ruback & Snow, 1993)

(五) 领地的安全性

诚如本章开始部分埃德尼(Edney, 1975)的研究显示的那样,拥有自己的领地并在自己的领地中活动在很多方面都体现出独特的优势和特征。人们在自己的领地例如家里,会感到放松、自在;而访客到别人的领地时通常会拘束、谨慎,并且二者对环境的评价、对行为的解释和控制力等方面都有显著差异。这种领地优势现象对个体而言具有重要的适应意义和价值。

有研究表明,在气氛不融洽的情况下,例如意见不合、竞争甚至是在角色不平等条件下,主人仍有主场优势(home advantage)。马丁代尔(Martindale,1971)报告,学生之间的谈判,若谈判地点在自己宿舍时,谈判成功的可能性会更大;康罗伊和森德斯特伦(Conroy & Sundstrom,1977)研究也表明:当主人与客人持不同观点时(造成不愉快的情况),主人谈得更多,对谈话有更多的控制;而当两位观点相似时(造成喜欢的条件),则客人谈得更多,并控制了谈话。此外,泰勒和兰尼(Taylor & Lanni,1981)指出,在会谈中,当气氛不太融洽时,主人通常会占优势。这一效应在更大的群体和领地里甚至也存在。专栏6-4就对体育运动中的主场优势进行了分析。

专栏6-4　　　　关于主场优势的分析

在职业体育运动和大学体育运动中,主场优势效应有多普遍?施瓦茨和巴斯基(Schwartz & Barsky,1977)查看了美国1971年内1 880场棒球大联盟比赛、182场职业足球赛、910场大学足球比赛和542场职业曲棍球比赛结果(见表6-3)。他们假设,如果不存在主场优势效应,那么应该是半数的比赛主场获胜、半数的比赛客场获胜。然而表中数据显示,所有的项目无疑都存在主场优势效应,只是效应的强弱会随项目的不同而有变化。其中职业曲棍球比赛中的主场优势最明显,仅有30%的输球率;而职业棒球比赛中的主场优势最不明显,只有53%的比赛是主场获胜。由于对篮球记录的分析采用了不同的技术,没在表中显示,但在大学篮球比赛中,主场获胜的比例更高。这意味着,同室外运动相比,室内运动中主场优势更加明显。

表 6-3 主场队在棒球、足球和曲棍球运动比赛中的胜率

主场队的战绩	运动比赛项目			
	棒球	职业足球	大学足球	曲棍球
	(1971)	(1971)	(1971)	(1971—1972)
胜利	53(989)	55(100)	59(532)	53(286)
失败	47(891)	41(74)	40(367)	30(163)
平局		4(8)	1(11)	17(93)
总计	100(1 880)	100(182)	100(910)	100(542)

(文字来源:保罗·贝尔,等,2009;图表来源:Schwartz & Barsky, 1977)

其他研究提出,主场优势效应对强队而言可能更大。虽然普通的球队也能获益,但球队越好,获益越大(James, 1984)。然而,当成功的压力很大时,球队在主场的表现并不一定好。存在压力时,主场优势会减弱,这一事实也得到了其他研究的支持。与锦标赛或最后决赛相比,在常规赛中,球队常常在主场表现得更好(Baumeister & Steinhiber, 1984; Heaton & Sigall, 1989)。

施瓦茨和巴斯基(Schwartz & Barsky, 1977)发现,能发挥主场优势的潜在原因是,与客场作战相比,攻击型打法多用于主场作战,而防守型打法则没有这种不同。同球队素质等因素相比,主场优势应该占多大比重?令人震惊的是,数据分析显示,主场优势能像球队素质一样显著地影响比赛结果!他们还认为,主场观众的支持——对主场球队的喝彩和对客场球队的嘲弄,是形成主场优势的重要决定因素。这也是为什么室内运动中主场优势更大的原因之一。在室内运动中,观众距运动员更近,观众的支持能够更好地被传达出去。棒球球迷认为,在封闭的体育馆内,当他们的加油越频繁,主队的攻击会越猛烈(Goodman & McAndrew, 1993)。

二、人类领域性行为研究的环境设计意义

到目前为止,有关领地侵犯的实验研究绝大多数针对的是次要领地和公共领地。对这些研究进行分析显示,如果在环境设计和管理中,允许居住者个性化自己的场所,或标出领地范围,那么他对环境的感情也会更加积极,而环境的社会氛围相应地也会有所改善(Holahan, 1976; Holahan & Saegert, 1973)。而对主要领地为数不多的一些有价值的研究中,布朗和奥尔特曼(Brown & Altman, 1983)的研究比较经典。他们检验了306个被盗家庭的领地特征,并将其与未被盗家庭进行对比,结果发现未被盗的家庭中更显著、更普遍地拥有某些领地特征,其中包括真正的界限和象征性的界限,例如篱笆、墙壁、报警系统等。此外,可见的房主的姓名和地址牌,还有其他能表明房主在家的重要线索,例如泊好位的汽车、院子里孩子的玩具或一直在工作的洒水器等。另外,未被盗的房子通常具有较好的监控性,尤其是从邻近的房子上可以很容易清楚地看到。相反,被盗房子在领地标记中看起来更像是公共区域,人迹罕在,而且看起来更隔离和隐蔽。图6-1显示的就是依据这些信息绘制的被盗家庭和未被盗家庭典型的领地特征原型图。

布朗和奥尔特曼的研究表明,当空间中有清楚的领域权特征存在时,犯罪和破坏行为会更少。此外,对学生公寓的研究也发现,对进出公寓人员的情况越难实施监控,那么越容易发生盗窃(Robinson & Robinson, 1997)。这些发现都支持了纽曼(Newman, 1972)的可防卫空间理论。可防卫空间理论的主旨是研究环境设计应如何促进居民的领域感,并借此增强空间设计的安全性。该理论的提出始于纽曼对城市廉租房设计和犯罪率的研究。他发现,与具有明确边界标记的公共领地相比,没有清楚领域权标记的公共领地更可能遭到破坏。而可防卫空间(defensible space)的设计特征则将有助于促进居民建立领域感,减少居住区里的犯罪率,降低居民的恐惧感。正如纽曼(Newman, 1972)所说:"……真正的和象征性的屏障,加强限定的影响范围和改善监视的机会——组合起来,使环境可由其居民加以控制。可防卫空间是一种既能提升居民生活,又能保障家庭、邻居和朋友们安全的现代住宅环境。"在可防卫空间

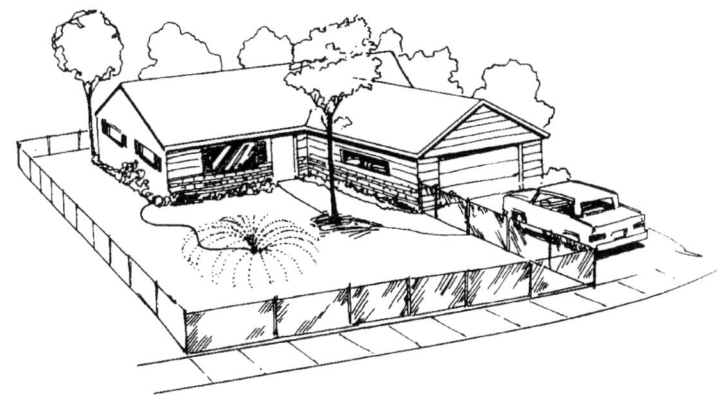

未被盗的小区里的房子

被盗的房子

图 6-1 被盗家庭与未被盗家庭典型的领地特征原型图
(来源：Brown，1979)

设计特征中，有三个重点：第一，需要明确不同的领地类型（公共领地、次要领地和主要领地），并确立明显的领地界限。明确的领地界限有助于人们将私人住所外半私密半公共的区域视作居住环境的一部分，有助于在住宅附近形成亲密而熟悉的空间，进而有助于居民间相互了解，加强对外来者的警觉和建立对公共空间的集体责任感，从而防止犯罪和破坏。第二，改善视觉接触，提高空间的可监控性，从而对犯罪分子产生威慑。第三，促进居民对公共空间的拥有感。纽曼的理论自问世以来，获得了许多研究的支持。例如利和西布里夫斯基（Ley & Cybriwsky，1974b）观察费城市中心不同场所中汽车遭破坏的情况发现，相对于私人住宅、小商行等有明确领地所有权的场所，更多的破坏发生于工厂、学校、空地等地。尽管可防卫空间理论的一些假设得到了较广泛的验证，但是也有一些研究对其提出了挑战。例如麦克唐纳和吉福德（MacDonald & Gifford，1989）对43名男性盗窃犯进行的研究发现，当要求他们对50家住所的照片进行评估，哪些更容易成为盗窃的目标时，他们承认，容易被监控的房子最安全，尤其是那些从马路上能够容易看清的房子尤其不会成为盗窃目标。然而他们也并不认为房主的某些领域性行为能减少其受害机会，尤其是当房主使用象征性障碍将房子外观打理得非常气派时，这对盗窃犯而言似乎是暗示他们房主有足够经济实力，因此更容易成为受害对象。纽曼的可防卫空间理论中还强调一些具体的设计特征，例如楼层高度不宜过高等可以降低犯罪的发生，他曾采用美国司法部的犯罪档案来说明高层住宅楼的犯罪率最高，而不超过7层的住宅楼的犯罪率则较低，然而由于纽曼关注的社区大多是低收入的大型混合居住区，因此这种缺乏考虑社区社会因素的设计要素遭到了很多人的质疑。例如，布彻（Butcher，1991）对加拿大温哥华市中心一个中上阶层社区的研究却得出相反的结论，他发现总体上看，与不超过三层的住宅楼相比，高层住宅楼发生的偷窃率却低得多；而且在五年的研究期间，并不是所有的住宅楼都发生了盗窃案件，有的住宅楼非常安全，而有的则不断会受到犯罪困扰。因此，尽管高层住宅的空间特征不利于居民进行自然监视，而且有利于罪犯隐蔽和逃脱，但是这些特征会受到社区类型、管理水平、邻里关系等社会因素的修正。

综上所述，对于纽曼的可防卫空间理论的适用性应作更深入全面的认识和理解。可防卫空间作为一种设计要素可以帮助人们提高安全感，而为了提高空间的可防御水平，除了改善物质环境的设计方法之外，更重要的是使这些设计特征能够确实改善居民的领域感，能够切实增强邻里间的凝聚力和居民的主人翁意识，加强居民对领地的监视和维护。可防卫空间是一种设计要素，对提高居民安全感有重要意义，但并不是解决社区犯罪的唯一方法,在居住的安全感和预防阻止犯罪的问题上,社会环境通常要比设计特征更为重要。

本 章 小 结

对动物领域性及其行为的研究最早可追溯至18世纪,而对人类领域性及其行为的关注和研究则正式始于20世纪中叶,与动物的单纯性物理占有不同的是,人类领域性行为在很大程度上具有独特的社会性以及与情感维系等密切相关的各种心理效应。根据领地对主体生活的重要性,奥尔特曼将人类领地区分为主要领地、次要领地和公共领地。

人类领域性行为可细分为四类:身份导向的标记、控制导向的标记、预先保卫和反击保卫。领域性行为具有组织功能,并能使主体拥有区别感、私密性和自我效能感,进而提升其主观幸福感。目前对人类领域性行为的研究证据,主要来自现场研究和自然观察。研究结果显示:领域性行为普遍存在,而且存在较显著的个体差异;标记的鲜明性和它体现出来的性别特征会影响到标记行为的有效性。关于领域性与攻击的关系,当领域权尚未确认或存有争议时,往往会导致更多的攻击;而当领地边界被普遍接受时,生活则趋于稳定,敌意也会减少。当发生领地侵犯时,人们的反应将取决于许多因素:对反击保卫的成本收益分析、对侵犯的归因、领地类型和价值以及入侵者的种族特征等。拥有自己的领地并在其中活动将具有一些独特的优势,这种领地优势现象对个体而言具有重要的适应意义。

将人类领域性行为的研究运用到环境设计中具有一定的启发意义。首先,如果在环境设计和管理中,允许居住者个性化自己的场所,或标出领地范围,那么他对环境的感情也会更加积极,而环境的社会氛围相应地也会有所改善。其次,当空间中有清楚的领域权特征存在,而且具有良好的可监控性时,犯罪和破坏行为会更少。这类发现支持了纽曼的可防卫空间理论。可防卫空间理论的主旨是研究环境设计应如何促进居民的领域感,并借此增强空间设计的安全性。纽曼的理论获得许多研究的支持但也受到一些挑战,尤其是他强调具体设计特征而忽视社会与管理因素的影响遭到质疑。

关键术语

领域性　　　　　主要领地　　　　　次要领地
公共领地　　　　身份导向的标记　　控制导向的标记
预先保卫　　　　反击保卫　　　　　可防卫空间

思考与实践

1. 人类领域性及其行为与动物领域性及其行为之间的区别。
2. 奥尔特曼对人类领地的划分依据和类型。
3. 举例说明人类领域性行为的类型和功能。
4. 举例说明领地优势现象及其意义。
5. 谈一谈人类领域性行为的研究对环境设计的启示意义。
6. 纽曼可防卫空间理论的主旨、设计要点、价值和局限。
7. 设计并操作一个现场研究以探究人类领域性行为的特征,例如在图书馆、餐厅等处,探究影响领地标记行为有效性的因素。

第七章　潜在环境与环境应激

坎宁安(Cunningham, 1979)进行了两个现场研究,结果发现,日照不仅能改善情绪,而且会有助于增进人们的助人行为。在第一个研究中,当人们在户外行走时,一个实验人员请求他回答几个问题。结果发现,无论是春夏还是冬季,日照量均能有效预测被试回答问题的意愿,日照多时,人们更乐于帮忙回答问题。在第二个研究中则发现,日照情况能有效预测顾客给服务员小费的慷慨程度,并与服务员的情绪显著相关。由此可见,在人们生活的环境中,日照等潜在环境因素会对人的行为、情绪等产生一定的影响。大量研究已表明,阳光真的能使我们感到快乐!但在潜在环境中,一些不利因素,例如噪声、空气污染等以及一些极端的环境状况,例如自然灾害、科技灾难等却会给人们的生活和工作造成严重的负面效应。

潜在环境(ambient environment)主要是指环境中的声音、光照、温度和空气质量等背景因素,它们在日常生活中稳定地存在并会对个体产生影响。环境应激(environmental stress)则主要是指在不利潜在环境因素和灾难性环境事件等各类环境应激源的影响下对个体造成的压力反应。本章主要讨论潜在环境及其对人产生的效应,环境应激的基本概念、理论模型及其为应对应激提供的启示。

第一节　潜在环境与环境应激概述

一、潜在环境

潜在环境主要是指环境中的声音、光照、环境温度和空气质量等背景因素。这些因素在日常生活中稳定存在，虽然人们往往并不会有意识地去知觉它们，但是来自潜在环境的感觉输入会对个体的作业绩效、情绪和身心健康等产生影响。

影响潜在环境效应的因素主要包括环境特征和个体因素。环境特征主要以环境负荷（environmental load）来衡量，个体因素则主要包括个体的刺激过滤（stimulus screening）和感觉寻求（sensation seeking）特征等。

（一）环境负荷

梅拉比安（Mehrabian，1976）首次引入环境负荷的概念，用于描述环境传递的信息量及其对个体的影响。一般情况下，高负荷环境传递较大的信息量，并会引发个体较高的激活水平。影响环境负荷的因素主要有三个方面：环境信息的强度、新异性和复杂性。强度（intensity）是指感觉刺激的绝对大小，同样一首音乐，90 分贝下演奏强于 60 分贝，并会诱发较高的环境负荷和个体激活水平。新异性（novelty）是指个体对环境信息的熟悉度。对于陌生的事物个体需要给予其更多注意和认知加工活动，从而导致较高激活水平。复杂性（complexity）是指环境信息包含不同成分的多寡。与新异性发挥作用的机制类似，环境信息越复杂，就越需要个体更多的认知努力以去理解它。值得注意的是，有时新异复杂的环境会激发个体探奇的兴趣，虽然需要人们投入较多的认知加工资源，但仍为人们所青睐（Rapoport，1990）。

关于环境刺激的强度、新异性和复杂性为何能增加环境负荷并需要个体投入较多的认知加工资源，许多研究者乐于从进化心理学的角度去理解。根据这一观点，我们现有的对环境的适应体系是长期以来自然选择的结果，对外部刺激的心理反应是对整个进化历程中遇到的反复出现的刺激适应的结果(Tooby & Cosmides，1990)。为了生存的需要，对于环境中出现的高强度或新异刺激有机体应迅速作出解读以辨别这些刺激是潜在的危险还是有利的资源，而对于复杂的环境也是如此，并且由于新奇复杂的环境刺激能够满足个体的好奇心，探索环境能满足个体的探究需要，因此虽然需要较多的认知加工资源投入，但仍然为人们所喜爱。总之，对高强度、新异复杂的环境产生较强激活反应的个体会更具适应性。

(二) 个体因素

尽管潜在环境的特征本身是影响人类行为的重要因素，然而人们对于同一环境的反应却不尽相同，人们对于物质环境反应的差异性主要体现在刺激过滤和感觉寻求两方面，而这两方面均与人的定向反应特征有关。

1. 定向反应

定向反应(orienting response)是指有机体对环境中的新异刺激进行聚焦以作出响应，它对有机体具有重要的适应价值(McAndrew, 1993, p.70)。在定向反应过程中，感觉阈限降低，大脑活动增强，心率和呼吸频率发生改变，有机体处于准备状态以对新刺激作出恰当反应。随着刺激的反复出现，有机体的定向反应会出现习惯化现象，个体定向反应的强度下降，并会对刺激作出趋近或回避反应。马尔茨曼和拉斯金(Maltzman & Raskin, 1965)认为，可以通过测量有机体对新异刺激的初始反应强度以及习惯化进程中反应强度变化的速率来评价定向反应，并由此发现定向反应的强度存在显著的个体差异，而且这种个体差异体现出跨情境的一致性。换言之，定向反应强度是一种较稳定的个体特征，它对于理解和预测人们喜欢何种环境以及如何应对不同的环境负荷具有重要意义。

2. 刺激过滤

如上所述，定向反应对有机体具有重要的适应意义，有利于个体对新异刺激作出恰当及时的反应；而定向反应的强度则体现了个体对什么样的环境刺激激活会比较适意。很明显，对个体而言，并不是所有的环境刺激都同等重要,在环境中有效生存有赖于个体能够对感觉输入以其重要性进行合理排序并区别对待,注意最相关的并屏蔽较不重要的刺激。梅拉比安(Mehrabian,1977a,1977b)编制了一个专门用于测量个体刺激过滤特征的量表,并区分出良好屏蔽者(screener)与不良屏蔽者(nonscreener)两类。良好屏蔽者能够有效过滤掉环境中较不重要的刺激,通常不易被激活,因此在一些干扰较多的环境里也能如处之。不良屏蔽者较容易被激活,而且过滤无关刺激的能力较差,因此更容易将环境知觉为高负荷环境。

3. 感觉寻求

刺激过滤主要反映了个体易被激活的程度,而感觉寻求则主要反映了个体倾向于保持的激活水平。有些人青睐较高的激活水平并会主动寻求能引发高激活水平的情境。有些人则喜欢较低的激活水平,并乐于处在低激活水平的环境下。对于个体对环境需求的此类特征,目前已有多种测量方法,而且不同研究者的命名也有些许差异,例如刺激寻求(stimulus seeking)(McKechnie,1974)、感觉寻求(sensation seeking)(Zuckerman,1971,1974,1979)、激活寻求(arousal seeking)(Mehrabian,1973)等。基于朱克曼(Zuckerman,1971,1974,1979)的描述和测量应用最为广泛,在此就使用"感觉寻求"这一术语来指代。

在朱克曼的感觉寻求特征测量中包含四个成分:个体对冒险运动的兴趣、对新鲜感觉和精神体验的追求、对快乐的去抑制性追求以及对枯燥无聊的易感性等。研究表明,感觉寻求这一特征与大量行为之间存在显著相关。高感觉寻求者通常具有较强的定向反应,并认为高激活状态下更快乐(Zuckerman, Eysenck, & Eysenck, 1978; Ridgeway, Hare, Waters, & Russell, 1984; Zuckerman, 1980);他们更有可能去吸烟,试用毒品,并能更强烈地受到快乐场景的吸引(Mehrabian, 1978, 1980; Newcomb & McGee, 1991; Segal & Singer, 1976; Zuckerman, Neary, & Brustman, 1970; Zuckerman, Bone, Neary, Mangelsdorff, & Brustman, 1972)。而低感觉寻求者则更容易遭受恐惧症的困扰(Mellstrom, Cicala, & Zuckerman, 1976)。高感觉寻求者乐于参加能够带来冒险、改变或刺激的活动,他们更有可能去参加跳伞表演、攀岩等活动和乐于飞驰摩托,并乐于成为一些特殊实验的被试、交友团体的一员(Hymbaugh & Garrett,1974;Levenson,1990;Brown,Ruder,Ruder,& Young,1974;Stanton,1976),甚至有研究还发现,高感觉寻求者更乐于更换品牌,更主动去获取有关新产品的信息(Raju,1980)。感觉寻求特征还会影响到个体的社会性行为甚至是职业选择。高感觉寻求者更善于与陌生人保持眼神接触,并更容易为不同类型的人所吸引,而且他们更有可能从事一些冒险性职业(McAndrew & Warner,1986;Mehrabian,1975;Williams,Ryckman,Gold,& Lenney,1982;Zuckerman,1979)。总之,感觉寻求与人类多种行为之间存在显著关联。朱克曼(Zuckerman,1979)还指出,该特征具有一定的生物遗传性,并受经验作用的影响。中等程度的感觉寻求对于有机体获取和维持足量信息具有重要的适应价值。

二、环境应激

环境负荷过高或过低,且持续较长时间,往往会引发环境应激。关于环境应激的绝大多数定义都强调当环境对个体的要求与个体应对这些要求的能力不匹配时,压力产生(Evans & Cohen,1987;Lazarus,1966;Lazarus & Launier,1978)。其中在很多情况下,环境应激的产生都是源自超出个体有限认知加工能力的环境超载现象,由此导致心理疲劳并最终可能引发各种不良生理后果(Cohen,1978,1980;Cohen & Spacapan,1978;Cohen & Williamson,1991)。还有一些情况下,当个体认为环境中存在他不可预测、不可控制的因素,从而感到无助或无力应对情境时,个体也会出现压力反应(Cohen,1980;Mechanic,1978;Seligman,1975;Sherrod,1974;Stokols,1972)。当个体认为自身对环境具有更多控制权和主动性时,个体往往能够更好地适应环境(Baum,Fleming,& Singer,1983;Tennen,Affleck,Allen,McGrade,& Ratzan,1985;Timko & Janoff-Bulman,1985;Rashid & Zimring,2008)。总之,当环境对个体的要求超出个体的应对能力时,容易引发压力;而当个体认为自身对环境缺乏控制权时,也容易引发压力。这两个方面已成为环境应激理论的重要基础。

作为应激源,环境刺激是如何对个体的身心产生影响?迄今为止,主要有以下两种关于环境应激的理论解释。

(一) 谢耶的一般适应综合征理论

谢耶(Selye,1956)的一般适应综合征(general adaptation syndrome,GAS)理论主要针对长期应激源影响下有机体的反应。谢耶将整个适应压力历程的反应称为一般适应综合征,其间包含警觉阶段、抵抗阶段和衰竭阶段。在第一个阶段,有机体会全力调动资源以应对环境负荷,在此阶段,有明显可见的生理唤醒表现,例如心率加速、呼吸频率、血压、肌肉紧张、皮肤电阻活动等一般也会有相应变化。警觉阶段一般持续时间有限,即进入抵抗阶段,此阶段的显著特征表现为疲乏、沮丧,并可能伴有疾患,如果压力持续,个体最终会进入衰竭状态,即第三阶段。持续的压力会导致疾患,降低身体免疫系统的共鞯,诱发高血压甚至中风,也容易引发诸如物质滥用、抑郁和人格障碍等心理问题(Welch,1979;Keane & Wolf,1990;Cohen & Williamson,1991)。

(二) 格林的压力进程理论

如图7-1所示,格林(Green,1990)的压力进程理论描述了压力产生进程中的三个阶段:阶段1—环境输入;阶段2—对环境输入的知觉与评价;阶段3—心理反应。格林认为,压力的产生首先始于环境刺激的输入,例如高强度的潜在环境因素或灾难性环境事件的发生等,其次是个体对环境刺激输入的知觉与评价,在此之后是相应的心理反应。由此可见,应激是外部事件、认知和情绪反应相互作用的产物。格林认为,压力不止涉及谢耶提到的生理上的变化与心理衰竭,还应考虑个体对压力源的知觉与评价,这是引发并影响应激反应的重要因素。此外,与谢耶一般适应综合征理论主要解释长期应激源影响下的有机体反应不同,格林认为根据应激事件持续时间的长短,可将压力区分为慢性压力(chronic stress)和急性压力(acute stress)。无论是慢性压力还是急性压力都可能导致个体在一段时间里激活水平加剧,内分泌失调,甚至一些脑机能的永久性衰变（Ver Ellen & Van Kammen, 1990；Weiss & Baum, 1989）。

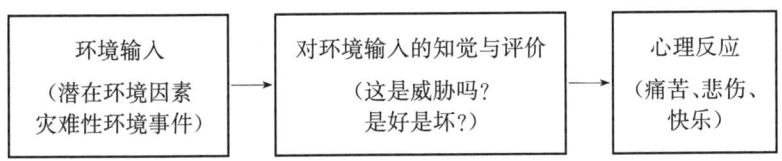

图 7-1　压力产生进程的三阶段

（来源：Green, 1990）

除了上述两种主要理论解释之外，近来，拉希德和齐姆林（Rashid & Zimring, 2008）提出了一个关于物质环境激发导向压力进程的概念框架（详见专栏 7-1），该概念框架强调个体需要在压力产生进程中的作用，并较全面地提出影响压力效应大小的各类因素。尽管该理论假设仍有待实证研究的验证，但是它对我们更加深入全面地理解潜在环境效应的发生机制以及如何应对应激效应具有重要的启发意义。

> **专栏 7-1　　拉希德和齐姆林关于物质环境激发导向压力进程的概念框架**
>
> 拉希德和齐姆林（Rashid & Zimring, 2008）关于物质环境激发导向压力进程的概念框架（如图 7-2 所示）强调个体需要在压力产生进程中的作用。根据这一假设，当某些环境特征妨碍了个体需要的满足时，与压力产生有某种直接联系的直接结果变量可能因此会受到影响。举例来讲，工作场所中的噪声（潜在环境变量）可能会影响个体的私密性需求（心理社会性需要），结果导致其任务绩效受损（直接结果变量）。然而，在此需要考虑的另一因素是私密性对于个体的相对重要性。如果个体认为私密性只是一个无足轻重的工作场所需要，那么即使是在私密性不好的情况下他的工作绩效可能也会很高。除了个体需要与个体需要被认知的重

要性程度以外,被剥夺的个体需要会对直接结果变量产生怎样的影响,还会受到个体的动机、态度、人口统计学因素以及组织因素等变量的调节。拉希德等人还认为,对个体结果产生的任何负面效应并不会自动地导致压力,个体由于任何负面效应而产生的压力水平还有赖于个体的应对技能、时间等因素。总之,该理论认为,潜在环境在激发压力的进程中主要通过影响个体需要而发挥作用。

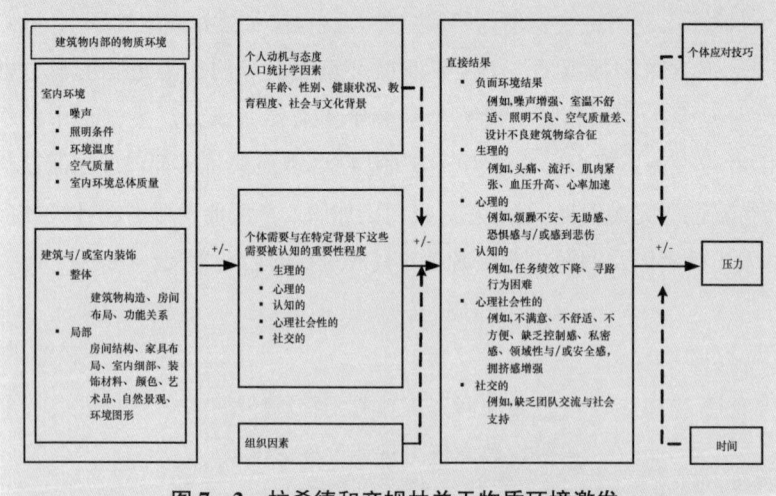

图7-2 拉希德和齐姆林关于物质环境激发
导向压力进程的概念框架

(来源:Rashid & Zimring,2008)

通常,环境应激源可被划分为四类:(1)灾难性事件,例如自然灾害、科技灾难等环境危害;(2)生活事件,例如重大疾病、家庭问题等社会环境因素;(3)日常烦人事,例如拥挤或较长时间的上下班往返路程(通勤问题)等;(4)潜在环境因素,例如长期处于高分贝噪声环境下等(McAndrew,1993)。环境心理学研究者主要关注物质环境的效应,重大生活事件的效应在社会心理学中探讨较多,在此不赘述。潜在环境因素的效应在第二节作详细介绍,灾难性环境事件(即环境危害)的影响则在第三节作详细介绍,拥挤等问题则在第八章作专门介绍。

第二节　潜在环境的效应

一、气候与海拔

气候、海拔和地形等环境因素对个体行为具有一定的影响,气候限制着人们能进行哪些活动又不能进行哪些活动,并会影响到某种行为发生的可能性。例如,下雪减少了人们骑车驾车出行的可能,但增加了人们参加滑雪等冬季运动活动的可能性。由于海拔、地形等与气候密切相关,气候的影响作用也与该区域的地理特征密不可分。

关于人们对高海拔地区环境的适应过程,弗里桑丘(Frisancho, 1979,1993)阐释了高海拔对人的影响。高海拔地区气压低、氧气稀薄,会导致许多短期效应,例如新到的人可能会出现心脏肥大症状,红血球增多,血红素浓度增加,而血浆容量减少,视网膜的感光敏感度降低。而且处于高海拔地区,人们对糖的需求通常会加大,此外激素分泌活动也会受影响,肾上腺活动增加,而甲状腺活动减少。男性睾丸素和精子减少,而女性月经期的不适会加剧。然而,在高海拔地区生活大约6个月后,绝大多数人都会适应,上述症状也会得到极大缓解。但不管怎么说,高海拔环境仍是会带来一些长期影响。与低海拔地区的常驻民相比,高海拔地区的土著民肺活量较大,而且更有可能出现出生时体重轻,成长速度慢,性成熟晚等情况。

与海拔一样,气候也被认为是重要的环境影响因素。甚至气候决定论者认为,气候是塑造文化最重要的影响因素。有关气候决定行为的假说由来已久,古希腊希波克拉底相信天气和气候会影响体液,而体液又会影响个体的气质,而罗马建筑师维特鲁威(Marcus Vitruvius Pollio,前80/前70—前15)和阿拉伯人伊本·哈勒敦(Ibn-Khaldun,1332—1406)也认为地理和气候会使一些民族比其他民族更刻苦、更勇猛(Sommers & Moos,1976)。此外,在后期的气候决定论者中,巴克尔

(Henry Thomas Buckle,1821—1861)的观点较具代表性,他在《英国文明史》一书中提出劳动条件与气候密切相关:寒冷的气候和炎热的气候都不利于工作,而只有温和的气候才令人精力充沛。如果再加上肥沃的土壤,那么二者结合会产出丰富的产品,从而有助于造就一个悠闲的阶级,这样至少在理论上文明的进步便成为可能。虽然极端的气候决定论由于过度夸大气候的作用而受到批判和质疑,但不可否认的是,长时期的气候变化对文明甚至对进化确实存在一定影响,而且气候确实会对人类行为产生一些可预测的效应,如前所述,气候会限制或影响行为的发生。萨默斯和穆斯(Sommers & Moos,1976)报告,经常定期会刮风的一些地区居民会将自身的抑郁、神经质、疼痛不适、易怒等归结为风的影响,这在瑞士和以色列进行的一些研究中得到验证(Moos,1964;Rim,1975)。还有一些研究则表明,气压变化与自杀率和发生在学校里的破坏性行为有关(Digon & Block, 1966; Sanborn, Casey, & Niswander, 1970; Auliciens, 1972; Russell & Bernal, 1977)。

二、噪声

噪声的物理特性与非物理特性对个体的行为和心理均会产生影响。首先,声音的一些非物理特性,例如声音的可预测性、有用性、可控性和可懂度等均会对个体压力产生影响。通常,难以预期的声音更容易令人产生压力,而持续不变的噪声相对较容易适应;可以控制的噪声导致较少挫败感,对作业绩效危害也较小(Kjellberg, Landström, Tesarz, Söderberg, & Åkerlund, 1996),而他人制造的声音或难以预料的声音则被认为是不可控制的,因此更易使人产生压力(Kjellberg & Landström, 1994);与无法被理解或没有任何信息内容的声音相比,内容能够被理解的谈话更易令人分心(Sundstrom, Town, Rice, Osborn, & Brill, 1994)。

其次,声音的物理特性,例如噪声的强度、频率、频谱特征、时间进程等对压力产生也具有一定的影响。有报告显示:并不是总体环境噪声水平,而是在平均水平之上波动的间歇的噪声峰值决定着烦恼度等级

(Kjellberg & Landström，1994)；音调会加大烦恼度水平，高频条件下容易诱发较高的烦恼度评价(Landström，Åkerlund，Kjellberg，& Tesarz，1995)；在不同的频谱上，噪声的效应有变化。增大噪声的强度会降低言语可懂度，该效应在高频条件下尤为显著(Veitch，Bradley，Legault，Norcross，& Svec，2002)。关于噪声的时间进程对于个体工作压力的影响，有研究发现，烦恼度在每天的进程中并不会改变，但是随着一周的推移，烦恼度有降低的趋势，即在一周末尾，烦恼度较低(Landström，Kjellberg，& Soderberg，1998)。

关于噪声对作业绩效的影响，目前已有一些研究报告表明：处于噪声环境中往往会导致任务绩效下降或降低作业绩效的稳定性；与简单任务相比，噪声对复杂任务操作的干扰较大；当同时操作的多个任务中有一个比较重要时，噪声往往会增大花费在其他作业上的努力程度，而且新异噪声会对绝大多数任务产生干扰；噪声对心理负荷的影响具有显著的个体差异；当个体无力控制噪声时，其压力会加剧(Rashid & Zimring，2008；Roelofsen，2008；Smith-Jackson & Klein，2009)。关于噪声及其效应在第九章中将有更详细的介绍。

三、光照

如本章开始坎宁安(Cunningham，1979)的两项研究所示，日照具有许多益处，不仅能改善个体的情绪，而且会增进助人行为的发生。日光照明和明亮的人造光对抵抗个体的抑郁情绪具有成效(Kripke，Gillin，Mullaney，Risch，& Janowsky，1987；Kripke，Risch，& Janowsky，1983；Rosenthal & Blehar，1989；Wehr，1989)。接受充足的光照，尤其是日光照明对缓解季节性情感障碍(seasonal affective disorder，SAD)非常重要，季节性情感障碍是一种多发于秋季末和冬季日照较少季节里的情感障碍，在国外常把它称为"冬季忧郁症"(winter blues)。季节性情感障碍研究者罗森塔尔等人(Rosenthal et al.，1984)描述典型的季节性情感障碍患者症状有经常感到乏力犯困、嗜睡、体重增加、排斥社交、活动能量水平低等。光线疗法(phototherapy)通过为季节性情感障碍患者提供足量光照以缓解患者症状,在很多研究报告中已显示具有成效,其中光照的亮度和持续时间是影响疗效的重要因素(Heerwagen, 1990; Hellekson, Kline, & Rosenthal, 1986; Rosenthal, Sack, Skwerer, Jacobsen, & Wehr, 1989; Kasper et al., 1989),但也有研究报告显示光线疗法只对一部分人有效,而且这种方法之所以有效主要是因为使用它的人相信它有效(Terman, Amira, Terman, & Ross, 1996; Teicher et al., 1995)。目前关于季节性情感障碍的成因尚不明确,但研究者较普遍地认同这种季节性情感障碍与光照有很大关系,光照不足影响了某些神经递质和激素的正常产生(Rosenthal, 1993; Rosenthal, 2006)。

在工作环境中,日光照明能够为员工的身心直接带来许多益处,日光照明有利于促使员工产生积极情绪,缺乏日光或者照明不足会导致眼睛疲劳、头痛和季节性情感障碍(Yildirima, Baskaya, & Celebi, 2007)。其中,近窗性是影响员工进行工作环境质量评价的重要因素。马库斯(Markus, 1967)报告,近窗而坐的员工满意度较高,大约96%的受访者更乐于在自然光条件下工作。沃腾等人(Wotten, Blackwell, Wallis, & Barkow, 1982)研究表明,约有74%员工乐于接受靠近窗户的工作台,近窗性好的位置能够提供自然光照明,使人更容易接近外部的自然景象。珀塞尔等人(Purcell, Lamb, Mainardi Peron, & Falchero, 1994)、卡普兰(Kaplan, 1995)、莱瑟等人(Leather, Pyrgas, Beale, & Lawrence, 1998)研究均显示,对于外部自然景象的可接近性是预测员工满意度的重要指标。查尔斯和维奇(Charles & Veitch, 2002)采用层级回归分析检验了影响员工环境知觉的各种物理因素,结果发现,近窗性能够有效地预测员工的工作满意度。伊尔迪里马等人(Yildirima, Baskaya, & Celebi, 2007)的研究也进一步验证,近窗性影响员工的工作满意度,拥有充足的日光照明有助于改善员工对于工作空间的认识,从而提高满意度。

在工作环境中进行的研究还发现,光照水平对作业绩效具有一定的影响。已有研究显示,有赖于良好视力才能完成的作业,其绩效会随照明水平和质量的改善而提高;照明系统的类型不仅会影响作业满意度,而且与某些认知作业的操作绩效有显著相关;荧光灯闪烁会影响视觉作业操作,导致生理上的不适和应激;年龄是影响光照水平效应的重要变量,通常年长者在从事办公室工作、夜间驾驶和辨别任务等作业中需要较强的照明水平(Blackwell & Blackwell, 1971; Hughes & McNelis, 1978; Sivak, Olson, & Pastalan, 1981; Romm & Browning, 1994; Hedge, Sims, & Becker, 1995;顾益敏,周健,俞丽华,2000)。巴伦等人(Baron, Rea, & Daniels, 1992)研究还发现,照明条件会影响社交关系和人际冲突管理的方式。与处于冷白光照明条件下的被试相比,暖白光照明下的被试报告更乐意通过协同而非回避的方式解决人际冲突。

四、颜色

颜色具有明度(brightness)、色调(hue)和饱和度(saturation)三个维度。梅拉比安和拉塞尔(Mehrabian & Russell, 1974)回顾了许多相关研究资料,并指出,通常颜色的明度、饱和度与其引发的愉悦感之间存在正相关,即明亮、饱和的颜色会唤起较强的愉悦感。人们通常会喜欢明快而不沉闷的颜色,喜欢饱和度较高的颜色。此外,我们对颜色的反应也会受到颜色所在背景的影响(见专栏7-2)。

专栏7-2　　　　人们对颜色的不同反应

马兰德罗等人(Malandro, Barker, & Barker, 1989)报告了在白色洗衣粉中加入相同材质但不同颜色的颗粒后家庭主妇们的不同反应:"一家洗衣粉厂商在白色洗衣粉中洒了一些红色颗粒,试用的主妇们抱怨洗衣粉手感差,太粗糙;接下去,他们将颗粒颜色调整为黄色,主妇们反应手感还可以,但总感觉衣服洗得不干净;最终,他们将颗粒颜色变作蓝色,这时使用者认为感觉非常好。其实颗粒的成分没有变化,改变的只是颜色而已。"

(来源:Malandro, Barker, & Barker, 1989)

关于颜色在调节个体情绪方面的作用,韦克斯纳(Wexner,1954)研究发现,人们相当赞同不同色调的颜色具有不同的情绪表达意义。通常人们认为蓝色蕴含着安全、舒适、温柔、抚慰、宁静、安详等意义,红色则寓意着兴奋、挑战,黄色寓意着欢快,而紫色则寓意着高贵等。虽然对颜色的释义具有一定的文化差异,但是颜色与人们情感之间的关联却影响着人们对环境认知的方式。有研究表明,与深色调的房间相比,浅色调的房间通常会被认为更大更宽敞,但同时人们也会认为深色调的房间会更富有,更奢华一些(Acking & Küller, 1972; Baum & Davis, 1976)。此外,斯里瓦斯塔瓦和皮尔(Srivastava & Peel, 1968)记录了艺术馆内参观者的浏览情况,与墙壁、地毯等背景为淡棕色时相比,当背景为深巧克力色时,参观者绕着场地来回转的时间较多,但停留的总时间较少。

颜色也会通过影响个体的唤醒水平而对一些作业和行为产生影响。红色被认为是能够诱发较强唤醒水平的颜色(Mehrabian & Russell, 1974; Wilson, 1966)。纳克希安(Nakshian, 1964)研究发现,与坐在灰色墙板前的被试相比,坐在红色墙板前的被试在执行追踪作业时,会发生更多的手震颤,且移动速度更快。奥康奈尔等人(O'Connell, Harper, & McAndrew, 1985)在严格控制了个体对颜色的偏好和喜爱度等因素后,对40名男大学生接受不同颜色刺激后的握力情况进行了测查,结果发现,在红色刺激下,被试表现出了较强的握力。此外,戈尔茨坦(Goldstein, 1942)研究也发现,不同色光下被试在进行时间间隔估计和砝码重量估计上的差异,在红光下,被试往往会过高估计时间间隔和砝码重量,而在绿光或蓝光下,容易低估时间和重量。

五、温度

极度炎热或寒冷都会改变人的觉醒水平并导致不适。无论是高温还是低温都会影响一些任务的作业绩效(Bell, 1981, 1982; Buck & McAlpine, 1981; Fox, 1967; Wyon, 1974; Provins, 1958),专栏7-3例举了温度对驾驶行为的影响。在工作环境中,环境温度是办公室中存在的主要应激源之一,被员工主动提出来的主要环境问题之一就是关于温度的,员工对环境温度不满意的百分比与主动诉求比率之间存在显著的正相关(Wang, Federspiel, & Arens, 2005)。在较低或较高温度下,员工的作业绩效会有显著降低;随着温度增高,被试对作业绩效的自我评估会降低,而且报告在思考和注意力集中方面有较大困难(Federspiel et al., 2004; Witterseh, Wyon, & Clausen, 2004)。然而关于温度与作业绩效之间的关系目前仍未得以彻底明确,这种复杂性主要是源于其他诸多因素的影响,这包括湿度、风等环境因素,任务类型与难度等作业因素以及个体的适应性、动机和压力等个体因素。

> **专栏7-3　　　　　　　　环境温度与驾驶行为**
>
> 　　普罗文斯(Provins, 1958)提出人驾驶时的表现受温度的影响很大。其影响主要表现在以下几个方面:(1)温度低于10摄氏度或高于32摄氏度时,握力就会变小,肌肉灵活性也会受损,对方向盘、刹车和换挡的控制能力从而变弱;(2)温度低于10摄氏度或高于32摄氏度时,感觉敏锐度就会下降,驾驶员对道路的"感觉"从而减弱;(3)温度低于10摄氏度或高于32摄氏度时,警戒和追踪作业就会受损,驾驶员对潜在危险、交通指导和信号装置的觉察从而降低;(4)如果高温和低温使人更容易被激怒,驾驶员就会更具攻击性,危险驾驶的可能性从而增加。此外,如果风速较大,温度的这些影响会更严重。而且,极端高温或低温下,驾驶员血液里的一氧化碳水平会增加——尤其当高速公路塞车时——驾驶员的心理反应能力进一步下降。
>
> 　　　　　　　　　　　　　　　　　　　　　　　　(来源:Provins, 1958)

极端温度,尤其是高温也会影响个体的健康(Bell & Greene, 1982; Folk, 1974)和社会行为(Baron, 1978; Bell & Baron, 1977),持续高温会导致个体出现衰竭、神志不清甚至会昏迷,而且容易诱发心脏病发作而致死。有研究显示,当城市出现热浪时,与之相伴的是人口死亡率的攀升(Buechley, Van Bruggen, & Truppi, 1972; Oechali & Buechley, 1970; Schuman, 1972)。个体的社会行为也会受高温影响,高温环境会对社会关系产生一些负面效应,例如高温会降低人际吸引,并会增强拥挤感;高温还会使人对社会线索变得迟钝,并且对他人反应消极。在受温度影响的社会行为中,探讨最多的是关于高温与攻击性行为之间的关系,但目前仍有争议。20世纪60年代,在美国一些城市发生的重大骚乱大多集中在夏季,由此产生了一个流行语——"长夏效应"(long, hot summer),意即在某种程度上,夏天的酷热能增强暴力行为,暴力发生的数量与温度有很大关系。对这一效应的检验极大地刺激了关于高温与攻击性行为之间关系的研究。绝大多数实验室实验都采取了传统的"假电击方法"(sham-shock procedure),即被试在实验中有机会电击别人(但这个人实际上是实验助手,在受到"电击"时假装很难受,但实际上并未真正地被电击),而被试选择的电击级别(强度、持续时间与次数等)可以视作其攻击性的指标。巴伦和伯恩(Baron & Byrne, 1987)在回顾总结了此类研究的基础上指出此类研究支持了在高温与攻击性行为之间存在倒U形函数关系,即在到达某一临界点之前,随着温度升高,攻击性会增强,但过了此临界点之后,由于困乏或逃跑反应,个体的攻击性行为会相对减少(Baron & Bell, 1975, 1976; Palamarek & Rule, 1979; Bell & Baron, 1976, 1981)。这一结论在此后的一些研究中亦得到验证(Cohn & Rotton, 1997; Van de Vilert, Schwartz, Huismans, Hofstede, & Daan, 1999)。然而,在绝大多数现场研究和档案研究中却发现,温度与攻击性行为之间存在线性关系,温度增加总会伴随着暴力行为发生率的增长(Anderson, 1987; Anderson & Anderson, 1984; DeFronzo, 1984; Cotton, 1986; Kenrick & MacFarlane, 1986; Harries & Stadler, 1988)。在这些研究中发现,世界上的炎热区域和炎热的年月日总会发生较多的攻击性行为。甚至有项研究还显示,在体育运动中也表现出一种形式较温和的热—攻击现象:温度越高,棒球投手的表现越具有进攻性(Reifman, Larrick, & Fein, 1991)。对于档案研究和实验室研究结论上的差异,贝尔等人(Bell,Greene,Fisher,& Baum,2005)认为,实验室研究中得出的非线性关系具有较强的内部效度,而在档案研究和现场研究中,许多重要的无关变量并未得到严格控制,例如在时间取样中,由于跨度较大而会掩盖掉极端高温的效应等。而同时他们也对极端高温是不是会降低攻击性提出了一些先决条件,认为在高温时会不会出现回避反应与个体能否回避高温、对消极情绪原因的解释等有关。总体来看,他们认为,高温与攻击性行为有关,多数情况下,高温会增加攻击性,然而在一些情况下,高温和其他因素结合会引起逃避高温的行为并由此减少攻击性。而对于这些因素,仍有待进一步研究。

以上主要探讨了高温与行为的关系,而目前对低温与行为的关系则主要集中于它对作业绩效的影响上,低温会降低手控的灵敏性和触觉的敏感性并导致反应时增加,而对低温与社会行为的研究较少,难以得出有效结论。

六、空气质量

空气质量,尤其是空气污染对人的影响,目前的研究证据显示,主要体现在个体对空气污染的知觉、健康、作业绩效和社会行为四个方面。

(一) 对空气污染的知觉

对空气污染的知觉取决于许多因素。其中对污染源的态度、个体感受性、对空气污染的专业知识以及个体接触污染的经历、压力状况和焦虑等因素值得关注。

1. 污染源的性质

尽管人们主要是通过嗅觉(嗅到难闻的气味)和视觉(观察空气的可见度)来感受空气污染,但事实上无色无味的污染源,例如 CO 等,其危害更大。

2. 对污染源的态度

已有一些研究报告显示,对空气污染或由它引起的不快的知觉并不总与污染的客观程度一致,它还与对污染源的态度等因素有关,这就意味着对污染物客观测量的级别仅仅是对实际暴露强度和结果所作的一个粗略估计,空气质量引发的实际后果评估需考虑心理因素的影响(Winneke & Kastka, 1987; Evans & Jacobs, 1982; Crawford & Bolas, 1996)。例如,温尼克和卡斯特卡(Winneke & Kastka, 1987)研究发现,来自一家巧克力厂的污染给附近居民带来的烦躁要远低于酿酒厂、炼油厂等排放的污染带来的烦躁。

3. 个体差异性

个体感受性也会影响到对空气污染的知觉,目前对个体嗅觉感受性的测量主要包括个体嗅觉敏感性和个体对化学气味的敏感性。个体嗅觉敏感性可以采用嗅觉测量器、呼吸测污仪等来测量个体对气味的感受性(Berglund, Berglund, & Lindvall, 1987)。个体对化学气味的敏感性主要通过采用化学气味不耐性指数(chemical odor intolerance index, CII)等指标来评价个体对化学气味的敏感性(Szarek, Bell, & Schwartz, 1997)。

专家和普通民众对空气污染的判断也存在显著差异,有研究显示可见度是普通民众用于判断空气是否污染的主要线索,他们主要根据后果来判断空气污染的存在,而专家则会借助更丰富的线索,并主要依据根源,例如汽车的密集性、雨水是否充沛等来判断空气污染状况(Crowe, 1968; Hummel, Levitt, & Loomis, 1973; Hummel, Loomis, & Hebert, 1975)。

关于接触空气污染的经历会增强还是会减少对污染的关注,目前研究证据结论不一。对于空气污染的适应也未取得明确一致的结论(Wohlwill, 1974; Evans, Jacobs, & Frager, 1982; Lipsey, 1977; Medalia, 1964)。而较为一致的研究结果是发现个体的压力状况、焦虑等与对污染的知觉显著相关,处于应激状态中的人更易受空气污染的影响,而焦虑可能会导致人们采取一些积极措施来减少污染,人们是否会改变行为以避免或减轻污染的影响则主要取决于他们对空气污染的性质和危险性的看法以及在健康方面的认识(Jacobs, Evans, Catalano, & Dooley, 1984; Navarro, Simpson-Housley, & Deman, 1987; Skov et al., 1991)。

(二) 空气污染与健康

空气污染会对健康产生有害影响。一氧化碳，是最常见的污染物之一，它会阻碍体内各种组织接受新鲜氧气，从而造成组织缺氧，长期暴露于高浓度的一氧化碳中会导致严重的身体问题，包括视觉听觉损伤、头痛、心脏病症状、疲劳、记忆紊乱甚至还会出现痴呆和精神疾病等方面的症状。灰尘会引发呼吸系统、神经系统等方面的问题，并会致癌、导致贫血等。光化学烟雾会导致眼睛发炎、心血管疾病和呼吸系统等方面的问题，还可能引发癌症。因此，空气污染对于人体的危害非常严重。

对于空气污染与心理健康之间的关系，已有研究发现，长期处于室内空气污染之中易出现抑郁、愤怒和焦虑等情绪障碍(Weiss，1983)，罗通和弗雷(Rotton & Frey，1984)研究发现，当空气污染指数很高时，人们由于精神问题而拨打急救电话的次数明显增加。埃文斯和雅各布(Evans & Jacobs，1982)则发现，较差的空气质量会增加生活压力引发痛苦的可能性。

(三) 空气污染与作业绩效

1. 空气污染与安全驾驶

公路高峰期 CO 浓度一般在 25—125 ppm。比尔德和沃特海姆(Beard & Wertheim，1967)研究发现，在 50 ppm CO 浓度的环境下呆上 90 分钟会严重影响被试时间判断任务的成绩，而且随着 CO 浓度的增加，损害作业要求所需的暴露时间减短。刘易斯等人(Lewis, Baddeley, Bonham, & Lovett，1970)研究也显示，吸入污染空气(从每小时通过 830 辆车的公路路面上方约 38 厘米处采集的空气)的被试在 75% 的信息加工作业上成绩显著受损。这些研究都意味着交通干道上的空气污染足以影响驾驶员的能力从而危及安全驾驶。

2. 办公室的空气质量与工作绩效

已有研究表明，气源、气味和污染物决定了办公室的空气质量，不良的空气质量会给员工造成压力。塞佩宁等人(Seppänen, Fisk, & Mendell，1999)综合分析了多项关于通风的研究发现，在各类建筑中，低于 10 升/秒/人的通风率总会与健康恶化问题的发生显著相关。在他们整理的多项关于二氧化碳含量的研究中还发现,有近半数研究表明,患病态建筑综合征的风险率会随二氧化碳浓度的降低而显著减小。在二氧化碳浓度降低至 800 ppm 以下后,患病的风险率仍会有显著下降。

关于空气污染是否会对员工的绩效操作有直接影响,目前尚未有一致的结论,但是已有一些研究却表明,员工的工作满意度与他们对办公室中空气质量、通风状况的满意感之间存在正相关;降低室内空气污染可以改善居住者的舒适度、健康状况和生产力;而且高通风率与员工短期病假减少显著相关(Haghighat & Donnini, 1999; Seppänen, Fisk, & Lei, 2006; Milton, Glencross, & Walters, 2000)。

(四) 空气污染与社会行为

研究显示,空气污染带来的异味至少影响数种社会行为。首先,个人的娱乐活动和多数人的户外活动会受空气污染的限制(Chapko & Solomom, 1976; Peterson, 1975)。埃文斯等人(Evans, Jacobs, & Frager, 1982)研究显示,当空气质量较差时,人们大多不愿进行户外娱乐活动,其效应在不同年龄、个性以及接触污染经历的亚群体中表现有差异。其次,罗通等人(Rotton, Barry, Frey, & Soler, 1978; Rotton, Barry, Milligan, & Fitzpatrick, 1979; Rotton, 1983; Rotton & Frey, 1985)一系列实验研究了空气污染下的人际吸引、助人行为、攻击性行为等,结果发现,空气污染带来的异味会影响人们的社会行为和人际关系。其中,有多项研究(Jones & Bogat, 1978; Cunningham, 1979; Asmus & Bell, 1999)已显示,空气污染会减少人们之间互相帮助的可能性。

第三节 环境危害的效应

环境危害(environmental hazards)主要包括自然灾害和人为灾难。自然灾害的发生通常是突然、强力和不可控的,会给社会带来破坏和混乱,而且一般持续时间较短,具有"最低点",有时还具有可预测性,例如地震、龙卷风等。人为灾难则不是自然力量的产物,而主要是由于人类的过失造成的,其中,有些持续时间较短,其发生过程迅猛,但一般较容易修复,例如堤坝决口等。而另有一些过程却很漫长,而且不会有清晰的"最低点",其间亦伴随着许多不确定性,人们需要长期去应对已经造成的威胁,例如核事故等,此类危害的影响范围会更广泛并持续较长时间。关于这两类环境危害,研究者发现,人为灾难通常比自然灾害更可能威胁人们的控制感。他们分析,正是由于人为灾难主要是由控制上的失误造成的,因此与自然灾害相比,它会对人们的控制感造成更加严重的威胁,进而降低人们对科技想当然的支配感和期望值(Davidson, Baum, & Collins, 1982)。

一、自然灾害与应激

关于自然灾害与应激的关系研究发现,人们事前是否会得到足够的警报是影响灾难事件后果的重要因素,预警系统的效率、人们的准备工作等因素会影响预警的有效性(Fritz & Marks, 1954; Drabek, 1986; Mileti & Sorensen, 1990)。危险知觉、社会影响(别人做了什么或说了会做什么)以及可以获得多少资源等因素可以预测灾难迫近时人们的反应(Riad, Norris, & Ruback, 1999)。而人格变量(例如内控型和外控型)也会影响人们对灾难的理解,并影响人们在知觉到灾难后采取的行动,通常内控型的人更有可能提高警觉,采取积极措施并会更加谨慎(Sims & Baumann, 1972; McLure, Walkey, & Allen, 1999)。此外,灾难经验和审慎态度对于人们有效应对灾难而言也是非常重要的因素(Jackson, 1981; Mileti & Fitzpartrick, 1993; Norris, Smith, & Kaniasty, 1999; Shippee, Burroughs, & Wakefield, 1980)。在灾难发生不久后,受害者通常更易出现应激症状和情绪问题(Canino, Bravo, Rubio-Stipec, & Woodbury, 1990; Lima, Pai, Cavis, Haro, Lima, Toledo, Lozano, & Santacruz, 1991; Shore, Tatum, & Vollmer, 1986; Tobin & Ollenberger, 1996),而在灾难中损失最大、受害最严重的人,会受到更持续的心理影响,甚至会出现创伤后应激障碍(post-traumatic stress disorder)(Moore & Moore, 1996; Steinglass &

Gerrity，1990)。灾难过后受害者产生的长期应激状况与对灾难的强迫性思考有关(Hall & Baum，1995)，与灾难带来的二次应激源，例如安置过程中的混乱、拥挤、缺乏私密性、物质匮乏等亦有关联(Riad & Norris，1996)。此外，社会为应对灾难所作的准备(主要表现为人们在灾难之前和之后的有序程度)、群体凝聚力、重建速度等都会影响灾难对受害者的打击程度，社会支持对帮助受害者应对压力具有非常重要的作用。而年龄与灾难反应也有关系，不同年龄段的人面对灾难时有不同的反应，这可能与他们拥有的应对灾难的资源和经验、承担责任的多寡等因素有关。汤普森等人(Thompson，Norris，& Hanacek，1993)研究发现，不管年龄如何，灾难对个体的情绪和心理健康都会发生重要影响，但在中年养家者身上其效应尤为显著。

关于自然灾害与压力的应对，有很多理论解释。其中，资源保护理论(conservation of resources theory)(Hobfoll，1989)具有较好的解释力。资源保护理论认为，人们重要资源(包括社会资源、心理资源和物质资源等)的受损程度和损失最小化的能力决定了人们所要承受的压力的大小。资源是指任何能帮助人们达成目标的东西，包括有形资产和无形资产，社会资源(家庭、工作)以及个人能力(乐观、解决问题的技巧等)，而失去这些资源中的任何一部分都会引发问题。资源已经受损或面临损失时会加剧压力，而拥有稳定的资源或在失去后重获资源则能有助于减少压力。弗里迪等人(Freedy，Shaw，Jarrell，& Masters，1992)在关于雨果飓风的影响研究中指出，上述的资源损失会导致灾后悲痛，而且在对灾后影响进行预测时，资源损失是最有预测力的因素。资源保护理论也适用于其他自然灾害，而且该理论能有效地理解和预测灾后灾民的应激反应，并且对灾民灾后心理重建中如何为其提供有效的社会支持提供了依据和参照。

二、人为灾难与应激

关于人为灾难对受害者的影响以及应对应激的措施，可通过对一些典型案例进行研究来发现它与自然灾害的区别以及如何有效应对这一类灾害。在众多的事故案例中,关于美国三里岛核事故的相关研究值得关注(见专栏7-4)。

专栏7-4　　　人为灾难之美国三里岛核事故

1979年3月,美国三里岛2号核电站发生了事故。由于一系列机器故障和人为过失,核心反应堆发生了爆炸,反应堆内部的燃料和设备被摧毁,并且产生了大量核污染的废水和放射性气体。尽管研究者认定三里岛事件中释放的辐射量还不足以导致身体伤害,然而毫无疑问的是,附近居民感受到的压力对其心理却产生了深远影响。有几例研究显示,在事故发生后,人们对自己生命的控制感降低,在需要坚持性的任务中表现欠佳,并表现出了多种应激症状(Davidson, Baum, & Collins, 1982; Schaeffer & Baum, 1984; Baum, Gatchel, & Schaeffer, 1983)。而这些负面效应主要源于对未来发生风险的不确定性以及对此前事故长期效应的不确定性上。布罗梅(Bromet, 1990)报告三里岛事故发生10年后,在其调查样本中,60%的母亲承认她们对此事件仍心有余悸,有62%的被调查者担心事故可能会再次发生,42%的人仍担心该事件对自身健康有影响,而有51%的人则担心对他们孩子的健康有影响。迪尤等人(Dew, Bromet, & Schulburg, 1987)研究发现,事故发生六年后三里岛核设施重新启用期间,居民的压力水平与事故刚发生以后相比更加严重。此外,一些研究还显示年轻人、接受过较好教育的人在事故发生后表现更加紧张,研究者们对此的解释是这与个体的应对策略有关(Goldhaber, Houts, & Disabella, 1983; Sorensen, Soderstrom, Copenhaver, Carnes, & Bolin, 1987)。他们特别指出,年轻人更为主动,并且以问题为中心的应对风格在面对无法挽回改变的状况时往往会导致事与愿违的后果,使其更加紧张(Folkman, Lazarus, Pimley, & Novacek,

1987)。此外,那些在事故发生后六年期间接受关于癌症、辐射和流行病学等一系列公共健康和资讯服务的居民对相关知识的了解较为丰富,较少忧虑,并且更愿意报告内心的困扰(Prince-Embury, 1991)。近来一些研究进一步验证了应对风格与应激水平、年龄相关,但就年轻人是否一定会产生较高的压力水平,结论仍不确定(Prince-Embury & Rooney, 1988, 1990)。此外,弗罗伊登伯格和琼斯(Freudenburg & Jones, 1991)研究发现,个体的应激水平似乎与事故发生前他们对于核设施的态度无关。

(来源:McAndrew, 1993)

本 章 小 结

潜在环境主要是指环境中的声音、光照、环境温度和空气质量等背景因素,它们在日常生活中稳定地存在并会对个体产生影响。影响潜在环境效应的因素主要包括环境负荷等环境特征以及刺激过滤、感觉寻求等个体因素。当环境负荷过高或过低,且持续较长时间时,往往会引发环境应激;而当个体认为自身对环境缺乏控制权时,也容易引发压力。目前关于环境应激的理论解释主要有一般适应综合征理论和压力进程理论。

环境应激源可被划分为灾难性事件、生活事件、日常烦人事和潜在环境因素。环境心理学主要关注灾难性事件和不利潜在环境因素的影响。其中,潜在环境的效应主要包括气候与海拔、噪声、光照、颜色、温度和空气质量等因素的影响。而环境危害的影响则主要体现在自然灾害和人为灾难这两类灾难性事件的影响上。

长时期的气候变化对文明甚至对进化确实存在一定影响,而且气候与海拔等会对人类行为产生一些可预测的效应。噪声,尤其是其非物理特性会对个体的行为和心理产生一定影响。日光照明和明亮的人造光对抵抗个体的抑郁情绪具有成效,在工作环境中,近窗性是影响员工进行环境质量评价的重要因素。此外,光照水平对作业绩效也具有一定的影响。明亮、饱和的颜色通常会唤起较强的愉悦感,而人们也认同不同色调的颜色具有不同的情绪表达意义。颜色会通过影响个体的唤醒水平而对一些作业和行为产生影响。高温与攻击性行为有关,多数情况下,高温会增加攻击性,然而在一些情况下,高温和其他因素结合会引起逃避高温的行为并由此减少攻击性。空气质量,尤其是空气污染对人的影响,主要体现在个体对空气污染的知觉、健康、作业绩效和社会行为等四个方面。

关于自然灾害和人为灾难,通常人为灾难更会严重威胁到人们的控制感。有关自然灾害与压力的应对,资源保护理论具有较好的解释力。该理论指出,拥有稳定的资源或在失去后重获资源将有助于减少压力反应。而有关人为灾难与应激的研究则显示,良好的应对风格与接受全面准确的公共健康和资讯服务对缓解受害者压力具有重要意义。

关键术语

潜在环境	环境应激	环境负荷
刺激过滤	感觉寻求	定向反应
一般适应综合征	季节性情感障碍	冬季忧郁症
光线疗法	长夏效应	假电击方法
环境危害	创伤后应激障碍	资源保护理论

思考与实践

1. 影响潜在环境效应的因素主要有哪些?
2. 用于揭示环境应激发生机制的理论解释主要有哪些?
3. 举例说明气候与海拔、噪声、光照、颜色、温度和空气质量等对个体心理和行为的影响。
4. 如何理解高温与攻击性行为之间的关系?

5. 如何运用资源保护理论来解释和应对自然灾害造成的压力?

6. 通过对美国三里岛核事故与应激的研究,对应对人为灾难有怎样的启示?

7. 调查一些经历过严重地震、洪水等灾难的人,询问他们当时和事后的感受,他们是如何应对的,他们担心什么。然后再调查一些经历过人为灾难的人,看他们对相同问题的回答有什么不同。

第八章 拥　　挤

克里斯蒂安等人(Christian, Flyger, & Davis, 1960)研究了高密度环境对动物健康的影响。在这项研究中,一群梅花鹿被安置在美国切萨皮克湾(Chesapeake Bay)的一个孤岛上无节制地繁衍生存,鹿群没有来自捕食者的威胁,而且也有充足的食物和水源供应。结果,鹿群规模曾一度扩大,然而最终却在突然之间崩溃。大量的梅花鹿病死,而尸体解剖后发现这些死亡动物的肾上腺明显增大,而其他一些与压力相关的生理表现也非常突出。这种种群数量无节制增长过后出现的崩溃现象在其他物种中也有出现过。由此,克里斯蒂安等人认为,过多数量的动物同处一地会使动物面临的刺激增多,压力加剧,进而会导致肾上腺激素的分泌稳定增长,而这些长期累积的压力最终会使其身体衰竭,甚至导致死亡。

拥挤(crowding)是一种主观心理状态,是指个体认为特定空间里有太多人出现并易由此引发消极情绪。密度是影响拥挤感产生的重要因素,除此之外,拥挤感的产生还会受制于其他各类情境因素和个体因素。在本章中,作者将主要讨论拥挤和密度的基本概念,分析高密度环境对动物和人类的影响及其差异性,此外,在回顾短期拥挤效应和长期拥挤效应等各类研究证据的基础上,重点分析现有的一些拥挤理论和应对拥挤的方法。

第一节 拥挤概述

一、高密度与拥挤

所谓拥挤(crowding)是指当个体认为特定空间里有太多人时出现的一种会导致消极情绪的主观心理状态(McAndrew,1993)。影响拥挤感产生的因素有很多,其中包括个体的人格特征、情境中人们的关系以及在情境中需要完成的任务、温度、噪声等因素。然而,密度无疑是影响拥挤感产生的最重要的影响因素。

与拥挤不同的是,密度(density)指的是一种客观的物态,它是对单位空间中人数的一种客观度量。在实验设计中,通常有两种基本的密度形式可供操控,即社会密度(social density)和空间密度(spatial density)(Baum & Valins,1977;Paulus,1980)。其中,社会密度可以通过改变同一物理空间中的人数来操纵;而空间密度则可以通过让同样数量的人占用不同大小的物理空间加以控制。区分这两类密度形式很重要,因为社会密度的变化需要考虑并应对人数的增减,而空间密度的变化不需要关注这一点。此外,这两类密度的变化对个体的感受和行为具有不同的效应(Baum & Koman,1976;McGrew,1970;Paulus,1980,1988;Stokols,1976)。高社会密度要比高空间密度更令人厌恶,对人们的消极影响也更持久(Baum & Valins,1979;Baum & Paulus,1987)。

二、高密度对动物的影响

长期持续处于高密度环境下会对许多动物产生较强的负面效应,与改变空间密度相比,改变社会密度会引发更强的效应(Baum & Paulus,1987;Freedman,1979)。这些效应主要体现在对动物健康和行为等方面的影响上。对这些效应的产生,主要有三种解释:(1)在高密度环境下,动物对一些关键资源的竞争加剧;(2)高密度环境会导致对动物正常活动的干扰增多;(3)对大量各类刺激的频繁和亲密接触可能会触发动物的异常行为。

　　首先,长期居住在高密度环境下会对动物的健康产生严重影响。过多动物同处一地会使它们面临的刺激增多,压力加剧,导致肾上腺激素的分泌稳定增长,而长期积累的压力也最终会令它们身体衰竭,甚至导致死亡(Christian, 1955, 1963; Christian & Davis, 1964; Christian, Flyger, & Davis, 1960)。高密度环境与动物器官损伤密切相关(Myers, Hale, Mykytowycz, & Hughes, 1971)。在高密度环境下,啮齿类动物的繁殖力会急剧下降(Christian, 1955; Davis & Meyer, 1973; Massey & Vandenburgh, 1980; Snyder, 1968; Southwick & Bland, 1959; Thiessen, 1964);动物的血压读数也会增加(Henry, Meehan, & Stephens, 1967; Henry, Stephens, Axelrod, & Mueller, 1971);而怀孕大鼠若处于拥挤环境下,她的后代在情绪或一些行为反应中也会表现异常(Chapman, Masterpasqua, & Lore, 1976)。

　　其次,长期处于高密度环境下还会对动物的行为产生一些负面影响。最为普遍的发现是,高密度环境急剧增加了动物的打斗和攻击性行为,而且这一效应在大量物种中都存在,例如猴子、果蝇、猫、寄生蟹、猪、鸡、狼蛛、沙鼠、蜻蜓、阿勒格尼林鼠等(Anderson, Erwin, Flynn, Lewis, & Erwin, 1977; Aspey, 1977; Hazlett, 1968; Hodosh, Ringo, & McAndrew, 1979; Hull, Langan, & Rosselli, 1973; Kinsey, 1976; Moore, 1987; Moss, 1978; Polley, Craig, & Bhagwhat, 1974; Southwick, 1967)。此外,高密度也会破坏动物的学习和任务执行等活动(Goeckner, Greenough, & Maier, 1974; Goeckner, Greenough, & Mead, 1973)。更为重要的是,一些研究发现,高密度环境会明显打乱动物正常的生活秩序(Calhoun, 1962; Chapman, Christian, Pawlikowski, & Michael, 1998; Dyson & Passmore, 1992; Judge & deWaal, 1993)。其中,卡尔霍恩(Calhoun, 1962)形象地描述了高密度是如何影响动物正常的社会秩序的(详见专栏8-1)。

专栏 8-1　　卡尔霍恩关于高密度影响动物正常社会秩序的研究

在实验中,卡尔霍恩(Calhoun, 1962)将公母大白鼠同时放入如图 8-1 所示的观察室里,让它们自由繁衍。这种可以容纳 48 只大白鼠的观察室由一个 3.5 米×4.9 米的平台构成,被栅栏分割为等面积的四个部分。其中,围栏 1 和围栏 4 之间没有坡道(如图中所示"RAMP"),而围栏 2 和围栏 3 均各有两个坡道出口,实验结果表明,在围栏 2 和围栏 3 中的动物出现了所谓的"行为沉沦"(behavioral sink)现象。在正常的情况下,如围栏 1 和围栏 4 中的大白鼠,公鼠会占据领地,保护与其交配的一群母鼠;而公鼠只与群内的母鼠交配,母鼠也只与围栏内的公鼠交配。公鼠维护领地尽职尽责,而母鼠则忙于建窝、抚育子女,幼鼠的存活率相当可观。而在围栏 2 和围栏 3 中,情况却大相径庭。由于这两个围栏均各

图 8-1　卡尔霍恩用于研究高密度效应的观察室

(来源:Calhoun, 1962)

有两个坡道与外面相通,公鼠无法看守住领地,这便导致了一种异常拥挤的状况出现,而最终栏内动物的正常行为被彻底打乱。母鼠不再安分守己于建窝、抚育子女,其母性行为被严重破坏,幼崽的存活率岌岌可危,其中一组,96%的幼崽在断奶之前就已夭折。而发情期的母鼠则被大批公鼠疯狂追逐,许多母鼠在怀孕期间或生产时死亡。而公鼠的情况也不容乐观,许多公鼠的行为发生了明显的异化,例如功能亢进、攻击性水平增强、性行为混乱等。卡尔霍恩将这类极度拥挤、失控的状况称为行为沉沦。当某一区域中种群动物数量过于密集,那么就会严重干扰它们正常的生活和社会秩序。

卡尔霍恩的研究意义重大,但也受到了一些批评和质疑。首先,有研究者认为在卡尔霍恩的实验中,导致行为沉沦现象出现的原因除了他操纵的密度变量以外,还会受到领域性等因素的影响。可能是高密度和缺乏领域性这两个因素共同引发了动物的行为沉沦。此外,还有研究者质疑卡尔霍恩实验的生态效度,因为在实际生活中,鼠群并不会如此被动,当密度达到一定程度时,它们会设法向其他地方迁徙。但不管怎么说,卡尔霍恩的研究开创性地验证了高密度对动物社会性行为的巨大破坏力,而这一观点也得到了此后其他大量研究的支持。

(来源:保罗·贝尔,等,2009)

目前对于高密度影响动物健康和行为的大量研究较为一致地显示,其负面效应居多。然而对于动物的研究结论是否可以简单直接地推演至对人类行为的预期上,答案是否定的。在人类群体中,后天学习、认知加工和文化因素等在调整空间间距需要量等方面具有重要意义,而且人类的社会交往本身具有更强的复杂性和灵活性。接下去,我们将重点介绍高密度环境对人类的影响以及对拥挤现象的解释。

三、高密度对人类的影响

有关高密度环境对人类影响的研究大致可区分为两类:一类是对长期拥挤效应的研究,此类研究通常是针对长期持续生活在高密度环境中的人展开分析,采取的大多是相关研究法;另一类是对短期拥挤效应进行研究,更多采用的是实验法。

(一) 短期拥挤效应的研究

对短期拥挤效应的研究较多采用的是实验法。典型的实验程序如下:研究者随机将被试分配到几组不同的实验处理中,实验处理对场景的空间/社会密度做不同的设置。实验持续时间少则半小时,多则数小时。很明显,短暂的实验处理时间和人为性较强的场景往往限制了此类研究的生态效度,然而采用实验法研究拥挤效应仍非常有价值,因为它能有效控制众多额外变量的混淆和干扰,内部效度最好。此外,采用实验法还可以分析较多自变量与因变量之间的关系,其中最常用的因变量指标主要包括情绪反应、任务绩效以及攻击性行为、助人行为、人际吸引等社会性行为指标。

采用实验法研究短期拥挤效应既可在实验室也可在现场进行。实验室研究对于无关变量的操控更加严格,但人为性较强。现场研究则具有相对较好的生态效度。专栏8-2介绍了这两类研究的经典案例。

专栏8-2　　　短期拥挤效应的实验研究范例

一、实验室研究案例

马修斯、保卢斯和巴伦(Mathews, Poulus, & Baron, 1979)的研究目的是探讨被试在竞争性或合作性的场景下密度对其攻击性行为的影响。被试选择的是男性大学生,密度的设置分为高密度(4人共处于2.0 m×1.7 m的房间里)与低密度(4人共处于3.9 m×3.4 m的房间里)两类。实验开始,告知被试要完成一项非常复杂的追踪任务,其中半数被告知与组内其他人竞争;而余下的半数则要求合作共同完成任务以对抗其他组。当任务结束后，告知被试接下来的实验部分是探测惩罚对生理反应的效应，然后引入假电击实验程序，即被试在实验中有机会电击别人(但这个人实际是实验助手,在受到"电击"时假装很难受,但实际上并未真正地被电击),而被试选择的电击强度和持续时间则被视作其攻击性的指标。研究结果发现：在竞争性场景下,高密度降低了个体的攻击性；而在合作性场景下,密度对攻击性的影响不显著。而此后他们在被试完成追踪任务后间隔半小时再实施假电击实验程序,结果发现高密度在竞争性场景下的效应消失。

二、现场研究案例

塞格特、麦金托奇和韦斯特(Saegert, Mackintoch, & West, 1975)所做的两个现场实验的目的在于揭示密度对个体有效完成任务所需的注意力和思考力的影响。在第一个实验中,选择的被试是女大学生,她们被随机分配到高密度时间段或低密度时间段去百货公司售鞋部。研究者要求她们集中注意观察鞋子和顾客。接下去,被试要描述不同的鞋子和观察到的顾客情况。结果发现,低密度组的被试不仅在描述上略胜于高密度组,而且在她们没有刻意聚焦的事物上,也有明显更好的回忆表现。这体现在此后的小测验中,低密度组的被试对于售鞋部里的家具、陈列架等物件的记忆较好,并且对于该区域的认知地图也更为精准。这一结果显示,人们在激活水平高的场景下容易出现的注意狭窄现象在此实验中被成功复制了,高密度环境容易使个体的唤醒水平提高,进而导致注意狭窄。在另一实验中,塞格特等人将研究的地点选在了纽约市的宾夕法尼亚车站。被试是由广告招募来的一些志愿者,其中既有男性又有女性,而且年龄和职业背景也较为多样化。他们对于宾州车站都不甚熟悉。研究者要求他们在高密度时段或低密度时段去完成42项认知任务,例如找出售票处、查找电话号码、

> 去书报亭买东西等。每个被试都需按照任务清单中提供的顺序依次去完成这些任务。结果发现,高密度组被试的焦虑感更强,任务完成率更低,而且高密度组中的男性比女性报告有更多极端情绪(例如攻击性、兴奋等)出现。

绝大多数实验研究表明,短期暴露在高密度环境下往往会导致负面效应。增加密度,尤其是社会密度定会提高个体的生理激活水平(Aiello, Epstein, & Karlin, 1975; Evans, 1979; Saegert, 1978; Singer, Lundberg, & Frankenhaeuser, 1978),而且这种唤醒水平的提高通常被个体解读为是负面的。不仅具有即时效应,短期暴露于高密度环境下还会有负后效,近期体验到拥挤的人们往往会表现出挫折容忍力降低(Dooley, 1975; Sherrod, 1974)。此外,当被别人碰到时,高密度环境就会令人更加不快(Nicosia, Hyman, Karlin, Epstein, & Aiello, 1979)。当被试被集中安置在小房间时,他们通常会感到更拥挤,更受限制,甚至会认为房间里更闷热;而处于拥挤教室里的学生更容易抱怨房间小、通风差,甚至对上课情况也容易产生不满(Stokols, Rall, Pinner, & Schopler, 1973)。仅仅是预期将来可能会遭遇高密度环境也会导致个体减少甚至是断绝与他人的交往(Baum & Greenberg, 1975; Baum & Koman, 1976)。高密度会令个体情绪变糟,而且比那些处于低密度环境中的人更不喜欢陌生人;如果房间里很热,高密度的效应就会更加显著(Griffit & Veitch, 1971)。

当环境中资源充足时,高密度对儿童的攻击性行为影响不显著(Loo & Smetana, 1978; Rohe & Patterson, 1974),但是在绝大多数情况下,高密度与儿童的破坏性行为和攻击性行为有关联(Ginsburg, Pollman, Wauson, & Hope, 1977; Hutt & Vaizey, 1966; McGrew, 1972)。例如,在一个关于5岁儿童的现场研究中证实,高密度会增强攻击性,而且在高密度环境下,儿童会报告有更多不良情绪,玩玩具的时间也较少,而且男孩比女孩更显破坏性和愤怒,会经常破坏玩具或打架(Loo & Kennelly, 1979)。对于成年人而言,通常是男性在高社会密度环境下更显攻击性(Schettino & Borden, 1976; Stokols, Rall, Pinner, & Schopler, 1973)。事实上,男性与女性对于高密度环境的反应存在很多有趣的差异(详见专栏8-3)。

高密度环境不仅仅影响我们的情绪,同时它也会影响到我们有效完成任务的能力。尽管高密度对简单任务的操作影响甚小,但它确实会对那些较复杂较困难的任务(例如当任务执行需要毅力、辨别力或缜密思考时)产生影响(Freedman, Klevansky, & Ehrlich, 1971; Klein & Harris, 1979; Nagar & Pandey, 1987; Paulus, Annis, Seta, Schkade, & Matthews, 1976; Sherrod, 1974)。高密度环境不仅影响个体的作业操作,而且还会干扰群体的作业绩效,尤其是当群体是高度结构化的组织,有指定的领导和具体的程序规则时,这种影响会愈加明显(Worchel & Shackelford, 1991)。有一些研究者指出,高密度环境干扰复杂任务的机制与其他一些环境因素(例如,噪声等)的影响如出一辙,他们认为,周围陌生人过于亲密的存在会令环境变得无法预期和难于控制,这样的环境要求个体必须加强监控以防范潜在的威胁或意外,这便需要更多注意资源的参与,从而减少了投放到复杂任务处理中去的认知资源。从这方面看,密度与其他不可控事件的效应应是一致的。

专栏8-3　　对拥挤反应性别差异的研究和分析

拥挤体验存在较显著的性别差异。弗里德曼(Freedman, 1971)指出,与完全是男性或完全是女性的组相比,在性别混合组里,密度的效应相对较小。实验室研究也一致显示,在拥挤的房间里,男性会评价自己更具攻击性和竞争性,同时会更多地表现出去个性化,体验到较高的压力以及对自己和他人的评价也更为消极。而对女性而言,则往往会出现相反的效应(Epstein & Karlin,

1975; Freedman, 1971; Freedman, Levy, Buchanan, & Price, 1972; Nicosia, Hyman, Karlin, Epstein, & Aiello, 1979; Ross, Layton, Erickson, & Schopler, 1973; Schettino & Borden, 1976; Stokols, Rall, Pinner, & Schopler, 1973）。例如，罗斯等人（Ross, Layton, Erickson, & Schopler, 1973）研究发现，当拥挤出现在一群男性中时，他们通常会尽力回避交往，而当一群女性在一起时，她们则会彼此更加亲和，而且眼神交流也更多。类似地，弗里德曼等人（Freedman, Levy, Buchanan, & Price, 1972）研究也发现，在模拟陪审团的情境中，处于拥挤状态下的女人会对被告给予较宽大的判决，而男性当处于拥挤状态时则会作出较为严厉的判处。

在高密度环境下出现的这些性别差异现象的发生机制目前尚不明确。有证据显示，男性在一些高密度情境下更易受感觉超载的影响（Leventhal & Levitt, 1979）。爱泼斯坦和卡林（Epstein & Karlin, 1975）则指出，对于拥挤反应的性别差异可追溯到男性与女性群体中存在的不同加工过程。他们发现，在无组织的高密度情境下，女性群体会更具凝聚力和合作性，而且交流也较为频繁；男性群体则会表现出较少的互动，显得分立并具有竞争性。同样，卡林等人（Karlin, McFarland, Aiello, & Epstein, 1976）发现，当情境鼓励和支持交际发生时，女性对拥挤的反应积极；反之，会出现消极反应。而为数不多的显示男性对拥挤的反应更为积极的实验室研究则进一步验证，情境特征和任务性质是影响拥挤反应的重要变量（Marshall & Heslin, 1975）。在该研究中，情境具有较强的结构性，而且成功完成任务有赖于一个以成绩为导向的团队的建立。综上所述，目前已有的实验室研究显示，在无组织的情境下，对男性而言，拥挤似乎是最令人不快的，因为此时与房间中的其他人接触是完全没有必要的。

> 而对拥挤反应性别差异的一些现场研究似乎与上述实验室研究结果有冲突。当研究场景是学生宿舍，三个大学生被安置到两人间时，一些研究表明女性会更多地抱怨拥挤(Aiello, Baum, & Gormley, 1981; Mandel, Baron, & Fisher, 1980)。而艾洛、汤普森和鲍姆(Aiello, Thompson, & Baum, 1981)指出，这可能是由于男生更可能会通过离开宿舍去应对拥挤，而女生尽管感到拥挤也会花较多的时间待在宿舍里的缘故。
>
> 总之，男性和女性对拥挤感表现出来的一些差异表明，密度与拥挤之间的关系是较为复杂的，对高密度情境的反应需综合考虑许多变量的影响。
>
> （来源：McAndrew, 1993）

（二）长期拥挤效应的研究

关于长期拥挤效应，主要有来自两个方面的研究证据。其一为档案资料研究，此类研究对于提出假设以及作为发展理论的基础而言非常有益，然而由于档案资料的搜集和成形往往并不是直接基于明确的研究目的而是其他一些用途，而且对于一些额外变量的系统控制也较难操作，因此对此类研究结果的解读应谨慎。对长期拥挤效应的解释，另一重要的研究证据则来自现场研究，其中最为典型的研究场所主要包括监狱和大学宿舍。

首先是关于监狱里的拥挤现象及其效应的研究。在许多方面，监狱都是一个非常好的研究拥挤现象的现场。监狱里提供了相当多样化的居住分配方式和各类不同的居住密度，并且在绝大多数情况下，对于他们的生存环境，被试是无法自由选择的也是不可能逃避的。目前已有的研究资料显示，囚犯的高血压状况与他们居住环境的密度系统相关(D'Atri, 1975; D'Atri & Ostfeld, 1975; Paulus, McCain, & Cox, 1978)，而且在高密度环境下，囚犯患病的投诉也会有所增长(McCain,

Cox, & Paulus, 1976；Wener & Keys, 1988)。鲁巴克、霍珀和卡尔(Ruback, Hopper, & Carr, 1986)研究则进一步发现, 因犯的控制感和其体验到的压力水平之间密切相关, 而具有较强控制感的囚犯主要包括住在单人牢房里的和在监狱中待久了的两类, 他们的压力水平相对较低。

其次, 大学宿舍也是非常有用的拥挤研究场所, 它提供了一些不同的居住密度、空间布局和选择的自由度。其中大量研究主要集中于走道式宿舍(corridor dormitories)和套间式宿舍(suite dormitories)的差异性及其原因的分析。其中, 走道式宿舍聚居较多人, 很多房间沿着走道布置;而套间式宿舍通常容纳较少的人, 各房间布局相对比较独立。瓦林斯和鲍姆(Valins & Baum, 1973)研究发现, 与走道式宿舍里的学生相比, 套间式宿舍里的学生体验到较少的拥挤感, 他们由此提出假设, 认为这可能是由于走道式宿舍设计增加了一些不必要的交际机会, 而套间式宿舍更能培养组内凝聚力的缘故。这一假设在此后的研究中获得了一些支持。例如, 鲍姆、哈平和瓦林斯(Baum, Harpin, & Valins, 1975)发现, 对大一新生而言, 居住在套间式宿舍里的学生能更好地处理和解决小组问题, 其组内凝聚力也更强。

不管房间的布局方式如何, 高密度的宿舍环境均会导致一些负面效应, 容易引发社交退缩(Baron, Mandel, Adams, & Griffin, 1976；Baum & Valins, 1977)。许多此类研究聚焦于当三个学生被安置到两人间时会有怎样的情况发生。研究表明, 这种做法基本上都是令学生不满的, 当涉及的对象是男生, 而且发生在长走道式宿舍里时其负面效应最为明显(Mullen & Felleman, 1990)。当然对此现象的解释, 有研究者已指出, 这种情况下学生体验到的较强的拥挤感并不全然是密度的效应, 它至少部分源自三人小组中不均衡的关系组合。通常在三人小组中, 有两人他们之间的关系会非常要好, 而这往往会令第三方觉得自己是个局外人(Baum, Shapiro, Murray, & Wideman, 1979)。这一假设得到了一些研究的支持, 例如莱波雷、埃文斯和施奈德(Lepore, Evans, & Schneider, 1991)研究表明那些认为在宿舍中有良好社会支持的学生能更好地应对拥挤,然而,他们也发现如果拥挤持续较长时间的话(超过8个月),那么伴随拥挤而一直存在的压力会逐渐侵蚀掉社会支持力量的缓冲效应。

除了上述两类主要研究现场之外,还有来自其他场景的研究结果。例如,迪安、皮尤和冈德森(Dean, Pugh, & Gunderson, 1976)对驻扎在舰艇上的现役军人进行了调查,结果发现,在密度、满意度和继续留任的意愿之间存在显著关联。而弗莱明、鲍姆和韦斯(Fleming, Baum, & Weiss, 1987)则发现,在拥挤的住宅区里存在较高的疾病发生率和较高的压力水平。

第二节 拥挤的理论

对拥挤产生机制的解释,目前已有的拥挤理论差别较大,其中一些聚焦于外部的情境性因素,而另有一些则关注个体的反应;有一些着重分析物质环境的特征,而另有一些则强调社会性因素。评价理论优劣的重要标准在于视理论能否有效解释和预测产生拥挤的原因及效应。基于这一检验标准分析现有的拥挤理论不难发现,关于拥挤机制的解释仍处于发展阶段,绝大多数理论都有相应的支持证据,然而无一能全面完整地揭示和预测拥挤产生的条件与效应。基于此,接下来将列举并阐述一些目前仍颇具影响力的拥挤模型,它们分别是生态学模型(ecological model)、超载模型(overload model)、密度—强度模型(density-intensity model)、激活模型(arousal model)和控制模型(control model)。

一、生态学模型

尽管并不是专门用于解释拥挤的理论,巴克(Barker, 1960, 1963, 1965, 1968; Barker & Wright, 1955; Wicker, 1973)的生态学模型还是提供了一种解释高密度环境下人们行为的独特视角。巴克的生态学理论主要基于他在中西部心理学现场研究站的工作,他在那里对现场环境与人的行为之间的关系进行了专门研究,并指出行为情境是基本的环境单元,会对其内的大多数人的行为产生影响。他将行为情境描述为一些场所(例如教堂)或场合(例如拍卖),这些场所或场合会引起人们典型的行为方式。根据巴克的理论,行为情境若要正常运作,那么就需要有合理数量的人参与,即为了发挥其最大功效,任一行为情境都需要进行最佳的人员配置。如果行为情境中的成员数量低于最小维持量(maintenance minimum),则其中的部分乃至全部成员必须承担更多角色责任才能维持行为情境的存在,这种情况被称为人员配备不足(understaffing),结果容易导致情境的不稳定性;而当太多的人充斥在内,远远超出了行为情境的容量(capacity)时,就会出现人员配备过剩(overstaffing),这将导致对有限资源的竞争并会使人产生拥挤感。当出现人员过剩问题时,就需要出台相应的措施来应对。从生态学理论的角度来看,解决方法主要有三类:一是控制进入行为情境中的人数;二是增加行为情境的容量;三是限制和管理处于行为情境中的人员。关于这三个方面的具体措施,详见表8-1。

表8-1 调整行为情境内人员数量的措施

通过以下措施调整申请者进入情境: ● 预约进入时间 ● 增加或减少新成员 ● 提高或降低入选标准 ● 让申请者在特定区域等待 ● 禁止非正常途径的参与
通过以下措施调整情境的容量: ● 改变物理情境的管理或容量 ● 改变情境的开放时间 ● 增加或减少从事申请事务的工作人员数量 ● 根据申请者的不同要求安排工作人员的业务 通过以下措施调整申请者和已有成员在情境中的时间: ● 根据不同的比率确定申请者数量 ● 改变开放时间的限制 ● 按时间长短收取费用 ● 对不同类型的申请者采取优先权制度 ● 改变现有的行为方式以促使申请者的人员流动

(来源:保罗·贝尔,等,2009)

而与巴克的生态学模型一脉相承的另一较新的理论是诺尔斯(Knowles,1983)的社会物理学(social physics)。这一理论关注人们在整个行为场景中的分布情况,例如它关注围绕在某一个体周围的人们仅仅是待在那里还是他们会很主动地去观察他甚至是与他产生互动,在同样的人际距离下,不同的情形会对这一个体产生不同的心理效应。再如,在场景中也可能会存在一些视觉或听觉的障碍,而这些可能也会影响到个体对拥挤感的知觉。在这些方面,社会物理学与巴克的生态学模型非常相似,因为它们都强调行为场景的性质决定着个体拥挤感的产生。目前已有一些研究证实,这一视角在预测个体何时会对场景作出拥挤评价时是有用的(Knowles,1983;Freimark, Wener, Phillips, & Korber,1984)。

二、超载模型

许多研究者(Cohen,1978;Milgram,1970;Saegert,1978)的理论都可归为超载模型。尽管看法有些不同,但此类理论一致认为高密度环境呈现给个体的感觉信息远远超出他们的偏好水平,通常也超出他们对信息的吸收力。高密度场景对个体的认知加工要求较高,个体必须尽力关注相关信息,因此大量消耗注意资源,并导致应激和激活水平增加。米尔格拉姆(Milgram 1970)指出,信息超载的个体往往会忽略与不太重要的他人的社交。信息超载理论在解释大城市居民表现出的一些疏远、看似冷漠的行为方面具有一定优势,埃文斯等人(Evans, Palsane, Lepore, & Martin,1989)也赞成,认为生活在拥挤状态下的人们易采用一种社会退缩型的人际交往风格以应对刺激超载的状况,结果会因此丧失广泛的社会支持网络而无法更好地应对拥挤导致的压力。在印度进行的一项现场研究中,他们的结果证实了高居住密度与较高的应激水平、较少的社会支持相关,而且那些报告有大量社会支持的个体最少可能报告有高水平的心理痛苦。

三、密度—强度模型

由弗里德曼(Freedman,1975)提出的密度—强度模型是较为独特的一个拥挤理论,该模型指出高密度环境对人的影响并不总是负面的。具体来讲,密度本身对人的影响无所谓好坏,但是密度能加剧个体在环境中的典型反应,并由此对人产生影响。因此,当人们发现自己身处一个愉快的场景时,例如参加聚会或一些赛事活动时,与周围人之间的拥挤状况事实上可能会令情境更愉快。而在令人不悦的场景下,例如排队等待,赶时间去购物等,如果拥挤发生则会令人更心生厌烦。弗里德曼将密度的效应类比为音响上的音量钮。当你喜欢的音乐响起时,开大音量能使你更好地享受音乐;然而当别人开大音量播放你不喜欢的音乐时,你的不快会瞬间加剧。已有一些研究支持了弗里德曼的这一观点:无论是在愉快的场景下还是在令人不快的场景下,密度均会加剧人们的情绪反应(Freedman, Birsky, & Cavoukian, 1980; Freedman & Perlick, 1979; Schiffenbauer & Schiavo, 1976; Walden & Forsyth, 1981)。

四、激活模型

一些拥挤理论,例如埃文斯(Evans,1978)、保卢斯(Paulus,1980)等人的理论,认为拥挤产生的机制在于高密度环境具有极强的唤醒功能,此类理论被称为激活模型。激活模型认为,增高的唤醒水平会影响到任务绩效和社会性行为。例如,高激活水平对复杂任务影响较大,还会干扰人际吸引、助人行为和非言语交流等正常的社会性行为。在某些方面,激活模型与超载模型有一定的关联,因为激活水平增强通常是由高密度环境下感觉超载引发的副产品。

沃切尔和特德利(Worchel & Teddlie,1976)认为,拥挤与唤醒水平之间的关系是较为复杂的,由此他们提出了一个关于拥挤的双因素理论。他们认为,对个人空间的侵犯导致激活水平增强,若个体将这一提高的唤醒状态归因于场景中的其他人,那么他将会产生拥挤感。有些研究证实了上述观点,例如戈克曼和基廷(Gochman & Keating,1980)报告,人们经常会将其他因素唤起的不快情绪归因于拥挤。不过,也有证据显示如果人们将他们的高唤醒水平归因为除拥挤之外的其他原因(例如：所看的电影、噪声等)的话，那么他们确实不会产生太强的拥挤感(Worchel & Brown，1984；Worchel & Yohai，1979)。

五、控制模型

控制模型的核心概念为个人控制(personal control)，即个体追求自身选择的决定和行为的自由。从目前看，控制模型越来越具影响力。个人控制有时候也可以指认知控制感，意即个体感觉到自身有足够的理解力和信息并对情境中发生的事情有一定程度的控制感。总之，控制模型认为，高密度环境影响到个体的行为和情绪，使个体产生拥挤的知觉，是因为它削弱了个体的控制感。

控制模型与早期的一些拥挤理论之间有较深的渊源。例如，舍普勒和斯托克代尔(Schopler & Stockdale，1977)的干扰理论认为，过多人在场会干扰个体开展目标指向性的活动，并会引发挫败感。而行为约束理论(Proshansky, Ittelson, & Rivlin，1976；Stokols，1972，1976)则指出，过多人出现会对个体的行为产生一些真切的或所谓的限制。而另有一些研究者(Baron & Rodin，1978；Baum & Valins，1979；Schmidt & Keating，1979；Sherrod & Cohen，1978)则进一步详细阐述了这些观点，并提出可预测性和控制感对人的重要性。他人过近地出现在个体周围不仅干扰了个体目标的达成，而且当这些人是陌生人时，就会令环境变得难以预期，不可控性增加，限制性增强。因此，并不是密度本身而是个体知觉到的不可控性是导致拥挤场景中各类负面效应出现的原因。在某些方面，控制模型与塞利格曼(Seligman，1975)提出的习得性无助理论相似，因为生活在高密度环境下，人们往往也容易产生一种预期，认为自身的行动根本无法影响或改变发生在他们身上的事情。

关于上述观点，目前已有一些研究证实，由高密度环境引发的一些不必要的交际确实会对个体的个人控制感产生损害。蒙塔诺和阿扎莫普洛斯(Montano & Adamopoulos，1984)研究发现，人们经常会将行为受约束和目标受阻视作拥挤体验的主要组成部分，而且其他许多研究也已证实增强个体的个人控制感能极大缓解拥挤体验(Burger, Oakman,

& Ballard，1983；Karlin, Katz, Epstein, & Woolfolk，1979；Langer & Saegert，1977；Paulus & Matthews，1980；Rodin, Solomon, & Metcalf，1978；Sherrod，1974）。例如，兰格和塞格特（Langer & Saegert，1977）的研究表明，认知控制对缓解拥挤感具有重要意义。在实验中，被试分别在拥挤阶段和不拥挤阶段在纽约一家超市中按照购物单去搜罗货品，他们的任务是找到列表中货品最经济实惠的牌子，结果发现，仅仅给被试提供拥挤效应等预报信息也能很好地帮助他们改善高密度环境下任务完成的绩效和情绪反应。

第三节　影响密度发挥效应的因素

在介绍应对拥挤的方法之前，首先来回顾一下影响密度发挥效应的因素，以了解哪些个体差异、情境条件影响人们拥挤感的产生，从而更有针对性地去提供应对策略和强化建筑设计对拥挤的缓冲作用。

一、影响密度发挥效应的个体因素

明确影响密度发挥效应的个体因素具有重要的实践意义，因为它是决定高密度是否会让人产生拥挤感的重要变量，通过分析个体差异性，我们将能正确分辨出哪些人对受限空间引起的束缚更为敏感，而哪些人对此较不敏感。

如专栏8-3所述，性别是预测人们对高密度环境作出何种反应的重要因素。在很多情况下，尤其是在无处可逃的实验室环境下，男性比女性更易产生拥挤感，而女性似乎能更好地应对压力。然而在另一些情况下，例如长期的高密度环境中，有研究报告女性的拥挤感或其他消极反应会更加明显，研究者推断这可能是因为应对拥挤的策略不同造成的（Aiello, Baum, & Gormley，1981；Booth & Edwards，1976；Ruback & Pandey，1996）。

除了性别之外，个人空间偏好也是影响拥挤感的重要因素。艾洛等人(Aiello, DeRisi, Epstein, & Karlin, 1977)研究发现,与偏好较小个人空间的个体相比,偏好较大个人空间的个体更容易对高密度产生厌烦,出现不良反应。此外,社会支持水平也是重要因素,莱波雷、埃文斯和施奈德(Lepore, Evans, & Schneider, 1991)研究表明具有良好社会支持的个体能较好地应对高密度环境,但如果长期处于高密度下,那么社会支持的缓冲作用便会丧失。

另外,还有其他一些因素也会影响到密度与拥挤之间的关系。洛和斯梅塔娜(Loo, 1973; Loo & Smetana, 1978)报告年龄是一项重要影响因素,而且环境与小组活动的结构化程度也很重要。此外,还有研究者发现,资源短缺会促成拥挤感,其效应可独立于密度而存在。

许多心理学家认为人格也是影响拥挤感的重要因素。休和布雷布纳(Khew & Brebner, 1985)报告外向者能够更快地觉察到拥挤现象;还有其他一些研究已表明归属需要较强的个体能更好地容忍拥挤(Miller & Nardini, 1977; Miller, Rossbach, & Munson, 1981)。此外,个体的刺激过滤特征也与其承受拥挤的能力相关联(Baum, Calesnick, Davis, & Gatchel, 1982)。

此外,个体的文化背景与其曾经体验到的拥挤经历也会影响个体反应,然而它们之间的关系目前尚无定论。吉利斯、理查德和黑根(Gillis, Richard, & Hagan, 1986)研究发现,从群组水平上看,英国人是最难容忍高密度环境的,其次是南欧人(主要是意大利人),而混居的亚洲人群体则是对高密度环境容忍度最高的。从个体水平上看,就拥挤经验是否能帮助人们更好地适应高密度环境,研究结论并不统一(Booth, 1976; Gove & Hughes, 1980; Rohe, 1982; Sundstrom, 1978; Walden, Nelson, & Smith, 1981),韦布和沃切尔(Webb & Worchel, 1993)研究认为,除了过去的高密度生活经历之外,人们对当前生活状态的期望以及这种期望是否得到满足,都有可能决定一个人对高密度的反应。

二、影响密度发挥效应的情境因素

首先,个体在情境中所具控制力的大小会影响他对高密度的反应。

研究发现,当一个人对其所处的情境条件的控制力增强时,他的拥挤感和消极反应也会相应减少(Langer & Saegert, 1977; Baum & Fisher, 1977)。将个人控制原理引入到高密度研究中具有重要的应用潜力,通过提高个体的个人控制力以缓解拥挤感,减少高密度带来的消极影响。施密特和基廷(Schmidt & Keating, 1979)列举了三种途径,即认知控制(准确的信息来源)、行为控制(指向某一目标去努力的工作能力)和决策控制(有多种选择的可能性),他们认为具有上述一种或多种控制途径的话,拥挤给人带来的应激也会减轻。而这一观点得到了许多研究的验证(Langer & Saegert, 1977; Baum, Fisher, & Soloman, 1981; Fisher & Baum, 1980; Paulus & Matthews, 1980; Wener & Kaminoff, 1983)。其中韦纳和卡明诺夫(Wener & Kaminoff, 1983)在联邦惩教中心拥挤的大厅里引入了信息发布措施,这使得来访者体验到的拥挤感、不适等消极情绪都有所减少,并极大地提高了活动效率。

其次,环境类型也会影响个体的拥挤感体验。人们身处于主要环境(primary environment)(例如,自己家中)还是次要环境(secondary environment)(例如,一家餐馆),以及此环境中存在的其他应激源(例如,噪声等)对人们的影响程度都会对个体的拥挤感产生影响。斯托科尔斯和桑德斯特伦(Stokols, 1976, 1978; Sundstrom, 1978)研究发现,当人们身处主要环境中,而其他环境应激源又在发生作用时,人们更容易感到拥挤,并很有可能会把这种不快的情绪归咎于他人。科恩、斯莱登和本内特(Cohen, Sladen, & Bennett, 1975)研究发现,人们在工作中要比在娱乐时更易产生拥挤感。

此外,环境中的社会条件也是重要的影响因素。研究发现,人们同周围人的关系影响着拥挤感的程度。同自己喜欢的人在一起要比与不喜欢的人在一起时,拥挤感要弱(Fisher, 1974; Schaeffer & Patterson, 1980);与自己志同道合的人在一起要比与自己意见相左的人在一起时拥挤感要弱(Gramann & Burdge, 1984; Womble & Studebaker, 1981);与熟人在一起要比同陌生人在一起更不容易产生拥挤感(Cohen, Sladen, & Bennett, 1975; Rotton, 1987)。而且,家庭的高密度要比其他社会群体中的高密度给人们带来的消极影响要小(Giel & Ormel, 1977);有朋友在场或在群体中处于较高地位也往往有助于缓解狭小空间带来的拥挤感(Arkkelin, 1978)。

最后,建筑特征也会影响到个体的拥挤感。在宿舍中,与成对单人床相比,双层床留出的可用房屋面积更多,因此有助于减轻拥挤感(Rohner, 1974)。同样在宿舍中,那些受阳光照射较多的房间通常被认为更明亮宽敞,而可用占地面积较多的房间与位于较高楼层上的房间通常也被认为较宽敞(Schiffenbauer, Brown, Perry, Shulack, & Zanzola, 1977)。此外,较高的吊顶也与较少拥挤感相关联(Savinar, 1975)。采用投射测量法①进行的一系列研究则发现:有门窗的房间能够容纳较多人,同样面积的矩形房间要比方形房间容纳更多(Desor, 1972);浅色调的房间能够容纳较多人(Baum & Davis, 1976);被试在有曲壁而非竖墙的房间里对拥挤的容忍度较低(Rotton, 1987)。此外,摆放家具时,把家具摆放在房间的中间位置要比靠墙摆设更易使人产生拥挤感(Sinha, Nayyar, & Mukherjee, 1995);而在房间内适当增添活动墙可有助于减轻拥挤感(Baum, Reiss, & O'Hara, 1974; Desor, 1972; Evans, 1979)。

本 章 小 结

密度和拥挤是两个不同的概念。密度是对单位面积里的人数进行的客观度量,而拥挤则是指一种主观的心理状态,是指个体认为特定空间里有太多人出现并易由此引发消极情绪。尽管密度是影响拥挤感产生的重要因素,但拥挤感的产生还会受制于其他各类情境因素(例如,建筑特征、任务要求等)和个体因素(例如,个体的年龄和性别等),通过分析影响密度发生效应的这些调节变量,可以对应对拥挤提出一些有益的

---

① 所谓投射测量法,就是让被试将代表人物形象的物体置于房间模型中,调整他们的数量与他们之间的间距以适应房间的容量。

建议和措施，例如识别易感人群以便更有针对性地提供应对策略、提高个体的个人控制力以及强化建筑设计对拥挤的缓冲作用等。

长期处于高密度下会对许多动物物种的健康和行为产生严重的消极影响，然而对动物的研究结果在推演至对人类行为的预期上时应谨慎。对高密度下人类行为的研究主要可分为短期拥挤效应和长期拥挤效应研究。其中，前者通常采用实验法，且持续时间较短。有关研究发现，高密度会对人们的情绪产生消极影响，且会干扰复杂任务的操作。而后者则针对长期持续生活在高密度环境中的人（例如在监狱和大学宿舍等现场），此类研究大都是相关研究，虽不全面与完善，但也有迹象表明，在这些高密度情境下，消极影响居多。

关于阐释拥挤机制的理论，目前主要有生态学模型、超载模型、密度—强度模型、激活模型和控制模型。生态学模型着眼于分析行为情境以期实现最优化的人员配备。超载模型将拥挤视作对过量刺激和环境信息的一种反应。密度—强度模型则认为密度本身无所谓好坏，重要的是密度会加剧个体在环境中的典型反应，并由此对人产生影响。激活模型将拥挤描述为高密度环境下唤醒水平提高的一种副作用。而控制模型则强调个人控制感的缺失是影响拥挤体验中的首要因素。上述五种理论均有一些实证研究的支持，然而关于拥挤实质的明确还有待发展和完善。

关键术语

拥挤	密度	社会密度
空间密度	行为沉沦	生态学模型
人员配备不足	人员配备过剩	超载模型
密度—强度模型	激活模型	控制模型
个人控制		

思考与实践

1. 如何理解拥挤与密度的关系？

2. 简述卡尔霍恩关于高密度下动物行为沉沦现象的研究。

3. 谈一谈高密度对人类的影响及相关研究。

4. 评述解释拥挤发生机制的五类理论。

5. 结合目前已有的研究,谈一谈影响密度发挥效应的因素及其对应对拥挤的启示。

6. 现场观察人们在高密度或低密度下的不同反应,观察的场所可以选在地铁、公交车或火车上,在这类环境中,出现的人数会在不同的时间段中发生变化,尤其注意当车上的人越来越多,越来越拥挤时,人们的情绪和行为会发生怎样的变化?

第九章　噪　声

在美国大峡谷(the Grand Canyon)的徒步旅行者中,最常见的抱怨是噪声,其主要来源是在大峡谷上空飞行的飞机(尤其是各式空中观光飞机)。据统计,每月从大峡谷上空飞过的游客有10 000人之多(Staples, 1996)。在大峡谷的部分地区,79%的时间能听到飞机的噪声,高峰时期,差不多20分钟内就会出现43次不同的飞机轰鸣声,平均每分钟超过2次(Horonjeff, Kimura, Miller, Robert, Rossano, & Sanchez, 1993)。由于飞机噪声音量大,断断续续且不可控制,因此让人很难适应,特别令人烦恼且让人感到紧张。飞机噪声不仅明显影响了地面上的游客,而且也惊扰了生活在此的野生动物。然而如何有效改善这一问题却让景区管理者大伤脑筋,因为旅游部门的收入在很大程度上有赖于飞机观光,而且有不少游客(包括一些行动不便者)也乐意采用这种方式。因此,关于如何调节各方利益冲突的争论仍在进行。大峡谷国家公园的管理者提议运营商选择更加安静的飞机,限制最低飞行高度和限定飞行时间等措施以缓解景区的飞机噪声问题。

噪声是重要的环境应激源之一,噪声引发的生理、心理效应及其对人作业绩效、社会行为等方面的影响,已成为环境心理学研究的重要内容。在本章中,作者将主要讨论噪声的性质、来源、影响以及对噪声进行控制的途径和措施。

第一节 噪声概述

一、噪声与噪声源

噪声(noise)可以从物理学和心理学上作不同的描述。噪声在物理学上是指频率和振幅杂乱的声振荡,在心理学上则是指干扰人的工作、学习、休息,并使人感到烦躁的声音(朱祖祥,2001,p.659)。引人烦躁的声音不只限于物理噪声,例如对于一个正用心复习考试的人而言,不仅身旁七嘴八舌的谈话声会使他烦躁,就是隔壁传来的正令聆听者陶醉的音乐也会被他视作噪声。可见,心理噪声比物理噪声的意义更为广泛。对非物理噪声的声音是否感受为噪声,取决于许多非听觉因素,例如声音的可预见性和可控性、个体对噪声的敏感性等。

引起噪声的振动源被称为噪声源(noise source)。噪声源有些存在于自然界,而有些则与人类活动尤其是生产活动相伴。在人为噪声中,根据噪声源的不同,噪声可以分为交通噪声(指交通运输工具运输时产生的噪声)、工业噪声(指工厂中各种机械设备产生的噪声)、社会生活噪声(指社会生活中各种集会、人声喧闹产生的噪声)、航空航天噪声(指飞机、飞船等各种航空航天器飞行时产生的噪声)等,其中工业噪声和交通噪声是城市环境最重要的人为噪声。此外,噪声按照声波作用时间的持续特点可以区分为连续噪声(continuous noise)和脉冲噪声(impulse noise)。连续噪声是指噪声源持续发出声波形成的噪声,例如交通噪声、机床马达噪声等,而脉冲噪声是指持续时间长于1毫秒而短于1秒的噪声,例如枪声、爆炸声等。

二、噪声评价

(一) 噪声的物理度量

噪声的物理度量主要包括反映噪声强度的声压和声强测量以及反映噪声频率特点的频谱分析。

声压是指声波通过传播介质时产生的压强,声强是指单位时间内通过垂直于声波传播方向单位面积上的声能强度。为使用方便,在声学上通常采用对数标尺进行测量,即用物理量的相对比值的对数——"级"来度量,用"级"度量声压和声强分别被称为声压级和声强级。其中,声压级是给定声压与参考声压之比的以 10 为底的对数乘以 20,以分贝计。其定义式为:

$$L_P = 20 \times lg(P/P_0)$$

式中,L_P 为声压级,单位为分贝(dB);P 为声音的声压,单位为帕(牛顿/米^2);P_0 是参考声压,为 2×10^{-5} 帕。

声强级是在某一指定方向上给定声强与参考声强之比的以 10 为底的对数乘以 10,以分贝计。其定义式为:

$$L_I = 10 \times lg(I/I_0)$$

式中,L_I 为声强级,单位为分贝(dB);I 为声音的声强,单位为瓦/米^2;I_0 是参考声强,为 10^{-12} 瓦/米^2。

人耳的可听声波频率范围约为 20—20 000 Hz,在该频率范围内的声音作用于人耳能引起人的听觉感受。频谱分析是分析声音在可听频率范围内声音强度随频率而变化的情况。通常以频率(或频带)为横坐标,以声压级(或声强级)为纵坐标画出的声谱图被称为频谱图。通过频谱分析可以了解噪声的频率构成以及在不同频率分布上声音的强度特征。这对研究噪声的特点和控制噪声有非常重要的意义。

(二) 噪声的主观评价

噪声的主观评价主要是考虑人的听觉系统对不同声音的感受特征对噪声进行的评价。它能更准确地反映人对噪声的反应。噪声的主观评价指标主要有响度、声级以及适用于特定场合的一些评价指标。

响度是人对声音强弱的反应,其大小取决于声音的强度和频率。物理强度相等但频率不同的声音听起来响度是不同的,也就是说,不同频率的声音要达到同样响度时的物理强度是有差别的。例如,100 Hz 的纯音若要达到与 1 000 Hz 60 分贝的纯音响度相等,强度需达到 67 分贝。用于表示声音响度相等时声音频率与强度的关系图,即等响曲线图(如图 9-1 所示)。绘制等响曲线图时,通常以 1 000 Hz 纯音为基准音,上述例子中,100 Hz 67 分贝的纯音与 1 000 Hz 60 分贝的纯音响度相等,其响度级为 60 方(Phon)。由图中,我们不难发现,人对不同频率声音的感受性存在差异,一般对 4 000 Hz 左右的声音感受性最强。

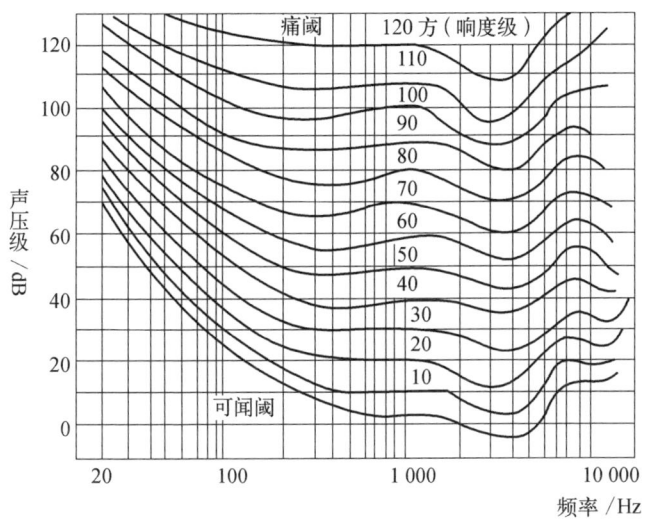

图 9-1　纯音等响曲线

(来源:朱祖祥,1994)

为了使声音强度的测量与人的听觉特性相适应,在设计声音测量仪器时应根据人耳对声波的响应特性,采取一定的滤波技术,对不同频率的声音作不同程度的衰减,即所谓计权网络(weighting network)。使用计权网络得到的声压级,即为声级。它与作为客观物理量的声压级不同,声级可定义为在可听域内特定频率计权合成的声压级。常用的计权网络有 A、B、C、D 四种,用 A 计权网络测得的声级为 A 声级,记作 dB(A)。由于 A 声级能较好地反映人对噪声的主观感觉,因而在噪声测量中,A 声级被用作噪声评价的主要指标。图 9-2 列举了一些不同声音的 A 声级测量值。

除了响度和声级以外,还有一些适用于特定场合的噪声主观评价指

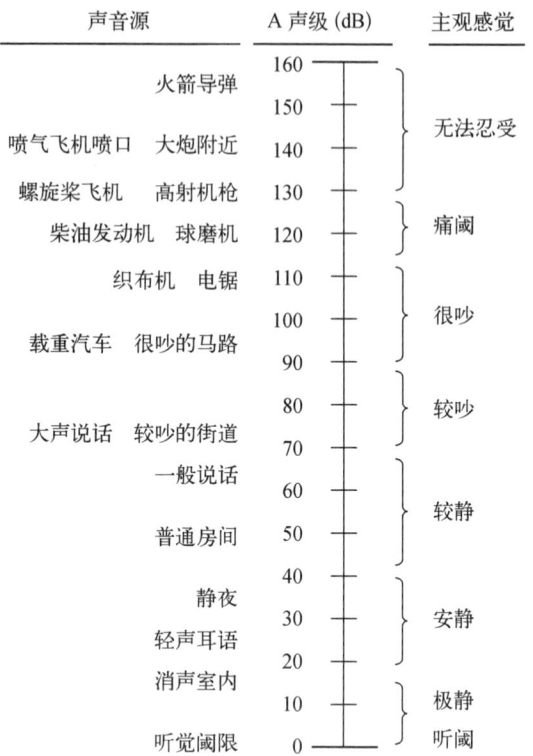

图 9-2　不同声音的 A 声级测定值

(来源：朱祖祥,1994)

标,例如用于评价城市环境噪声的昼夜等效声级(L_{dn})、噪声污染级(L_{NP})和交通噪声指数(TNI);评价航空噪声的感觉噪声级(L_{PN})、噪度(N_a)、计权有效连续感觉噪声级(WECPNL)和噪声次数指数(NNI)等;评价噪声对言语会话影响的有言语干扰级(SIL)等。

(三) 噪声的测量

噪声测量是对噪声各种度量值的测定,研究噪声的影响和危害,制定各种噪声标准和控制噪声等都离不开噪声的测量。

在噪声测量仪器中,最常见的是声级计和频谱分析器。声级计测量噪声的声级,而频谱分析器分析噪声的频率特性。

在噪声的测量过程中应注意严格按照噪声监控方法、规范的要求进行,选择合适的测量仪器和测量时间、地点,并注意消除对测量的干扰。

第二节 噪声的影响

一、噪声的生理效应

噪声的生理效应主要体现在噪声对听力的危害以及噪声对健康的其他影响。

(一) 噪声与听力损失

噪声过强或一定强度的噪声持续时间过久,都会引起听力损失。若噪声强度超过 150 dB(A)就有可能造成暴露性耳聋,而强度较大的持续噪声则可使人产生暂时性听力阈移(temporary threshold shift,TTS)或永久性听力阈移(permanent threshold shift,PTS)。暂时性听力阈移的常用指标是 TTS_2,即与噪声暴露前水平相比,噪声暴露结束后 2 分钟测出的听力阈限变化。暂时性阈移的程度受噪声强度、频率、噪声暴露时间以及个体的年龄、噪声敏感性等因素的影响。而永久性听力阈移则是在噪声作用下引起的听力的不可恢复的损伤。在持续噪声的长期影响下,人的内耳听觉器官会发生器质性病变,即慢性噪声性耳聋。永久性听力阈移与噪声强度、频率和作用时间有关。方丹群等人(1981)对长期暴露于 80—105 dB(A)工业噪声的工人听力损伤进行测定,将暴露于强噪声条件下的工人下班 16 小时后的听力与无强噪声环境中的对照组工人的听力进行对比,并以噪声组工人在 500、1 000、2 000 Hz 三个频率上的平均听力水平低于对照组 25 dB(A)作为职业性噪声耳聋呈阳性的标准,其结果如图 9-3 所示,耳聋阳性率随噪声强度增大而上升,当噪声强度高于 90 dB(A)后,上升速率加剧。此外,表 9-1 中列举的国际标准化组织(ISO)相关统计数据,亦显示听力损伤有随暴露环境噪声强度增强和年限增长而加剧的趋势。由表中不难发现,在 85 dB(A)噪声环境下工作的工人,工作 30 年后的听力损伤检出率为 8%,而在 90 dB(A)和 95 dB(A)噪声环境下工作 30 年后的工人其听力损伤检出率可高达 18%和 31%。

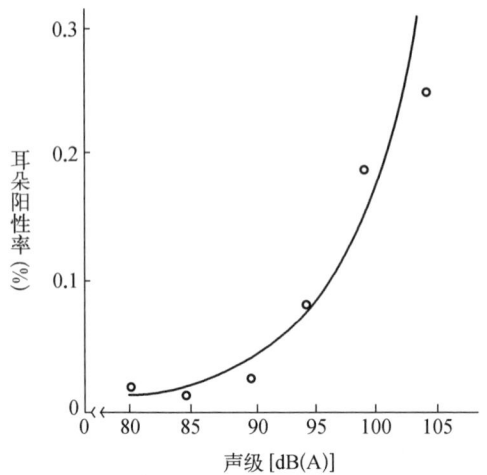

图 9-3　职业性噪声暴露强度与耳聋阳性率的关系
（来源：朱祖祥，2001）

表 9-1　职业性工业噪声暴露强度、年限与听力损伤率（%）

噪声强度 [dB(A)]	不同暴露年限听力损害率							
	5	10	15	20	25	30	35	40	45
80	0	0	0	0	0	0	0	0
85	1	3	5	6	7	8	9	10	7
90	4	10	14	16	16	18	20	21	15
95	7	17	24	28	29	31	32	29	23
100	12	29	7	42	43	44	44	41	33
105	18	42	53	58	60	62	61	54	41
110	26	55	71	78	78	77	72	65	45
115	36	71	83	87	84	81	75	64	47

（来源：朱祖祥，2001）

目前有关研究还表明，由工业噪声引发的永久性听力阈移大多由暂时性听力阈移发展而来，其间有一个慢性发展的过程，而永久性听力阈移通常首先发生在人耳对声音最为敏感的频段（4 000 Hz 左右）上，并在 3 000—6 000 Hz 范围内呈现"V"形或"U"形听力下降的态势。若继续发展，4 000 Hz 处的听力损失日益严重，并逐渐扩展到整个频谱。

（二）噪声对健康的其他影响

噪声，作为一种环境应激源，能增强人体的唤醒水平和压力感，并会进一步唤起应激反应。因此，与压力相关的疾病，例如高血压、神经衰弱、溃疡等的患病几率会因暴露于噪声中而有所上升。尽管目前噪声与具体疾病的关系仍尚未明确,但已有很多研究结果都显示,噪声在很多方面会有损健康,当人们暴露于噪声环境时,多项心血管功能指标和应激程度指标会增高(Fay, 1991; Kryter, 1994; Passchier-Vermeer, 1993;方丹群,陈潜,封根泉,吴坚,1980)。

高强度的噪声除了会导致代表应激反应的生理活动的增强之外,它与心理问题的形成也有一定的关系(Kryter, 1994)。虽然这方面的研究证据和结论并不统一,但多个在工业现场进行的调查都显示,高强度噪声能够引发烦躁、焦虑和情绪情感的变化(Bing-shuang, Yue-lin, Ren-yi, & Zhu-bao, 1997)。关于噪声与烦恼的关系,我们将在接下来的部分进行详细描述。总之,就如同解释噪声与除之听力之外的生理健康指标之间的关系一样,在解释噪声与心理健康的关系时,我们应谨慎,注意考虑和控制来自家庭或工作场所的其他所有应激源。

二、噪声的心理效应

噪声的心理效应主要体现在噪声引发的烦恼程度上。噪声引起的烦恼程度不仅与噪声本身的特征有关,而且与听者的特征及听者对噪声的态度等因素有关。前者直接通过听觉发挥作用,可称之为听觉因素;而后者则可概括为非听觉因素。影响噪声烦恼程度的听觉因素和非听觉因素如表9-2内容所示。

表9-2 影响噪声烦恼程度的部分因素

听觉因素	非听觉因素
声强	对噪声的过去经验
频率	听者的活动
持续时间	噪声出现的可预见程度
频谱组成	噪声的必然性
声强波动	听者的个性
频率波动	对噪声源的态度
噪声的间歇时间	一年中的时间
	一天中的时间
	地点类型

(来源:朱祖祥,1994)

在影响噪声烦恼程度的听觉因素中,噪声强度和频率是重要的两个方面。从基于烦扰度的主观评价而编制的等噪度曲线(见图9-4)中,我们不难发现,噪声引发的烦恼程度与噪声的强度和频率密切相关。如图9-4所示,规定中心频率为1 000 Hz、声压级为40 dB的复合音的1/3倍频程的噪度为1纳(noy),若噪度感觉为上述噪声引起的噪度的2倍,即为2纳,依此类推。

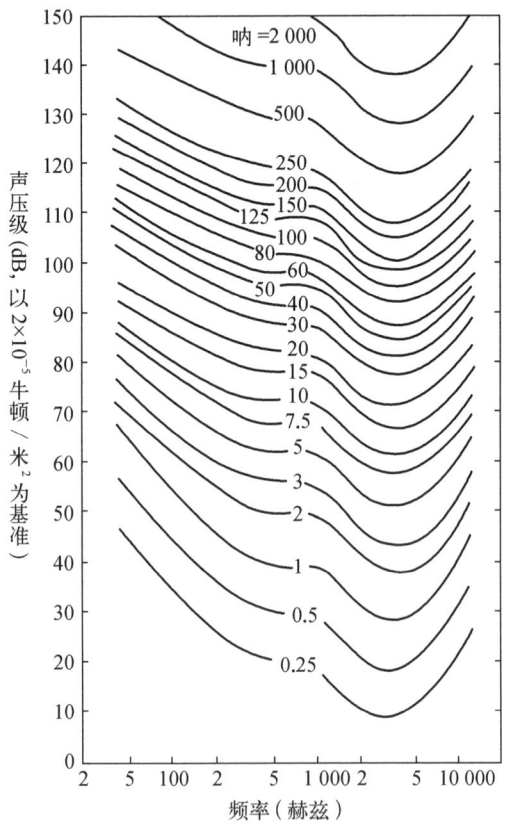

图9-4　等噪度曲线

(来源:朱祖祥,1994)

在影响噪声烦恼程度的非听觉因素中,噪声的可预见性和噪声的可控性是影响噪声效应的重要因素。格拉斯和辛格(Glass & Singer,1972)研究发现,不可预见的不规则的噪声比可预见的稳定的噪声更惹人烦恼,噪声越是无法预料,唤醒作用就越强,而且越有可能引发应激,并难以适应。而可控性较低的噪声比可控性高的噪声更烦人,对噪声缺乏控制,会使人产生心理对抗,让人试图通过争取控制力而重获行动自由。若这些努力都失败,将会导致习得性无助。那时,人只有接受噪声而不再尝试去控制它,即使后来有可能对噪声进行控制。专栏 9-1 呈现了一个关于噪声可控性与习得性无助实验的例子。

专栏 9-1　　　　噪声可控性与习得性无助

唐纳德·广户(Donald Hiroto)的实验过程是首先将一组被试带入一个房间,把音响的声音开得非常大,让他们想办法把声音关掉。他们试着按控制面板上的各种按钮,但噪声依然如故。没有任何方法可以把声音关掉。而另一组被试则只要按对了控制按钮的排列组合,就可以把噪声关掉。最后一组是控制组,被试没有受任何噪声的干扰。然后,唐纳德·广户把被试带到另一个房间,房间里有一个实验箱,当被试把手放到实验箱的一边时,就会有噪声出来,但把手移到另一边时,噪声就会停止。……结果,一开始接受不可逃避的噪声的那组人,他们大多数就坐在那儿忍受,而不会试着把手移到实验箱的另外一边去,但其他人——那些在第一部分实验里可以关掉噪声以及在控制组的人,都很容易就学会了关掉噪声的方法。

(来源:塞利格曼,2010)

除了噪声强度、频谱特征,噪声的可预见性、可控性等影响因素以外,个体对噪声的态度(人们觉得噪声对其想要的或觉得有价值的东西来说完全没有必要或有没有用处,个体认为其听到的噪声会对他们的健康有危害,个体认为他听到的噪声是可怕的,个体对除了噪声以外的其他环境因素也感到不满意,个体认为制造噪声的人毫不在意听到噪声的人的利益)以及个体的年龄、性格、对噪声的敏感性等因素也影响着噪声烦恼度(Job, 1988; Lercher, 1996; Staples, 1996; Stansfield, 1992; Weinstein, 1978; Green & Fidell, 1991; Miedema & Vos, 1999)。其中,关于对噪声敏感性这一个体差异的测量,目前已有一些较为有效的方法,例如噪声敏感性量表(Zimmer & Ellermeier, 1998, 1999)等。

三、噪声与作业绩效

许多研究已表明,需要较多注意和记忆参与的作业,其绩效显著受噪声影响(Laird, 1933; Cartor & Beh, 1987;李绍珠,蔡枫,戴晓红,郭又五, 1985)。例如,卡托和贝(Cartor & Beh, 1987)研究表明,间歇噪声会使警戒作业的反应加快,但感受性下降,错误增加。而李绍珠等人(1985)研究则发现,噪声长期暴露会对人的瞬时记忆和注意力有危害。

目前已有研究显示,噪声对工作绩效的影响,除了与噪声的强度、频谱特征、持续时间等听觉因素有关之外,还要受个体对噪声的认知、态度及其人格特征、情绪状态等非听觉因素的影响。例如,珀西瓦尔和洛布(Percival & Loeb, 1980)研究已表明,个体对自己能否控制噪声的认识对操作绩效的影响要比噪声频谱特征的影响更大。此外,噪声对作业绩效的影响并非仅表现为即时效应,也体现在后效上,噪声的后效往往也取决于个体对噪声的控制感。格拉斯、辛格和弗里德曼(Glass, Singer, & Friedman, 1969)研究发现,在解答智力题之前接受音量大、不可预见且不可控的噪声的被试,其挫折承受能力较差,而且跟不受噪声影响的控制组以及接受可预测或可控的噪声影响的实验组相比,这些被试在完成校对任务时错误率也更高。

关于噪声对工作绩效的影响机制,目前尚无统一的理论解释。波尔顿(Poulton, 1978)认为,噪声影响工作绩效的原因是其掩蔽了个体内部言语或思维过程的正常进行,使人更难"听到自己的思考"。目前研究发现噪声有掩蔽内部语言并导致人们作业绩效下降的迹象,但这并不是噪声影响人们作业的唯一方式(Jones, Smith, & Broadbent, 1979; Smith & Jones, 1992)。布罗德本特(Broadbent, 1978)则认为,噪声会使人在决策时更多地使用那些容易提取的信息,进而影响作业,即噪声使人无法充分利用信息,而是主要选取或注意那些熟知的或容易生成答案的内容。而还有人则认为噪声主要损害的是记忆力或理解力,注意力受到的影响则较少(Gomes,Martinho-Pimenta,& Castelo,1999;Smith & Stansfield,1986)。

综合有关研究结果,噪声对作业绩效的影响可以明确这样几点:(1)持续稳态噪声强度大于 95 dB(A)时,可使操作水平下降;(2)间歇、非稳态、突发的噪声比强度相同的持续稳态噪声危害更大;(3)高频噪声(大于 2 000 Hz)对工作绩效的干扰比低频噪声更大;(4)95 dB(A)以下的中等水平噪声对人的操作,尤其是有记忆过程参与的作业也会产生一定的影响;(5)噪声往往不影响作业的速度而影响作业的质量,使差错增加;(6)噪声的负效应往往出现在高难度的作业中,这些作业要求有高水平的知觉或信息处理过程参与;(7)噪声对简单、日常的作业操作影响不大,有时反而会有一定的促进作用(朱祖祥,1994)。

除了上述事实之外,噪声对儿童的影响也引起了研究者的关注,由于许多儿童有很大一部分时间是待在离嘈杂的交通路线很近的家里或学校里。因此,研究者关注:来自高速公路、铁路、飞机场、轻轨等噪声是否会影响儿童的学习成绩和压力水平?目前大量研究结果已表明,当噪声严重到一定程度时,确实会阻碍儿童在教育方面的发展。专栏 9-2 列举了科恩等人的研究项目及其他相关研究的结果。

专栏 9-2　　　　噪声对儿童学业的影响

科恩及其同事(Cohen,Evans,Krantz,& Stokols,1980;Cohen,Evans,Krantz,Stokols,& Kelly,1981;Cohen,Evans,Stokols,& Krantz,1986)在洛杉矶噪声研究项目(Los Angeles Noise Project)中,对居住在洛杉矶国际机场周边的小学生学业成绩和能力进行了评估。这些儿童每天都暴露于巨大的飞机噪声

> 里。研究结果发现,与那些种族特征、社会经济地位相仿但不居住在飞机场附近的孩子相比,这些深受飞机噪声影响的儿童患高血压的风险增大,在数学成绩上得分较低,而且在问题解决中体现出来的潜力和坚持性也较差。除了科恩等人的工作以外,其他众多研究也已证实,在那些居住在或就读学校位于交通繁忙、噪声吵闹的轻轨或街道旁的孩子身上,也呈现类似效应(Bronzaft, 1981; Bronzaft & McCarthy, 1975; Cohen, Glass, & Singer, 1973; Crook & Langdon, 1974; Hambrick-Dixon, 1986; Evans & Maxwell, 1997; Evans, Hygge, & Bullinger, 1995)。在上述研究中都已明确发现,学校噪声与学业成绩之间存在显著的负相关,甚至位于教学楼较吵闹一侧教室的孩子也要比安静一侧教室里的孩子表现要差。但值得关注的一点是,研究还表明,将处于噪声环境的孩子移至安静教室里去会令孩子的学业表现逐步改善。
>
> (来源:McAndrew, 1993)

四、噪声与社会行为

目前噪声与社会行为之间关系的研究主要集中在三个方面:噪声与人际吸引的关系、噪声与攻击性行为的关系以及噪声与利他行为的关系。

(一) 噪声与人际吸引

在研究噪声与人际吸引的关系中,研究者通常将人际距离作为人际吸引的测量指标,人们离自己喜欢的人通常比离自己不喜欢的人更近。如果噪声会降低人际吸引,那么可以预测噪声会加大人际距离。马修斯、卡农和亚历山大(Mathews, Canon, & Alexander, 1974)的研究支持了这一假设,他们研究发现噪声会拉开人际距离,直至彼此感觉舒服。同样,艾普亚德和林特尔(Appleyard & Lintell, 1972)的研究也发现,交通噪声越大,邻里间的非正式交往越少。关于这些研究结果,有人采用环境负荷理论来解释:噪声影响了人们对他人的信息收集和分析,人们通常会通过减少信息加工来缓解负荷。

(二) 噪声与攻击性行为

关于噪声与攻击性行为的关系,目前已有研究表明:当噪声能够提高唤醒水平且人们已经产生攻击意图(感到生气)时,攻击性行为会增强;然而,当噪声不能显著提高唤醒水平(例如,当个体能够自如控制噪声时)或者个体并没有攻击意图时,噪声对攻击性行为的作用并不明显(Geen & O'Neal, 1969; Donnerstein & Wilson, 1976)。

吉恩和奥尼尔(Geen & O'Neal, 1969)进行了这样一个研究,首先给被试播放普通电影或有暴力倾向的电影,然后给被试电击别人以表现其攻击性行为的机会。预期暴力电影能使人产生攻击倾向。在传统的攻击性行为研究中,被试有机会电击别人(这个人是实验助手,在受到"电击"时假装很难受,但实际上并未真正地被电击),而他们选择的电击级别(强度、持续时间和次数等)可以视作其攻击性的指标。被试以为自己电击了别人,直到实验结束后才让他们知道事实上电流并没有被传送出去。在电击实验的过程中,一半被试处在实验室正常背景噪声水平下,而另一半被试则接受突发的 60 dB 白噪声。结果表明,看暴力电影和受到突发噪声刺激的影响都会增加被试的电击次数,而且看过暴力电影并接受噪声刺激的被试攻击性最强。

唐纳斯坦和威尔逊(Donnerstein & Wilson, 1976)的实验也证明了上述发现,他们也采用电击实验法,让被试处于 55 dB 和 95 dB 的不可预见的突然爆发的噪声环境下,并通过实验助手的无礼行为让半数被试感到愤怒。结果发现,那些愤怒的被试电击实验助手的强度要比不愤怒的被试大得多。而且,只有在被激怒条件下,被试处于 95 dB 时的攻击性比处于 55 dB 时强,噪声水平对非愤怒组的电击行为没有影响。为了进一步验证噪声是通过加剧个体的唤醒水平来增强其攻击性行为的假设,唐纳斯坦和威尔逊(Donnerstein & Wilson, 1976)的第二个实验预期对噪声的控制感能减少人们表现攻击性行为的可能性。他们让被试做一系列数学题,实验条件有三种:一是被试处于正常的实验室背景噪声下;二是被试接受不可预测的不可控的 95 dB 噪声刺激;三是被试接受不可预测的 95 dB 噪声刺激,但被告知他们可以随时结束噪声。在做完数学题后,一半被试被实验助手激怒,一半则没有。在实验进入电击阶段后,所有噪声停止。结果发现,被激怒者电击次数更多,而那些接受不可预见且不可控的噪声刺激的被试,被激怒时更具攻击性。当被试感到能控制噪声时,95 dB 的噪声并不影响其攻击性。

上述研究均表明,只有当人们感到愤怒时,噪声才会增强其攻击性。正如科恩和什帕察潘(Cohen & Spacapan,1984)指出,噪声仅仅是加强或者增加攻击性行为,并不引发攻击性行为,必须有其他的原因先引发攻击意图,噪声才能影响攻击性行为。

(三) 噪声与利他行为

噪声对利他行为也会产生一定的影响(Mathews & Canon,1975;Page,1977)。马修斯和卡农(Mathews & Canon,1975)采用实验法探讨了噪声对利他行为的影响,结果发现噪声确实会降低人们助人的意愿。在研究中,被试处于 45 dB 的背景噪声,或 65 dB,或 85 dB 的白噪声下。被试到达实验地点后,被告知要等几分钟才能轮到自己,要在外面等候。一起等待的还有一个坐着看报纸的人,即实验助手,这人腿上有一些书和文件。几分钟后,当主试叫到实验助手时,他站起来"不小心"将书和文件掉在真被试面前。在实验中,记录被试是否帮忙捡起书和文件以作为助人行为的指标。结果表明,在吵闹的环境下,人们的助人行为大大减少。在背景噪声下,72% 的被试表现出了助人行为;65 dB 噪声下为 67%;而 85 dB 噪声下仅为 37%。

佩奇(Page,1977)的研究也验证了上述结论,在实验中,被试遇到一个实验助手在经过建筑工地时掉了一个包裹,观察在不同噪声条件下被试帮助实验助手的情况。当启动手提钻时,工地上的噪声达到 92 dB,而当关闭电钻时,噪声为 72 dB。结果发现,与 72 dB 噪声条件相比,在 92 dB 噪声下,人们帮助实验助手的可能性较小。

上述研究表明,处于噪声环境中的人们的助人行为会受到一定的影响。对此,有多种解释。其一是注意力狭窄观点,因为噪声会减少人们对不太重要的刺激的注意力,因此难于觉察到别人的困境。其二为情绪的观点,由于噪声会使人易怒或感觉不舒服,而心情不好往往会降低助人行为发生的可能性(Ciadini & Kenrick, 1976; Weyant, 1978)。但这两种解释也受到了一些研究的挑战,例如佩奇(Page, 1977)设计了一个实验情境,让实验助手接近被试,直接请求帮助,结果噪声还是降低了被试回应他人请求的可能性。而伊农和比兹曼(Yinon & Bizman, 1980)的研究则揭示了情绪影响的局限性。在该研究中,被试处于或高或低噪声水平下完成任务,随后对其任务成绩给予或正面或负面的反馈,接着被试遇到一个要求提供帮助的人。研究者假设,处于高噪声下并被给予负面反馈的被试会因情绪沮丧而拒绝助人。结果却显示,在高噪声条件下,接受正面反馈和负面反馈的两组被试表现没有显著性差异。

总之,对于噪声会抑制人们助人行为的原因,仍有待探讨,但综合目前已有的研究,可以发现,噪声对助人行为的影响还取决于诸多因素,例如需要帮助的人的特征、噪声的可控性等。例如,谢罗德和唐斯(Sherrod & Downs, 1974)研究发现,对噪声的控制感能够减少噪声对助人行为的抑制作用。

第三节 噪声的预防与控制

噪声的预防与控制可以通过制定噪声标准和采取有效防治措施来实现。

通过测量噪声强度和对噪声进行频谱分析,可以了解噪声的物理因素;此外,从听力损失、烦恼度等方面来分析哪种噪声级是可接受的,并在此基础上制定各类噪声标准。而噪声标准是进行噪声控制的重要依据。国际标准化组织(ISO)和世界各国都制定了各类环境中的噪声标准,而我国自 1979 年以来,也已公布了《工业企业噪声卫生标准》(1979)、《工业企业噪声控制设计规范》(1985)、《工业企业厂界环境噪声排放标准》(2008)、《声环境质量标准》(2008)、《社会生活环境噪声排放标准》(2008)、《机动车辆允许噪声标准》(1979)、《城市区域环境噪声标准》(1993)等多个重要的噪声标准。

依据噪声标准,对现场噪声进行测定,确定降噪量,然后采取有效防治措施进行噪声控制。对噪声进行防控可以从声源、传播途径和接收者等三个方面着手。控制噪声源是最积极的噪声控制措施,可以通过改进设备和操作工艺,使用各种减震装置、消音器和消音材料等。从传播途径上控制噪声的主要措施有建立隔声屏障、利用自然地物阻挡噪声、区域合理布局(如图9-5所示,建筑布局与噪声影响的关系)和规划绿化等,对接收者进行防护主要是减少噪声对听力的影响,主要措施有佩戴耳塞、耳罩、防护头盔等保护装置,缩短暴露于噪声中的时间、采取轮班制等也是工作环境中常用的噪声防护措施。此外,利用声音的掩蔽效应,也可以减少噪声的干扰(见专栏9-3)。

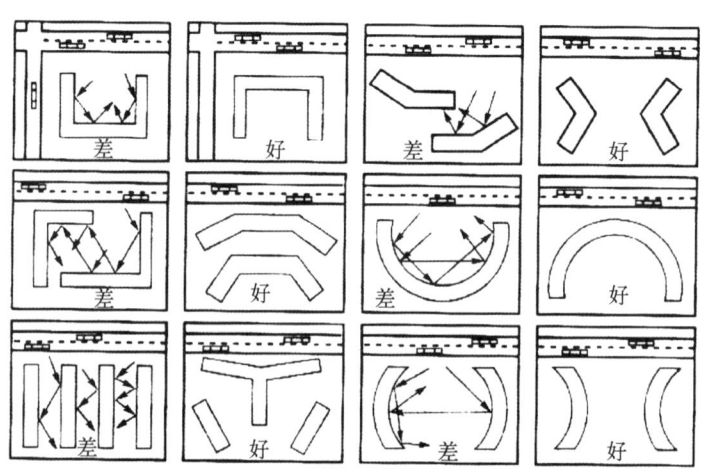

图9-5 建筑布局与噪声影响的关系
(来源:俞国良,王青兰,杨治良,2000)

专栏9-3　　　　声音掩蔽效应的用途

当频带较宽的白噪声把相对较窄的声音(例如某人的声音)"覆盖"时,掩蔽就发生了。当人们想方设法去听被掩蔽的声音时,掩蔽效应就会加剧。人们运用这一原理用一种声音去掩蔽不想要的噪声。事实上，要降低工作场所噪声的负面影响，一个有效的方法便是在此情况下再加上另外一种声音。起掩蔽作用的白噪声或其他为了"覆盖"更加烦扰的噪声而制造出来的稳定、规律的声音，能减少噪声带来的干扰(Ellermeier & Hellbrueck, 1998)。此外，这一原理也可以被应用于医疗中。布尔焦等人(Burgio, Scilley, Hardin, Hsu, & Yancey, 1996)发现，当疗养院里认知受损的患者情绪激动时，可以用录音机播放流水流经岩石或海浪拍打海岸的声音，使他们平静下来。阿兹海默氏症(Alzheimer)患者以及具有类似症状的患者很容易因为脚步声、说话声或吸尘器的声音而心烦意乱，而录音机播放的声音能掩蔽这些令人心烦意乱的噪声。结果表明，掩蔽干预措施能使患者的过激言语减少23%。

(来源：保罗·贝尔，等，2009)

当通过人为干涉降低噪声时，噪声引起的烦恼会不会相应地减少？目前有研究证据显示，减少噪声的措施在降低噪声引发的烦恼度方面效果不一。如何解释这一现象？斯特普尔斯(Staples, 1997)认为目前对影响噪声反应的社会因素和心理因素的认识尚浅。也许心理变量与噪声烦躁的关系比噪声本身与噪声烦恼的关系更紧密。克雷特(Kryter, 1994)也指出，对噪声源的态度会影响噪声的反应。例如，如果人们把噪声制造者降低噪声的努力解释为噪声制造者在乎他们的利益或者说这些努力能够确保他们的健康得到保障，那么这种情况下，降噪措施就能达到很好的效果，反之，若噪声虽然降低了，但人们仍然认为那些噪声制造者并不在意他们的利益或仍然认为自身的健康会受到威胁，那么他们可能仍然会报告较高的烦恼度。因此，减少噪声负面影响时应注意考虑噪声的非听觉因素的影响。

本 章 小 结

噪声是重要的环境应激源之一,可以从物理学和心理学上作不同的描述。心理噪声比物理噪声的意义更为广泛。噪声的评价主要包括物理度量和主观评价。其中,物理度量主要包括反映噪声强度的声压和声强测量以及反映噪声频率特点的频谱分析,主观评价指标则主要有响度、声级以及适用于特定场合的一些评价指标。

噪声的影响主要表现在其生理、心理效应以及它对作业绩效和社会行为的影响上。噪声的生理效应主要体现在对听力的危害上。噪声过强或一定强度的噪声持续时间过久,都会引起听力损失。若噪声强度超过 150 dB(A) 就有可能造成暴露性耳聋,而强度较大的持续噪声则可使人产生暂时性听力阈移或永久性听力阈移。除了对听力会产生直接影响之外,噪声与压力相关的生理疾病和心理问题之间也存在关系,但在解释噪声与各类健康指标的关系时应谨慎。噪声的心理效应主要体现在噪声引发的烦恼度上。烦恼度不仅与噪声本身的特征(例如强度、频率、频谱特征及持续时间等)有关,而且与噪声的可预见性、可控性、听者对噪声的态度、对噪声的敏感性以及个体的年龄、性格等非听觉因素有关。噪声对工作绩效的影响,同样受制于听觉因素和非听觉因素。关于噪声对工作绩效的影响机制,目前尚无统一的理论解释。但已有大量研究结果显示,噪声严重到一定程度时,确实会阻碍儿童在教育方面的发展。噪声与社会行为的关系主要体现在噪声对人际吸引、攻击性行为和利他行为的影响上。研究发现,噪声会拉大人际距离。当噪声能够提高唤醒水平且人们已经产生攻击意图时,攻击性行为会增强;然而,当噪声不能显著提高唤醒水平或者个体并没有攻击意图时,噪声对攻击性行为的作用并不明显。处于噪声环境中的人们的助人行为会受到一定的影响,噪声对助人行为的影响还取决于其他一些因素。

噪声的预防与控制可通过制定噪声标准和采取有效防治措施来实

现。对噪声进行防控可以从声源、传播途径和接收者等三个方面着手。当通过人为干涉降低噪声时，噪声引起的烦恼度并不一定会相应地有所减少。有研究者认为这是由于目前对影响噪声反应的社会因素和心理因素认识尚浅，减少噪声负面影响时应注意考虑非听觉因素的影响。

关键术语

噪声　　　　　　噪声源　　　　　　连续噪声
脉冲噪声　　　　计权网络　　　　　暂时性听力阈移
永久性听力阈移

思考与实践

1. 对居住在噪声区的居民或对那些宿舍靠近闹市的同学进行访谈。询问他们是否意识到噪声的存在，噪声对他们的生活有多大的干扰，什么时间噪声最令人烦躁等。分析人们的预期、对噪声源的态度是否会影响他们对噪声的反应。

2. 如何理解噪声及其生理、心理效应，以及它对个体作业绩效和社会行为的影响？

3. 噪声评价的主要方法有哪些？如何通过噪声防控有效降低人们对于噪声的烦恼程度？

第十章　环境问题与行为对策

假设你是一个牧羊人,和村里其他牧羊人共同拥有一个牧场,再假定这个牧场不能再扩大,它已是你们村里人可以放牧牲畜的所有土地。虽然你们共享同一牧场,但你们各自的经济收入却来源于你们各自的羊群。你一次又一次地面对这样的抉择:是否要给你的羊群再多添加一只羊。牧场正在变得日益高负荷,即过度放牧,但你觉得如果再多一只羊的话你的个人经济收入就会增加。而且毕竟多出一只羊对于牧场而言也是能够承受的,不会造成太大的更深一步的破坏,而且多养一只羊的成本也不高,所以你会觉得作出这个决定是很明智的。但是,再想一下,如果所有牧羊人都是如此念头,都增加一只羊,情况又会如何呢?最终结果恐怕就是牧场真的会毁灭,而每个个体都会遭殃。在反复思考一会儿后,你可能对于自己到底该怎样做反而变得不确定起来。这个故事取自哈丁(Hardin, 1968)的《公共地悲剧》(*The Tragedy of the Commons*)一文。在当代生活中,许多环境—行为问题跟上述这一情境具有极大的相似性。当我们面临一些选择时,是只顾满足自己即刻的需要而不管其对未来造成的恶果呢,还是限制自己当前的消耗而顾全全社会的长远利益呢?哈丁主张,如果我们想要公共资源继续长存,我们每个人就必须放弃自己的部分自由。

面对日益严峻的环境问题,仅仅采取技术革新的方法并不充分,而行为改变,主要涉及人们行为改变的环保策略必将发挥重要作用。在本章中,作者将主要讨论人类面对的环境问题以及相应的行为对策。首先将对意欲改善的环境问题的范围进行界定,其中重点讨论环境—行为问题中的公众困境(commons dilemma),然后针对这些问题的本质,详细介绍促进环保行为的先行干预策略和后继干预策略。

第一节 环境问题与行为技术概述

一、环境问题

随着环境问题日益复杂并凸显全球化的趋势,环境问题已不仅仅是对科学技术的挑战。换言之,在寻求解决环境问题的解决方案时,仅仅是技术的革新与改变是不足以成功应对的,根植于问题内部的社会、政治和心理学问题更值得引起关注(Stern & Oskamp, 1987)。马洛尼和沃德(Maloney & Ward, 1973)曾精辟地指出:"实质上,环境危机是适应性不良行为的危机。"

我们意欲改善的环境问题的范围涉及哪些?其中主要包括三大类:(1)环境美学问题(problems of environmental aesthetics),例如防治垃圾、保护自然资源、防止都市环境恶化等;(2)与健康相关的环境问题(health-related environmental problems),例如环境污染、辐射和严重的噪声等;(3)资源问题(resource problems),例如水、能源等资源的过度开发和消耗等。当然,上述三类环境问题的粗略划分并不是绝对的,它们之间可能会有交集,因此特定的干预措施可能会对不止一种问题产生影响。

在上述三类环境问题中,关于资源的过度利用和开发已成为重中之重,它将直接影响到环境和人类的可持续发展。接下去,我们将重点先来仔细地阐述一下有关资源利用中的公众困境问题,看有哪些措施能够有助于改善资源利用的远景。

所谓公众困境,最典型的例子之一便是如本章开篇之初牧羊人在公共放牧地上面临的选择一样(更多案例,详见专栏 10-1)。按照普拉特(Platt,1973)的说法,公众困境是指短期内的个人所得与长期的社会需要之间相冲突的状况,是社会陷阱(social traps)的一种(关于社会陷阱的其他类型,详见专栏 10-2)。总体上来看,普拉特认为,很难打破公众困境等社会陷阱,但他又表示,研究者发现相应的策略以使人们能够认清问题的本质并能正确行事又是非常必要的。

专栏 10-1　　　　公众困境的更多例子

自然资源的过度消耗是一个反复发生的历史现象。在 12 世纪,卡霍基亚(Cahokia)是一座位于密西西比河和密苏里河交汇处的城市,它拥有 15 000 人。这座城市有一座由 20 000 根圆木围成的城墙,这在那个时代是令人惊叹的工艺。但是为了满足燃料和建筑的需求,森林被过度开发,这掠夺了覆盖于地表的丰富自然资源,导致城市和耕地连续多年的洪水泛滥,这足以扼杀她的文明(Holden, 1996)。普林格尔等人(Pringle, Vellidis, Heliotis, Bandacu, & Cristofor, 1993)记载了共用多瑙河的悲剧性后果。多瑙河延绵 2 860 公里,流经 9 个国家,大约 12% 的欧洲人——8 600 万人——生活在多瑙河流域。它通过一个河道把北海和黑海连接起来。它是主要的运输渠道,也给人们提供饮用水和灌溉用水,还被用于水力发电。但是多瑙河同时也被用于处理工业和市政废物。任何一个国家的开发对河流造成的环境影响都不太明显,但是当所有国家对河流的滥用加在一起,在三角洲就可以觉察到悲剧的发生。加之另外的因素,鱼的收获量减少了大约一半,一些品种甚至减少了 90%。斯通(Stone,1999)描述了另一个资源利用的悲剧,那就是对中亚咸海的开发已经形成了可怕的灾难。20 世纪 20 年代初,苏联将原本注入咸海的河流改道以促进棉花生产。当然,农业在几十年里取得了引人瞩目的成绩。然而,随着时间流逝,咸海失去了它80%的水容量,而且农药和化肥不断流入,这导致以前大部分都是淡水的咸海现在比海水还要咸。所有24种原产鱼类全部不复存在,100万以打渔为生的人和相关工业都已经转移。咸海及周围的土壤被硫酸盐、磷酸盐、碳氢化合物毒化——每公顷含盐约700吨之多。对于咸海流域内的3 500万人来说,这个共有的、给予生命的资源现在成了死亡的源头。另一个公众困境的有趣例子来自使用环保能源的尝试。位于加利福尼亚北部的间歇喷泉,特殊的地质构造决定它能产生天然的蒸汽。克尔(Kerr,1991)和沃格尔(Vogel,1997)描述了那里开发地热资源的情况——一家公司于20世纪60年代开始用这个相对清洁的能源发电,逐渐地,它可供给加州6%的电力。但到1988年,开发这一能源的组织已经增加到11家。开发这一有限资源的公司太多了,这导致出产的总电量很快削减了一半,使3.5亿美元的投资受到威胁。问题再度出现:环境能够耐受对某一资源的个体开发,但一个群体的联合开发常常导致过度使用和悲剧性灾难。甚至对太空的开发也包含了公众困境。发射单个宇宙飞船确实是科学的进步,但很多太空交通工具留在轨道上的漂浮物总量是巨大的,这增加了将来的太空交通工具与这些"太空垃圾"高速碰撞而被毁坏的危险(Marshall,1985)。

(来源:保罗·贝尔,等,2009)

专栏 10-2　　　　　　　关于社会陷阱

普拉特描述了三种社会陷阱,第一类是公众陷阱或被称为个人有利—集体有害陷阱(individual good-collective bad trap),指的是群体竞争有价值的资源,某一个参与者的破坏行为在整个过程中影响不大,但是如果群体中所有人都从事同样的行为,对公共资源的影响则是灾难性的。第二类是个人陷阱(one-person trap)或自我陷阱(self-trap),指的是对某个人来说的灾难性后果。这一类陷阱的典型例子就是对毒品或食物的沉溺。从长远看,目前的短暂愉快会带来灾难性后果。第三类是失英雄陷阱(missing hero trap)。公众陷阱和自我陷阱与我们从事的不合宜行为有关,与之不同的是,失英雄陷阱是指我们没有采取某种行动。例如,我们拒绝帮助需要帮助的人,或没有提醒其他人他们接触的物质具有毒性。

普拉特指出,根据与它们相关的奖励和惩罚,我们可以分析这三类陷阱。在某一情境中,存在我们寻求的积极面,也存在我们想避免的消极面。问题在于,积极面和消极面在时间上是分离的,或者消极面在一组特征中被淡化了。因此,那些可以带来短期积极结果的行为更可能发生。例如,在过量捕鲸这一公共资源问题上,比起所有其他人可以捕更多的鲸这样的长期效应,捕杀一条鲸鱼的即时回报更显著。在对食物过度消耗的自我陷阱中,相对于长期的身体和外表的损害,得到额外甜食的短暂快乐是势不可挡的。在失英雄陷阱中,我们应该从事的行为中有令人不愉快的成分,因此我们不作出这种行为。

(来源:保罗·贝尔,等,2009)

二、应对公众困境的方法技术

行为技术是指能够对具有重要社会意义的人类行为产生影响作用的科学、艺术及各类技艺(Cone & Hayes,1980,p.5)。而用于解决环境问题的行为技术旨在增强环保行为的发生频率,减少环境破坏性行为的发生。通常,优化环境与行为之间关系的策略大致可以区分为两类,即先行策略(antecedent strategies)和后继策略(consequent strategies)。二者的差别在于干预的时间是在目标行为发生之前还是之后。其中，先行策略主要包括环境教育和提示等，而后继策略则主要包括奖赏、惩罚等强化措施和反馈（Russell & Snodgrass, 1987; Stern & Oskamp, 1987）。目前的研究证据已显示，后继策略通常比先行策略更为有效，环境教育的效果相较其他方法而言是最差的（Cone & Hayes, 1980）。关于这两类策略的效用和局限将在第二节中展开详细讨论。

迄今为止，研究者通过模拟研究在实验室中复制出了公众困境（例如"螺帽游戏"模拟研究，详见专栏10-3）并检验了一些因素对保护公共资源的价值（Cass & Edney, 1978; Fusco, Bell, Jorgensen, & Smith, 1991; Gifford & Well, 1991; Edney, 1979; Edney & Harper, 1978），基于此他们提出一些方法试图来打破资源利用的公众困境，这些方法可以大致归纳为三类。

> **专栏 10-3　　"螺帽游戏"模拟研究**
>
> 埃德尼（Edney，1979）的"螺帽游戏"（nuts game）模拟情境包含人们在公众困境中面临的两个核心元素，其一为有限的资源，即那些在某种程度上可以再生但可能由于过度消耗而面临危机的资源；其二，面临两种选择的人，即选择为社会利益（为将来而储备资源）限制当前的个人消费还是为了自己的即刻利益而大耗资源。研究过程如下：几位被试进入实验室，围坐在一个碗周围，碗里最初放有10个六角形螺帽，被试被告知他们的目标是获得尽可能多的螺帽（这模拟了在现实生活中个体试图将其收益增加到最大限度的典型事实）。被试可以在测验开始后的任何时间内拿走他们想拿的数目。但这个实验同时规定，螺帽在碗内每保持10秒钟就可以补充相同数目的螺帽，这种补充循环模拟自然资源的再生率。上面事件将持续至超过游戏的限定时间或是游戏者将碗内螺帽拿空。

> 被试在"螺帽游戏"中会表现出怎样的行为？研究者希望他们在短短的每10秒钟内取出尽可能少的螺帽,这样就会使游戏继续进行下去,使长期利益最大化。但埃德尼发现65%的组在第一次补充前就耗尽了所有的储备！他们在游戏的最初几秒内就分完了所有的螺帽。这就类似于在现实世界中,人们过度开发公共资源,带来了令人遗憾的结果。
>
> （来源：Edney，1979）

第一,对公共资源进行结构性改变是保护资源的有效方法(Samuelson, Messick, Rutte, & Wilke, 1984)。结构性改变主要是指将共有资源私有化,例如划分领地归个人所有而非群体共享整个区域(Edney & Bell, 1983; Martichuski & Bell, 1991)。这一对策主要是通过消除公共资源的共享属性,从而避免公众困境的发生。然而对于某些资源(例如,空气等)而言这一做法是不切实际的。虽然私有化在可行的情况下是一种有效的管理工具,然而当私有化不实用时,还可以采取第二类方法,诸如奖励、惩罚、反馈等强化措施。

第二,强化措施,即通过调整行为的积极后果和消极后果可以在一定程度上改善公众困境。如果人们是为了即时的奖赏和便利而作出破坏环境的行为,例如频繁使用私人汽车而非公共交通工具,那么可以通过提高环境破坏行为的短期成本(例如设置高额公路费等)以削弱这些行为对人们的吸引力。而另一个方面,降低环保行为实施的个人成本也将有利于刺激此类行为的发生,例如可以通过改变电能的单位使用成本来鼓励人们节约用电,对于那些用电量大的人提高单位电能使用成本,对于用量少者则降低单位成本。从调整奖励和惩罚的角度去解决公众困境,这种思路简明且具有一定的效果,已有研究表明,对保护行为增加奖赏或对过度获取进行惩罚是有效的(Bell, Petersen, & Hautaluoma, 1989; Birjulin, Smith, & Bell, 1993; Harvey, Bell, & Birjulin, 1993;

Kline, Harrison, Bell, Edney, & Hill, 1984; Komorita, 1987; Yamagishi, 1986; Martichuski & Bell, 1991); 规定所有的参与者具有同等数量的收益也会引发以保护为目的的消费(Edney & Bell, 1983); 加入反馈机制，即把参与者有关决定的效果告诉他们也是有效的(Kline, Harrison, Bell, Edney, & Hill, 1984; Seligman & Darley, 1977)。但是强化类的管理措施忽略了许多人的因素。譬如，对于从强化角度提出的一些措施和调整，人们的反应方式往往大相径庭，即存在较大的个体差异；此外，强化方法实施的基本前提是认为奖励和惩罚等可以操控人的理智和行为，因此也就回避了诸如利他主义、良知、伦理和人道主义等问题，而利他动机、忧患意识等往往会对人的环保行为和环保意识产生非常重要的影响(Hopper & Nielsen, 1991; Stern, Dietz, & Kalof, 1993)。

第三，改变参与者之间的社会关系。这类方法主要包括群体同一性、道义上的劝告等。虽然该类方法的有效性低于对公共资源的结构性改变，但是它对改善公共资源管理具有一定的价值。允许或鼓励参与者和其他人就有关收益的策略进行交流能促进保护行为的发生(Bouas & Komorita, 1996; Dawes, McTavish, & Shaklee, 1977; Kerr & Kaufman-Gilliland, 1994; Loomis, Samuelson, & Sell, 1995)，而得到反馈和交流的群体也能较成功地维系公共资源(Jorgenson & Papciak, 1981)。由于群体的领导者和决策制定的规则等与公众困境的改善结果紧密相连，因此有研究发现，成员参与选择领导者和参与关于如何使用有限资源的决策，对于成功保护资源而言是有积极意义的，此外对于其他群体成员的认同，增加成员间的合作和信任以及增强群体内部的凝聚力等也将有助于引导亲生态的收益选择(Gifford & Hine, 1997; Loomis, Samuelson, & Sell, 1995; Edney, 1979; Moore, Shaffer, Pollak, & Taylor-Lemke, 1987; Mosler, 1993; Parks, 1994; Brewer & Kramer, 1986; Kramer & Brewer, 1984; Smith, Bell, & Fusco, 1988)。如哈丁(Hardin, 1968)提出的"彼此监督、相互认同"以控制过度消耗的观点所预测的那样，有研究已表明，当人们在公共困境中的个人行为受到其他人监视时,他/她更不会去过度开发公共资源(Jerdee & Rosen,1974)。

第二节 促进环保行为的策略

对于包括资源问题、环境美学问题以及与健康相关的环境问题,心理学家应如何运用他们的专业知识来促进环保问题的解决,促进环保行为并降低破坏行为的发生呢?接下去,将描述各类促进环保行为的策略并分析其有效性。

关于促进环保行为的策略,大致可以分为先行策略和后继策略两类,其区别在于干预的时间是发生在目标行为之前还是之后。其中,先行策略主要包括环境教育和提示等,而后继策略则主要包括奖赏、惩罚等强化措施。

一、先行策略:行为之前的干预

先行策略主要发生在它所要改变的行为之前。通常情况下,首要的干预目标是态度,即通过环境教育的方式来帮助人们建立积极参与环保行为的态度;而另外一些方法则是假设人们的态度本身已是积极的,我们要做的就是要给予恰当的提示,让他们明白应该怎样做才可以使他们的行为符合自身的态度。这两类方法均是希望通过将环保观念更多地渗入到人们头脑中以指导其环保行为。如果人们接收到的关于废品回收的信息越多,对当地废品回收组织的了解越多,人们就越容易作出环保行为(Vining & Ebreo,1990),而对于可以节约能源的一些计划,例如拼车等有一定了解的人也更乐意去实践这样的环保行为(Kearney & De Young,1995)。

(一)环境教育与态度改变

环境教育(environmental education)主要是让人们明确环境问题的范围、实质以及作出怎样的行为可以缓解环境问题。有一些研究已显示,设计得当的环境教育,甚至是简单的说服也可以有助于人们环保态度的建立(Luyben,1980a,1980b;De Young,Duncan,Frank,Gill,Rothman,Shenot,Shotkin,& Zweizig,1993;Margai,1997)。例如,德扬等人(De Young,Duncan,Frank,Gill,Rothman,Shenot,Shotkin,& Zweizig,1993)在密歇根进行的一项研究发现,倡导减少资源浪费的小宣传册对人们的环保行为产生了影响。具体讲,他们将被试分为三组,告知第一组要求他们这样做是出于经济方面的考虑;告知第二组这样做是出于环保方面的考虑;而第三组则被告知这样做既是出于经济方面的考虑同时又有保护环境的原因。一段时间后,研究者发现,三组被试都表现出较以往更多的环保行为,其中第三组被试的增幅最为显著。

尽管有一些成功的案例显示环境教育对促进人们的环保行为方面有显著的积极意义,然而也有大量研究显示,简单的教育对于节约能源和改善环境美学问题等并没有很显著的影响(Dwyer,Leeming,Cobern,Porter,& Jackson,1993;Heberlein,1975;Kempton,Harris,Keith,& Weil,1985;Palmer,Lloyd,& Lloyd,1978;Winnett,Kagel,Battalio,& Winkler,1978)。因此,在评估环境教育引发态度改变进而促进亲环境行为方面的效果时,应注意审视这样一个问题:个人的态度对其将来的环保行为是否真有良好的预测作用?如果态度的改变并不必然地引发行为的改变,那么应如何看待态度—行为(不)一致问题?为什么态度有时不能预测行为?应该做怎样的努力才能增加态度与行为之间的一致性呢?

已有研究表明,有很多因素可以解释态度—行为的低相关性,而这将有助于我们采取一些措施来改善环境教育的质量,并提高这种相关(Ebreo,Hershey,& Vining,1999;Tarrant & Cordell,1997)。首先,态度与行为的概括性会影响态度对行为的预测力。通常,与概括性的态度(例如:"我是一个很环保的人")相比,特定具体的态度(例如:"我对回收易拉罐是很尽责的")更能有效预测相关的行为(例如:"我把用过的每一个易拉罐都放入回收箱里")。其次,态度的显著性和易操作性。当某一具体的态度不够突出或其指向的行为难以做到时,也不利于行为的发生。而有效的提示和设计等可以帮助解决这一问题。第三，主观标准和控制感。已有大量研究显示，在提高行为可预测性的公式中不只包括态度这一变量，主观标准（例如个体是否认为在此情此景中只有这样做才合适）和控制感（例如个体受到真实的或者感受到的障碍的影响程度）等都会对行为的发生产生影响（Ajzen & Madden, 1986; Harland, Staats, & Wilke, 1999）。有研究表明，即使对那些对环保持有相当肯定态度的人，那些要求人们牺牲舒适和健康来参加环保行为的宣传通常也会是无效的（Kempton, Darley, & Stern, 1992; Stern & Gardner, 1981）。这便进一步验证了增加从事行为的代价会降低态度与特定行为间的一致性（Guagnano, Stern, & Dietz, 1995）。第四，直接经验。究竟在什么样的情况下环保教育项目才会具有最大的成功潜力呢？一般而言，比起那些生硬灌输式的说教，那些在直接行动中形成的态度对随后行为的预测要更加准确。史蒂文斯等人（Stevens, Kushler, Jeppesen, & Leedom, 1979）在对在校高中生实施的一项能源教育计划中，教给学生进行能源审计的方法，并告诉他们如何在家里有效管理和利用能源，这一项目对学生及其家长的行为均产生了积极影响。其教育效果之所以令人满意主要还是因为它传授的是具体可行的环保行为而非空泛抽象的理论。此外另有一些研究也显示，审计员到房主家里，为其提供具体的能源使用建议并与房主一起讨论这些建议，或是让房主积极地参与到审计活动中去都会收到很好的教育效果（Geller, Winnett, & Everett, 1982; Stern & Aronson, 1984）。第五，个体的承诺。态度与行为一致性的另一重要影响因素是人们对事情承诺的程度。已有许多研究表明，个体在某件事情（例如，能源保护、废品回收等）上作出的承诺越多，那么他将来的环保行为就会表现得越持久、越稳定（Pallack, Cook, & Sullivan, 1980; Burn & Oskamp, 1986; Katzev & Pardini, 1988; Pardini & Katzev, 1984）。例如，在能源保护问题上，帕利亚克、库克和沙利文（Pallack, Cook, & Sullivan, 1980）研究了个体对能源保护的承诺程度对其能源消耗的影响。结果发现，高承诺组（该组被试被告知他们的名字将被列入能源保护研究参与者的名单上，实验结束后，名单将连同研究结果一起公布于众)使用的能源确实比低承诺组(使该组被试确信实验是匿名的)和控制组(未做任何实验处理)要少,而且效果在实验结束后仍持续了半年之久。而在废品回收问题上,帕尔迪尼和卡策夫(Pardini & Katzev,1984)的研究比较了那些在废旧报纸回收中作出高承诺(书面承诺)、作出轻微口头承诺以及只收到了废品回收宣传册等三组人的报纸回收量,结果发现,前两组的回收量均高于第三组;但几周后,只有书面承诺小组的报纸回收量在持续上升。此外,其他一些研究亦显示,作出公开承诺或是签署了个人协议而非集体协议的人其环保行为会比较稳定与持久(Wang & Katzev, 1990; Cobern, Porter, Leeming, & Dwyer, 1995; Deleon & Fuqua, 1995)。

(二) 提示

提示(prompts)主要通过传达提醒信息来促进人们的环保行为。例如,用于提醒人们进行节约用电用水的各类标记等。提示的类型很多,有对从事特定行为进行鼓励的趋近提示(approach prompts),也有阻止某一行为的回避提示(avoidance prompts)。已有研究表明,提示在某些情境下确实有效,特别是当提示具体明确,在恰当的时间和地点呈现,而且提示要求的行为很容易被付诸实施时,例如在使用提示作为反对乱扔垃圾的先行策略时,在以下三种情况下提示更为有效:刚好在处理垃圾的时候能够看到提示;在妥善处理垃圾较为方便的地方贴出提示;提示使用礼貌的而非强制性的语言(Geller, Winnett, & Everett, 1982; Stern & Oskamp, 1987)。

在反对乱扔垃圾的提示中,除标语之外,另一重要的提示是废品容器的存在。芬尼(Finnie, 1973)报告:在与视线里没有垃圾箱的环境相比,垃圾箱的合理安置能使人们乱扔垃圾的行为在城市街巷中下降15%,在高速公路上能下降30%。而垃圾桶等废品容器作为提示时,其作用还取决于它们的吸引力和醒目程度。已有其他一些研究表明,设计精巧的垃圾桶能大大减少环境中的垃圾量(O'Neill, Blanck, & Joyner, 1980; Miller, Albert, Bostick, & Geller, 1976)。

其他用作提示的先行策略还包括环境中已有垃圾的数量和榜样的

行为。一般而言,"垃圾会带来垃圾"——环境中原本垃圾就多,那么它就越容易变得更脏,有很多研究已显示,在被垃圾污染的环境中,垃圾的增长远远超出了干净的环境(Finnie, 1973; Geller, Witmer, & Tuso, 1977; Krauss, Freedman, & Whitcup, 1978)。而在一些情况下,也发现了"垃圾带来垃圾"的特例(见专栏10-4)。这些研究可以为解决环境美学问题提供一些启示。

专栏10-4　　有点乱的地方比一点垃圾都没有的地方在提示上更有效?

我们发现,相对于那些干净的地方而言,更多的破坏环境的行为发生在那些已经有乱扔垃圾的地方。虽然这经常是正确的,但恰尔迪尼、雷诺和卡尔格伦(Cialdini, Reno, & Kallgren, 1990)进行的实验有很有趣的不同发现。虽然他们发现(就像先前的研究者发现的那样)人们在打扫得非常干净的环境下比在那些脏的地方乱扔垃圾少,但是他们还发现在那些美中不足地只有一块垃圾的地方,乱扔垃圾的行为最少。他们的研究是这样进行的:当被试沿着小路散步时,他们被带到一个公共的圆形服务区内,在此之前,研究者已在服务区内分别放了0、1、2、4、8和16块垃圾。令人惊奇的是有18%的被试在"无垃圾处"乱扔了东西,但是只有10%的人在仅有一块垃圾的地方扔东西。而且扔垃圾的数量随着主试放置垃圾数量的多少成比例增长。那么,关于环境中原有的垃圾量与随后扔垃圾数量之间的关系,为什么恰尔迪尼等人观察到了这样一种模式呢?他们推论,虽然非常干净的环境会使"禁止乱扔垃圾"的准则凸显出来,但只有一块垃圾的环境(一个违规的例子)会使这一准则更加突出。但是随着违规(先放的垃圾)数量的增加,这个准则被削弱,乱扔垃圾的行为则被方便化。这些发现很令人兴奋,而且如果将其复制并应用到其他环境中,会对环境教育和

> 环境规划有实际的指导意义。例如：你从超市出来的时候，看到其他的购物车都放回原处，唯独有一辆凌乱地放在外面，或者看到所有的车都被放得很整齐，你在哪一种情况下会更可能把购物车放回去呢？
>
> （来源：保罗·贝尔，等，2009）

此外，榜样也可以作为一种提示。恰尔迪尼（Cialdini，1977）让个体观察榜样的行为，榜样在干净或脏乱的环境里丢垃圾或不乱扔垃圾。结果发现：看到榜样在干净的环境里不扔垃圾后，观察者乱丢垃圾的行为最少；而在看过榜样在脏乱的地方乱扔垃圾后，乱扔垃圾的行为出现得最多。还有一些研究者探讨了使用录像带进行榜样示范对节约使用能源行为的影响，结果发现这种通过录像教程进行的示范干预效果是有效的（Winnett, Hatcher, Leckliter, Ford, Fishback, Riley, & Love, 1981; Winnett, Leckliter, Chinn, & Stahl, 1984; Winnett, Leckliter, Chinn, Stahl, & Love, 1985）。但也有一些研究结果表明，榜样对阻止破坏环境的行为不是非常有效（Geller, Winnett, & Everett, 1982）。关于榜样示范在什么情况下可以起到良好的干预效果，已有一些研究初步显示，当榜样被知觉为积极的并且很像观察者时，示范的效果最佳（Bandura，1977）。纽豪斯（Newhouse，1990）推测，正是这种相似性导致了观察者非常期待在作出和榜样相同的行为后能够得到同样的奖赏。

二、后继策略：行为之后的干预

后继策略是指在目标行为发生之后进行的干预，主要包括各类强化（reinforcement）技术和反馈（feedback）。根据操作性条件作用原理，强化主要包括正强化（positive reinforcement）、负强化（negative reinforcement）和惩罚（punishment）。其中，正强化就是通过给予奖励的方式来激励人们的环保行为，例如人们因为作出了某种有利于环境的行为（例如，回收废品)而获得了某些有价值的东西(例如,金钱)。负强化是指作出目标行为后人们能从有害情境中解脱出来,例如通过合理使用空调的温度调节功能而使人们从高额电费账单中解放出来。惩罚是指当作出不被期望的行为时,会有令人不愉快的后果发生。例如,对违章占用高乘载车辆车道的人处以罚款。而反馈主要是指简单地向人们提供他们是否已达到环境保护目标的信息。

接下去,我们就来详细看一下各类后继干预策略的效果。

(一) 强化

已有研究表明,一些以强化技术为基础的策略和政策(例如美国纽约市颁布实施的"退瓶法",详情见专栏 10-5)能够引起有效的行为改变(Foxx & Hake, 1977; Reichel & Geller, 1980; Cone & Hayes, 1980; Slaven, Wodarski, & Blackburn, 1981; Walker, 1979; Wolf & Feldman, 1991)。例如,福克斯和黑克(Foxx & Hake, 1977)针对大学生的一项研究发现,提供各式奖励(例如现金、旅游机会等)能有效降低他们驾驶私人汽车的里程数。研究结果显示,奖励使驾车里程数降低了20%,而对照组的里程数则升高了5%。虽然强化在改变行为上通常是有效的,但是如何履行这些随之而来的费用以及如何使这些花费能够产生应有的效果确实有一定的实践难度。有研究已显示,若奖励看起来是抽象的而非即刻兑换的(例如"信用"鼓励),那么其激励效应可能会降低(Stobaugh & Yergin, 1979)。而且,对于金钱奖励与惩罚的效应是否能够保持也存有质疑,有一些研究结果已显示,强化措施尽管可以促进短期行为的发生,但是在强化被撤销后,行为经常又会快速恢复到基础水平(Jacobs & Bailey, 1982; De Young, 1986)。

专栏 10-5　　美国纽约市的退瓶法

为了对付日益增大的垃圾量,1987 年纽约州率先通过了"垃圾管理计划",这个计划要求在 10 年之内将垃圾产出量减少到当年水平的50%。要求各地方行政部门制定相应的法律、法令来保证这一目标的实现。

1989年,纽约市通过"垃圾分类回收法",规定所有纽约市民有义务将生活垃圾中的可回收垃圾分离出来,如果在居民垃圾中发现可回收物品,卫生部门可处以罚款。

1990年,纽约市对"垃圾分类回收法"再次进行补充。要求市民必须将家中废电池、轮胎送到有关回收机构。这次补充法案使纽约市在环保立法中走在了全国的前列。

纽约市也是率先通过"退瓶法"(Bottle Bill)的市之一。纽约市法律规定:顾客购买易拉罐饮料或塑料包装可口可乐、啤酒时必须为包装多付钱;一般来说是每一瓶5美分。这样就鼓励消费者在使用后将饮料瓶退还给商家。而每一个商家有义务收集包装瓶。

在纽约,一些大型超市门口都专门安装了收瓶机,只要顾客将瓶子分类投入机器不同的投入口,机器就会吐出一张小纸条,上面写着你一共投了多少瓶子,价值多少。你拿这张小纸条可以去同一家超市购买同样金额的物品。小纸条的下端还写了那么一句话:"非常感谢你参加纽约市垃圾回收计划"——让人心中感到暖洋洋的。

早在1985年,纽约市的饮料瓶、饮料罐约有2/3被直接送到了垃圾掩埋场。而1998年的资料显示,有80%的啤酒瓶被回收,有85%的易拉罐被回收,有50%的塑料瓶被回收。看来"退瓶法"功不可没。

(来源:节选自《纽约市的垃圾管理》)

尽管强化策略由于忽略许多人的因素(例如,利他主义、良知、人道主义等)而在干预效应稳定性方面具有一定的局限性,但它仍然是目前应用最为普遍和较为有效的行为技术。此类后继干预策略还可以结合提示和环境教育等先行策略一起实施,这样能更好地达到强化目标行为的效果(Miller, Albert, Bostick, & Geller, 1976; O'Neill, Blanck, & Joyner, 1980; Kohlenberg & Phillips, 1973; Schnelle, Gendrich, Beegle, Thomas, & McNess, 1980)。

(二) 反馈

反馈主要是指提供关于不同行为的相对有效性来促进目标行为的产生。有些反馈其本身就具有强化作用,因为它显示了某些行为会产生一些积极效应。已有研究表明,关于能源使用情况的反馈能够大幅度降低此后的能源消耗,而且当人们明确了整个能源使用过程中各个成分所占的相对重要性时,关于能源使用的反馈将会更加有效(Brandon & Lewis, 1999; Dennis, Soderstrom, Koncinski, & Cavanaugh, 1990; Costanzo, Archer, Aronson, & Pettgrew, 1986)。例如,科斯坦佐等人(Costanzo, Archer, Aronson, & Pettgrew, 1986)研究发现,许多消费者认为关掉照明灯节省的能源与少用热水节省的能源一样多,但是实际上照明产生的费用往往只占居民电费的7%左右,由于它所占的百分比很小,因此很有可能会被其他的能源花费覆盖。而这可能会使消费者作出不正确的结论:既然在他们的电费中无法反映他们关掉照明灯这一努力带来的节约,那么他们的其他节能努力也是无效的(Kempton & Montgomery, 1982; Seligman, Kriss, Darley, Fazio, Becker, & Pryor, 1979)。此外,在向用户反馈能源的使用情况时,还应注意在与去年同期进行比较时,应根据现在的天气和以往相应时期的天气之间的差异对消费情况进行校正;而将个体水平和群体水平上的反馈结合起来往往会更有效(Winnett, Neale, & Grier, 1979)。

总体上来看,关于能源消费的反馈越频繁,节省就越多(Seligman & Darley, 1977);当人们的能源消耗支出相对于其收入而言很高时,当人们认为反馈准确地反映出了他们能源使用情况时,当全家人都对节能作出承诺时,反馈尤为有效(Winkler & Winnett, 1982; Stern & Oskamp, 1987)。而有些研究则提示,在能源高峰使用期适时提供反馈将会对能源节约产生特别有效的作用(Cone & Hayes，1980)，而把为消费者制定降低能源消耗的目标与反馈结合起来将能够增强反馈的效果(Becker，1978)。

　　反馈的效应除了体现在对能源消耗(例如，电力、汽油消耗)的影响上之外，反馈对于回收利用也能起到良好的效果。例如，卡策夫和米希马(Katzev & Mishima，1992)在其研究中，通过每天更新告示牌(上写"可回收纸张：昨天收回＿＿＿＿磅")进行回收情况的反馈，结果发现，在反馈张贴的那一周期间，回收纸张的重量增加了76.7%。虽然这一记录仅在反馈研究结束后持续了一周，但回收纸张的量却始终远远超过了基线水平。

　　以上探讨了各类先行干预措施和后继干预措施在推动环保行为以及减少环境破坏行为上的效应，有研究者认为，如果将上述干预方法与其他超越传统的行为干预结合在一起，那么有可能会产生更好的效果。这些所谓超越传统的行为干预主要包括消除个体环保行为的障碍，发展和实践亲环境的价值观和生活风格、政策与技术的革新以及工业和其他大规模实体的"绿色"适应等(保罗·贝尔，等，2009)。

本 章 小 结

　　随着环境问题日益复杂并凸显全球化的趋势，在寻求解决环境问题的解决方案时，行为技术将会发挥越来越重要的作用，所谓行为技术是指能够对具有重要社会意义的人类行为产生影响作用的科学、艺术及各类技艺。用于解决环境问题的行为技术旨在增强环保行为的发生频率，减少环境破坏性行为的发生。归纳起来，优化环境与行为之间关系的行为策略大致可以区分为先行策略和后继策略这两类。二者的差别在于干预的时间是在目标行为发生之前还是之后。其中，先行策略主要包括环境教育和提示等，而后继策略则主要包括奖赏、惩罚等强化措施和反馈。

目前的环境问题主要集中于环境美学问题、与健康相关的环境问题以及资源问题等三个方面,而其中,关于资源的过度利用和开发已成为重中之重。在资源的使用中存在所谓的"公众困境",它体现了短期内个人的所得与长期的社会需要之间相冲突的一种状况,尽管很难打破这一社会陷阱现象,但是对公共资源进行结构性改变、采取必要的强化措施以及改变参与者之间的社会关系以加强彼此监督等对缓解此类问题有重要意义。

在促进环保行为的先行策略中,首要的干预目标是态度,即通过环境教育的方式帮助人们建立积极参与环保行为的态度;然后,通过给予恰当的提示,让人们明白该怎样做才能使其行为符合自身的亲环境态度。在促进环保行为的后继策略中,强化是最为普遍使用的一种方法,它通常能够引起有效的短期行为改变,而当与环境教育、提示等方法结合起来使用时强化的效果会更好。而反馈,主要通过提供不同行为的相对有效性来促进目标行为的产生,它对能源消耗、回收利用等问题均能起到良好的效果。

关键术语

公众困境	先行策略	后继策略
社会陷阱	环境教育	提示
趋近提示	回避提示	强化
反馈	正强化	负强化
惩罚		

思考与实践

1. 试举例分析资源利用中的公众困境问题以及如何应对来改善资源利用的远景。

2. 列举用以促进环保行为的各类先行策略和后继策略,并分析它们的效用。

3. 试分析影响态度—行为低相关性的因素以及如何依此来增强态

度与行为之间的一致性?

4. 设计一个环境教育方案,使该计划能够尽可能有效地引导人们的亲环境行为。选择你感兴趣的一个(一系列)目标行为,关注你感兴趣的教育对象,并可以使用你认为恰当的表达方式。

5. 选择一个破坏环境的目标行为,设计一个有助于缓解这一问题的提示,并在条件允许的情况下,试着检验该提示的效果。

6. 选择一个有利于环境的目标行为,设计一个有助于增进此类行为的提示,并在条件允许的情况下,试着检验该提示的效果。

参考文献

中文部分

保罗·贝尔,等.(2009).环境心理学.朱建军,吴建平,等,译.北京:中国人民大学出版社.
方丹群,陈潜,封根泉,吴坚.(1980).噪声职业性暴露对血压的影响.环境科学,70-71.
方丹群,孙家其,董金英,曹木秀,陈潜,孙凤卿.(1981).噪声标准研究方向探讨.中国环境科学,54-59.
高觉敷.(1991).西方社会心理学发展史.北京:人民教育出版社.
顾朝林,宋国臣.(2001).北京城市意象空间及构成要素研究.地理学报,64-74.
顾益敏,周健,俞丽华.(2000).荧光灯闪烁和视疲劳关系的实验研究.照明工程学报,7-10.
李道增.(1999).环境行为学概论.北京:清华大学出版社.
李恒威,黄华新.(2006)."第二代认知科学"的认知观.哲学研究,92-99.
李绍珠,蔡枫,戴晓红,郭又五.(1985).工业噪声对人体瞬时记忆和注意的影响(Ⅱ).心理科学,46-50.
林玉莲.(1999).武汉市城市意象的研究.新建筑,41-43.
林玉莲,胡正凡.(2006).环境心理学(第二版).北京:中国建筑工业出版社.
罗小未.(2004).外国近现代建筑史(第二版).北京:中国建筑工业出版社.
牟炜民,赵民涛,李晓鸥.(2006).人类空间记忆和空间巡航.心理科学进展,497-504.
塞利格曼.(2010).活出最乐观的自己.洪兰,译.沈阳:万卷出版公司.
田华,宋秀莲.(2007).副语言交际概述.东北师大学报(哲学社会科学版),111-114.
王甦,汪安圣.(1992).认知心理学.北京:北京大学出版社.
王重鸣.(1990).心理学研究方法.北京:人民教育出版社.
夏铸九,叶庭芬.(1981).台北地区都市意象之研究.台湾大学建筑与城乡研究学报,49-102.
邢晓娟,焦风雷,康健,金虹.(2009).开放式办公室语言私密度的研究进展.噪声与振动控制,358-362.

徐磊青,杨公侠.(2002).环境心理学.上海:同济大学出版社.

杨国枢,文崇一,吴聪贤,李亦园.(2006).社会及行为科学研究法(上、下).重庆:重庆大学出版社.

俞国良,王青兰,杨治良.(2000).环境心理学.北京:人民教育出版社.

原研哉.(2006).设计中的设计.济南:山东人民出版社.

赵民涛.(2006).物体位置与空间关系的心理表征.心理科学进展,321-327.

朱祖祥.(1994).人类工效学.杭州:浙江教育出版社.

朱祖祥.(2001).工业心理学.杭州:浙江教育出版社.

英文部分

Abu-Obeid, N. (1998). Abstract and scenographic imagery: The effect of environmental form on wayfinding. *Journal of Environmental Psychology*, 18, 159-173.

Acking, C. A. & Küller, R. (1972). The perception of an interior as a function of its color. *Ergonomics*, 15, 645-654.

Ahmed, S. M. S. (1979). Invasion of personal space: A study of departure time as affected by sex of the intruder and saliency condition. *Perceptual and Motor Skills*, 49, 85-86.

Ahrentzen, S., Levine, D. W., & Michelson, W. (1989). Space, time, and activity in the home: A gender analysis. *Journal of Environmental Psychology*, 9, 89-101.

Aiello, J. R. (1987). Human spatial behavior. In D. Stokols & I. Altman (Eds.), *Handbook of environmental psychololgy* (Vol. 1). New York: John Wiley & Sons.

Aiello, J. R. & Aiello, T. D. (1974). Development of personal space: Proxemic behavior of children six to sixteen. *Human Ecology*, 2, 177-189.

Aiello, J. R., Baum, A., & Gormley, F. B. (1981). Social determinants of residential crowding stress. *Personality and Social Psychology Bulletin*, 7, 643-649.

Aiello, J. R. & Cooper, R. E. (1979). *Personal space and social affect: A developmental study*. Paper presented at the meeting of the Society for Research in Child Development, San Francisco.

Aiello, J. R., DeRisi, D., Epstein, Y., & Karlin, R. (1977). Crowding and the role of interpersonal distance preference. *Sociometry*, 40, 271-282.

Aiello, J. R., Epstein, Y. M., & Karlin, R. (1975). Effects of crowding on electrodermal activity. *Sociological Symposium*, 14, 42-57.

Aiello, J. R. & Jones, S. E. (1971). A field study of the proxemic behavior of young school children in three subcultural groups. *Journal of Personality and Social psychology*, *19*, 351–356.

Aiello, J. R. & Thompson, D. E. (1980). Personal space, crowding, and spatial behavior in a cultural context. In I. Altman, J. F. Wohlwill, & A. Rapoport(Eds.), *Human behavior and environment* (Vol. 4). New York: Plenum.

Aiello, J. R., Thompson, D. E., & Baum, A. (1981). The symbiotic relationship between social psychology and environmental psychology: Implications from crowding, personal space, and intimacy regulation research. In J. H. Harvey (Ed.), *Cognition, social behavior, and the environment*. Hillsdale, HJ: Erlbaum.

Ajzen, I. & Madden, T. J. (1986). Prediction of goal-directed behavior: The role of intention, perceived. *Journal of Experimental Social Psychology*, *22*, 453–474.

Aldwin, C. & Stokols, D. (1988). The effects of environmental change on individuals and groups: Some neglected issues in stress research. *Journal of Environmental Psychology*, *8*, 57–75.

Allen, G. L. (1981). A developmental perspective on the effects of "subdividing" macrospatial experience. *Journal of Experimental Psychology: Human Learning and Memory*, *7*, 120–132.

Allen, G. L. & Kirasic, K. C. (1985). Effects of the cognitive organization of knowledge on judgments of macrospatial distance. *Memory and Cognition*, *13*, 218–227.

Allgeier, A. R. & Byrne, P. G. (1973). Attraction toward the opposite sex as a determinant of physical proximity. *Journal of Social Psychology*, *90*, 213–219.

Altman, I. (1975). *The Environment and Social Behavior: Privacy, Personal Space, Territory, and Crowding*. Pacific Grove, CA: Brooks/Cole.

Altman, I. (1976). Privacy: A conceptual analysis. *Environment and Behavior*, *8*, 7–29.

Altman, I. & Haythorn, W. W. (1967). The ecology of isolated groups. *Behavioral Science*, *12*, 168–182.

Altman, I., Nelson, P. A., & Lett, E. E. (1972, Spring). The ecology of home environments. *Catalog of Selected Documents in Psychology* (No. 150).

Altman, I. & Vinsel, A. M. (1977). Personal space: An analysis of E. T. Hall's proxemics framework. In I. Altman & J. F. Wohlwill (Eds.),

Human behavior and environmental: Advances in theory and research (Vol. 1). New York: Plenum.

Andersen, J. F., Andersen, P. A., & Lusting, M. W. (1987). Opposite sex touch avoidance: A national replication and extension. *Journal of Nonverbal Behavior*, *11*, 89 – 109.

Anderson, C. A. (1987). Temperature and aggression: Effects on quarterly, yearly, and city rates of violent and nonviolent crime. *Journal of Personality and Social Psychology*, *52*, 1161 – 1173.

Anderson, C. A. & Anderson, D. C. (1984). Ambient temperature and violent crime: Tests of the linear and curvilinear hypotheses. *Journal of Personality and Social Psychology*, *46*, 91 – 97.

Anderson, T. W., Erwin, N., Flynn, D., Lewis, L., & Erwin, J. (1977). Effects of short-term crowding on aggression in captive groups of pigtail monkeys. *Aggressive Behavior*, *3*, 33 – 46.

Appleyard, D. (1969). Why buildings are known: A predestined tool for architects and planners. *Environment and Behavior*, 131 – 156.

Appleyard, D. (1970). Styles and methods of structuring a city. *Environment and Behavior*, *2*, 101 – 117.

Appleyard, D. (1976). *Planning a Pluralistic City*. Cambridge, MA: MIT Press.

Appleyard, D. & Lintell, M. (1972). The environmental quality of city streets: The residents' viewpoint. *Journal of the American Institute of Planners*, *38*, 84 – 101.

Arbuckle, T. Y., Cooney, R., Milne, J., & Melchior, A. (1994). Memory for spatial layouts in relation to age and schema typicality. *Psychology and Aging*, *9*, 467 – 480.

Ardrey, R. (1966). *The territorial imperative*. New York: Atheneum.

Argyle, M. & Dean, J. (1965). Eye-contact, distance, and affiliation. *Sociometry*, *28*, 289 – 304.

Argyle, M. & Ingham, R. (1972). Gaze, mutual gaze, and proximity. *Semiotica*, *6*, 32 – 49.

Arkkelin, D. (1978). *Effects of density, sex, and acquaintance level on reported pleasure, arousal, and dominance*. Doctoral dissertation, Bowling Green State University.

Arreola, D. D. (1981). Fences as landscape taste: Tucson's barrios. *Journal of Cultural Geography*, *2*, 96 – 105.

Ashton, N. L., Shaw, M. E., & Worsham, A. P. (1980). Affective reactions to interpersonal distances by fridens and strangers. *Bulletin of Psychonomic*

Society, 15, 306-308.

Asmus, C. L. & Bell, P. A. (1999). Effects of environmental odor and coping style on negative affect, anger, arousal, and escape. *Journal of Applied Social Psychology*, 29, 245-260.

Aspey, W. P. (1977). Wolf spider sociobiology: II. Density parameters influencing agonistic behavior in Schizocosa crassipes. *Behaviour*, 62, 143-163.

Auliciens, A. (1972). Some observed relationships between the atmospheric environment and mental work. *Environmental Research*, 5, 217-240.

Bailey, K. G., Hartnett, J. J., & Gibson, F. W. Jr. (1972). Implied threat and the territorial factor in personal space. *Psychology Reports*, 30, 263-270.

Baird, L. L. (1969). Big school, small school: A critical examination of the hypothesis. *Journal of Educational Psychology*, 60, 253-260.

Bandura, A. (1977). *Social learning theory*. Englewood Cliffs, NJ: Prentice-Hall.

Barash, D. P. (1973). Human ethology: Personal space reiterated. *Environment and Behavior*, 5, 67-73.

Barash, D. P. (1982). *Sociobiology and behavior* (2nd ed.). New York: Elsevier.

Barefoot, J. C, Hoople, H., & McClay, D. (1972). Avoidance of an act which would violate personal space. *Psychonomic Science*, 28, 205-206.

Barker, R. G. (1960). Ecology and motivation. *Nebraska Symposium on Motivation*, 8, 1-50.

Barker, R. G. (1963). On the nature of the environment. *Journal of Social Issues*, 19, 17-38.

Barker, R. G. (1965). Explorations in ecological psychology. *American Psychologist*, 20, 1-14.

Barker, R. G. (1968). *Ecological psychology: Concepts and methods for studying the environment of human behavior*. Stanford, CA: Stanford University Press.

Barker, R. G. (1979). Settings of a professional lifetime. *Journal of Personality and Social Psychology*, 37, 2137-2157.

Barker, R. G. (1987). Prospecting in environmental psychology: Oskaloosa revisited. In D. Stokols & I. Altman (Eds.), *Handbook of environmental psychology* (Vol. II, pp. 1413-1432). NY: Wiley-Interscience.

Barker, R. G. (1990). Recollections of the Midwest Psychological Field Station. *Environment and Behavior*, 22, 503-513.

Barker, R. G. & Gump, P. V. (1964). *Big school, small school*. Stanford, CA: Stanford University Press.

Barker, R. G. & Schoggen, P. (1973). *Qualities of community life*. San Francisco: Jossey-Bass.

Barker, R. G. & Wright, H. F. (1955). *Midwest and its children: The psychological ecology of an American town*. New York: Row, Peterson.

Barnes, R. D. (1980). Perceived freedom and control and the built environment. In J. Harvey (Eds.), *Cognition, social behavior and the designed environment*. Hillsdale, NJ: Erlbaum.

Baron, R. A. (1978). Invasions of personal space and helping: Mediating effects of invader's apparent need. *Journal of Experimental Social Psychology, 14*, 304–312.

Baron, R. A. & Bell, P. A. (1975). Aggression and heat: Mediating effects of prior provocation and exposure to an aggressive model. *Journal of Personality and Social Psychology, 31*, 825–832.

Baron, R. A. & Bell, P. A. (1976). Aggression and heat: The influences of ambient temperature, negative affect, and a cooling drink on physical aggression. *Journal of Personality and Social Psychology, 33*, 245–255.

Baron, R. A. & Byrne, D. (1987). *Social psychology: Understanding human interaction*. Boston: Allyn & Bacon.

Baron, R. A., Rea, M. S., & Daniels, S. G. (1992). Effects of indoor lighting (illuminance and spectral distribution) on the performance of cognitive tasks and interpersonal behaviors: The potential mediating role of positive affect. *Motivation and Emotion, 16*, 1–33.

Baron, R. M., Mandel, D. R., Adams, C. A., & Griffin, L. M. (1976). Effects of social density in university residential environments. *Journal of Personality and Social Psychology, 54*, 434–446.

Baron, R. M. & Rodin, J. (1978). Personal control as a mediator of crowding. In A. Baum, J. E. Singer, & S. Valins (Eds.), *Advances in environmental psychology* (Vol. 1). Hillsdale, NJ: Erlbaum.

Baum, A., Calesnick, L. E., Davis, G. E., & Gatchel, R. J. (1982). Individual differences in coping with crowding: Stimulus screening and social overload. *Journal of Personality and Social Psychology, 43*, 821–830.

Baum, A. & Davis, G. E. (1976). Spatial and social aspects of crowding perception. *Environment and Behavior, 8*, 527–544.

Baum, A. & Fisher, J. D. (1977). *Situation-related information as a mediator of responses to crowding*. Unpublished manuscript, Trinity College.

Baum, A., Fisher, J. D., & Solomon, S. (1981). Type of information, familiarity, and the reduction of crowding stress. *Journal of Personality and Social Psychology*, 40, 11-23.

Baum, A. & Fleming, I. (1993). Implications of psychological research on stress and technological accidents. *American Psychologist*, 48, 665-672.

Baum, A., Fleming, I., Israel, A., & O'Keeffe, M. K. (1992). Symptoms of chronic stress following a natural disaster and discovery of a human-made hazard. *Environment and Behavior*, 24, 347-365.

Baum, A., Fleming, R., & Singer, J. E. (1983). Coping with victimization by technological disaster. *Journal of Social Issues*, 39, 117-138.

Baum, A., Gatchel, R. J., & Schaeffer, M. A. (1983). Emotional, behavioral, and physiological effects of chronic stress at Three Mile Island. *Journal of Consulting and Clinical Psychology*, 51, 565-572.

Baum, A. & Greenberg, C. I. (1975). Waiting for a crowd: The behavioral and perceptual effects of anticipated crowding. *Journal of Personality and Social Psychology*, 32, 667-671.

Baum, A., Harpin, R. E., & Valins, S. (1975). The role of group phenomena in the experience of crowding. *Environment and Behavior*, 7, 185-198.

Baum, A. & Koman, S. (1976). Differential response to anticipated crowding: Psychological effects of social and spatial density. *Journal of Personality and Social Psychology*, 34, 526-536.

Baum, A. & Paulus, P. B. (1987). Crowding. In D. Stokols & I. Altman (Eds.), *Handbook of environmental psychology* (Vol I, pp. 533-570). NY: Wiley-Interscience.

Baum, A., Reiss, M., & O'Hara, J. (1974). Architectural variants of reaction to spatial invasion. *Environment and Behavior*, 6, 91-100.

Baum, A., Shapiro, A., Murray, D., & Wideman, M. V. (1979). Interpersonal mediation of perceived crowding and control in residential dyads and triads. *Journal of Applied Social Psychology*, 9, 491-507.

Baum, A., Singer, J. E., & Baum, C. S. (1981). Stress and the environment. *Journal of Social Issues*, 37, 4-35.

Baum, A., Singer, J. E., & Valins, S. (1978) (Eds.). *Advances in environmental psychology (Vol. 1)*. Hillsdale, NJ: Erlbaum.

Baum, A. & Valins, S. (1977). *Architecture and social behavior: Psychological studies of social density*. Hillsdale, NJ: Erlbaum.

Baum, A. & Valins, S. (1979). Architectural mediation of residential density and control: Crowding and the regulation of social contact. In L. Berkowitz (Ed.), *Advances in experimental social psychology* (Vol. 12). New York: Academic Press.

Baumeister, R. F., & Steinhiber, A. (1984). Paradoxical effects of supportive audiences on performance under pressure: The home field disadvantage in sports championships. *Journal of Personality and Social Psychology*, 47, 85-93.

Baxter, J. C. (1970). Interpersonal spacing in natural settings. *Sociometry*, 33, 444-456.

Baxter, J. C. & Rozelle, R. M. (1975). Nonverbal expression as a function of crowding during a simulated police-citizen encounter. *Journal of Personality and Social Psychology*, 32, 40-54.

Beard, R. R. & Wertheim, G. A. (1967). Behavioral impairment associated with small doses of carbon monoxide. *American Journal of Public Health*, 57, 2012-2022.

Bechtel, R. B. (1977). *Enclosing behavior*. Stroudsberg, PA: Dowden, Hutchinson, & Ross.

Bechtel, R. B. & Churchman, A. (2002). *Handbook of Environmental Psychology*. New York: Wiley.

Beck, R. J. & Wood, D. (1976). Cognitive transformation of information from urban geographic fields to mental maps. *Environment and Behavior*, 8, 199-238.

Becker, F. D. (1990). *Total workplace: Facilities management and the elastic organization*. New York: Van Nostrand Reinhold.

Becker, F. D., Sommer, R., Bee, J., & Oxley, B. (1973). College classroom ecology. *Sociometry*, 36, 514-525.

Becker, L. J. (1978). The joint effect of feedback and goal setting on performance: A field study of residential energy conservation. *Journal of Applied Psychology*, 63, 228-233.

Bell, P. A. (1981). Physiological, comfort, performance, and social effects of heat stress. *Journal of Social Issues*, 37, 71-94.

Bell, P. A. (1982, August). *Theoretical interpretations of heat stress*. Paper presented at the annual meeting of the American Psychological Association, Washington, DC.

Bell, P. A. & Baron, R. A. (1976). Aggression and heat: The mediating role of negative affect. *Journal of Applied Social Psychology*, 6, 18-30.

Bell, P. A. & Baron, R. A. (1977). Aggression and ambient temperature: The facilitating and inhibiting effects of hot and cold environments. *Bulletin of the Psychonomic Society*, 9, 443-445.

Bell, P. A. & Baron, R. A. (1981). Ambient temperature and human violence. In P. F. Brain & D. Benton (Eds.), *A multidisciplinary approach to aggression research*. Amsterdam: Elsevier/North Holland Biomedical Press.

Bell, P. A. & Greene, T. C. (1982). Thermal stress: Physiological comfort, performance, and social effects of hot and cold environments. In G. W. Evans(Ed.), *Environmental Stress* (pp. 75 – 105). London: Cambridge University Press.

Bell, P. A., Greene, T. C., Fisher. J. D., & Baum, A. (2005). *Environmental psychology*(5th Edition). Psychology Press.

Bell, P. A., Petersen, T. R., & Hautaluoma, J. E. (1989). The effect of punishment probability on overconsumption and stealing in a simulated commons. *Journal of Applied Social Psychology*, *19*, 1483 – 1495.

Berglund, B., Berglund, U., & Lindvall, T. (1987). Measurement and control of annoyance. In H. S. Koelega (Eds.), *Environment annoyance: Characterization, measurement, and control* (pp. 29 – 44). New York: Elsevier.

Berk, L. E. & Goebel, B. L. (1987). High school size and extracurricular participation: A study of a small college environment. *Environment and Behavior*, *19*, 53 – 76.

Berlyne, D. E. (1960). *Conflict, arousal, and curiosity*. New York: McGraw-Hill.

Bing-shuang, H, Yue-lin, Y., Ren-yi, W., & Zhu-bao, C. (1997). Evaluation of depressive symptoms in workers exposed to industrial noise. *Homeostasis in Health and Disease*, *38*, 123 – 125.

Birjulin, A. A., Smith, J. M., & Bell, P. A. (1993). Monetary reward, verbal reinforcement, and harvest strategy of others in the commons dilemma. *Journal of Social Psychology*, *133*, 207 – 214.

Blackwell, O. M. & Blackwell, H. R. (1971). Visual performance data for 156 normal observers of various ages. *Journal of Illuminating Engineering Society*, *1*, 3 – 13.

Bleda, P. R. & Bleda, S. (1978). Effects of sex and smoking on reaction to spatial invasion at a shopping mall. *Journal of Social Psychology*, *104*, 311 – 312.

Block, L. K. & Stokes, G. S. (1989). Performance and satisfaction in private versus non private work setting. *Environment and Behavior*, *21*, 277 – 297.

Booraem, C. D., Flowers, J., Bodner, G., & Satterfield, D. (1977). Personal space variations as a function of criminal behavior. *Psychological Reports*, *41*, 1115 – 1121.

Booth, A. (1976). *Urban crowding and its consequences*. New York: Praeger.
Booth, A. & Edwards, J. N. (1976). Crowding and family relations. *American Sociological Review*, 41, 308–321.
Bouas, K. S. & Komorita, S. S. (1996). Group discussion and cooperation in social dilemmas. *Personality and Social Psychology Bulletin*, 22, 1144–1150.
Bradley, J. S. (2003). The Acoustical design of conventional open plan offices. *Canadian Acoustics*, 31, 23–31.
Brady, A. T. & Walker, M. B. (1978). Interpersonal distance as a function of situationally induced anxiety. *British Journal of Social and Clinical Psychology*, 17, 127–133.
Brandon, G. & Lewis, A. (1999). Reducing household energy consumption: A qualitative and quantitative field study. *Journal of Environmental Psychology*, 19, 75–85.
Breed, G. (1972). The effect of intimacy: Reciprocity or retreat? *British Journal of Social and Clinical Psychology*, 11, 135–142.
Brewer, M. B. & Kramer, R. M. (1986). Choice behavior in social dilemmas: Effects of social density, group size, and decision framing. *Journal of Personality and Social Psychology*, 50, 543–549.
Broadbent, D. E. (1958). *Perception and communication*. Oxford: Pergamon.
Broadbent, D. E. (1963). Differences and interactions between stresses. *Quarterly Journal of Experimental Psychology*, 15, 205–211.
Broadbent, D. E. (1971). *Decision and stress*. NY: Academic Press.
Broadbent, D. E. (1978). The current state of noise research: Reply to Poulton. *Psychological Bulletin*, 85, 1052–1067.
Brokemann, N. C. & Moller, A. T. (1973). Preferred seating position and distance in various situations. *Journal of Counseling Psychology*, 20, 504–508.
Bromet, E. J. (1990). Methodological issues in the assessment of traumatic events. *Journal of Applied Social Psychology*, 20, 1719–1724.
Bronzaft, A. L. (1981). The effect of a noise abatement program on reading ability. *Journal of Environmental Psychology*, 1, 215–222.
Bronzaft, A. L. & McCarthy, D. P. (1975). The effects of elevated train noise on reading ability. *Environment and Behavior*, 7, 517–527.
Brown, G. (2009). Claiming a corner at work: Measuring employee territoriality in their workspace. *Journal of Environmental Psychology*, 29, 44–52.
Brown, L. T., Ruder, V. G., Ruder, J. H., & Young, S. D. (1974). Stimulations seeking and change seeker index. *Journal of Consulting and*

Clinical Psychology, *42*, 311.

Brower, S. N. (1965). The signs we learn to read. *Landscape*, *15*, 9-12.

Brown, B. B. (1987). Territoriality. In D. Stokols & I. Altman (Eds.), *Handbook of environmental psychology*, Vol. 2 (pp. 505-531). New York: Wiley.

Brown, B. B. (1979, Aug.). *Territoriality and residential burglary*. Paper presented at the meeting of the American Psychological Association, New York.

Brown, B. B. & Altman, I. (1983). Territoriality, Defensible space, and residential burglary: An environmental analysis. *Journal of Environmental Psychology*, *3*, 203-220.

Brown, B. B. & Werner, C. M. (1985). Social cohesiveness, territoriality, and holiday decorations: The influence of cul-de-sacs. *Environment and Behavior*, *17*, 539-565.

Brown, G., Lawrence, T., & Robinson, S. L. (2005). Territoriality in organizations. *Academy of Management Review*, *30*, 577-595.

Brown, I. D. & Poulton, E. C. (1961). Measuring the spare "mental capacity" of car drivers by a subsidiary task. *Ergonomics*, *4*, 35-40.

Brunswik, E. (1956). *Perception and the representative design of psychological experiments*. LA: University of California Press.

Bryant, K. J. (1982). Personality correlates of sense of direction and geographical orientation. *Journal of Personality and Social Psychology*, *43*, 1318-1324.

Buchanan, D. R., Goldman, M., & Juhnke, R. (1977). Eyes contact, sex, and the violation of personal space. *Journal of Social Psychology*, *103*, 19-25.

Buchanan, D. R., Juhnke, R., & Goldman, M. (1976). Violation of personal space as a function of sex. *Journal of Social Psychology*, *99*, 187-192.

Buck, J. R. & McAlpine, D. B. (1981). *The effects of atmospheric conditions on people*. Technical report, School of Industrial Engineering, Purdue University.

Buechley, R., Van Bruggen, J., & Truppi, L. (1972). Heat Island = Death Island? *Environmental Research*, *5*, 85-92.

Burger, J. M., Oakman, J. A., & Ballard, N. G. (1983). Desire of control and the perception of crowding. *Personality and Social Psychology Bulletin*, *9*, 475-479.

Burgess, J. W. (1981). Development of social spacing in normal and mentally retarded children. *Journal of Nonverbal Behavior*, *6*, 89-95.

Burgess, J. W. (1983). Developmental trends in proxemic spacing behavior between surrounding companions and strangers in casual groups. *Journal of Nonverbal Behavior*, 7, 158-169.

Burgio, L., Scilley, K., Hardin, J. M., Hsu, C., & Yancey, J. (1996). Environmental "white noise": An intervention for verbally agitated nursing home residents. *Journal of Gerontology: Psychological Sciences*, 51B, 364-373.

Burgoon, J. K. (1978). A communication model of personal violations: Explication and initial test. *Human Communication Research*, 4, 129-142.

Burgoon, J. K. (1983). Nonverbal violation of expectations. In J. M. Wieman & R. P. Harrison (Eds.), *Nonverbal interaction*. Beverly Hills: Sage.

Burgoon, J. K. & Jones, S. B. (1976). Toward a theory of personal space expectations and their violations. *Human Communication Research*, 2, 131-146.

Burn, S. M. & Oskamp, S. (1986). Increasing community recycling with persuasive communication and public commitment. *Journal of Applied Social Psychology*, 16, 9-41.

Butcher, D. (1991). *Crime in the third dimension: A study of burglary patterns in a high-density residential area*. M. A. Thesis. Simon Fraser University, British Columbia.

Byrne, D. (1971). *The attraction paradigm*. New York: Academic Press.

Byrne, D., Ervin, C. R., & Lamberth, J. (1970). Continuity between the study of attraction and real life computer dating. *Journal of Personality and Social Psychology*, 16, 157-165.

Calhoun, J. B. (1962). Population density and social pathology. *Scientific American*, 206, 139-148.

Canino, G. J., Bravo, M., Rubio-Stipec, M., & Woodbury, M. (1990). The impact of disaster on mental health: Prospective and retrospective analyses. *International Journal of Mental Health*, 19, 51-69.

Cappella, J. N. & Green, J. O. (1982). A discrepancy-arousal explanation of mutual influence in expressive behavior in adult and infant-adult interaction. *Communication Monographs*, 49, 89-114.

Carpenter, C. R. (1958). Territoriality. In A. Roe & G. G. Simpson (Eds.), *Behavior and evolution*. New Haven, Conn.: Yale University Press.

Carr, S. J. & Dabbs, J. M., Jr. (1974). The effects of lighting, distance, and intimacy of topic on verbal and visual behavior. *Sociometry*, 37, 592-600.

Cartor, N. L. & Beh, H. C. (1987). The effects of intermittent noise on vigilance performance. *Journal of the Acoustical Society of America*, 82, 1334–1341.

Cass, R. & Edney, J. J. (1978). The commons dilemma: A simulation testing the effects of resource visibility and territorial division. *Human Ecology*, 6, 371–386.

Chapko, M. K. & Solomon, M. (1976). Air pollution and recreation behavior. *Journal of Social Psychology*, 100, 149–150.

Chapman, J. C., Christian, J. J., Pawlikowski, M. A., & Michael, S. D. (1998). Analysis of steroid hormone levels in female mice at high population density. *Physiology and Behavior*, 64, 529–533.

Chapman, R., Masterpasqua, F., & Lore, R. (1976). The effects of crowding during pregnancy on offspring emotional and sexual behavior in rats. *Bulletin of the Psychonomic Society*, 7, 475–477.

Charles, K. E. & Veitch, J. A. (2002). *Environmental satisfaction in open-plan environments: 2. Effects of workstation size, partition height and windows, International Report No. IRC-IR*-845. Ottawa, Ont., Canada: Institute for Research in Construction (IRC).

Chen, C. H., Chang, W. C., Chang, W. T. (2009). Gender differences in relation to wayfinding strategies, navigational support design, and wayfinding task difficulty. *Journal of Environmental Psychology*, 29, 220-226.

Christian, J. J. (1955). Effect of population size on the adrenal glands and reproductive organs of male white mice. *American Journal of Psychology*, 181, 477–480.

Christian, J. J. (1963). The pathology of overpopulation. *Military Medicine*, 128, 571–603.

Christian, J. J. & Davis, D. E. (1964). Endocrines, behavior, and population. *Science*, 146, 1550-1560.

Christian, J. J., Flyger, V., & Davis, D. E. (1960). Factors in the mass mortality of a herd of sika deer. *Cervus Nippon. Chesapeake Science*, 1, 79–95.

Cialdini, R. B. (1977). *Littering as a function of extant litter*. Unpublished manuscript, Arizona State University.

Ciadini, R. B. & Kenrick, D. T. (1976). Altruism as hedonism: A social development perspective on the relationship of negative mood state and helping. *Journal of Personality and Social Psychology*, 54, 907–914.

Cialdini, R. B., Reno, R. R., & Kallgren C. A. (1990). A focus theory of normative conduct: Recycling the concept of norms to reduce littering in public places. *Journal of Personality and Social Psychology*, 58, 1015 – 1026.

Cini, M. A. , Moreland, R. L. , & Levine, J. M. (1993). Group staffing levels and responses to prospective and new group members. *Journal of Personality and Social Psychology*, 65, 723 – 734.

Cobern, M. K. , Porter, B. E. , Leeming, F. C. , & Dwyer, W. O. (1995). The effect of adoption and diffusion of grass cycling. *Environment ang Behavior*, 27, 213 – 232.

Cochran, C. D. , Hale, W. D. , & Hissam, C. P. (1984). Personal space requirements in indoor vs. outdoor locations. *Journal of Personality*, 111, 137 – 140.

Cochran, C. D. & Urbanczyk, S. (1982). The effect of availability of vertical space on personal space. *Journal of Psychology*, 111, 137 – 140.

Cohen, J. L. , Sladen, B. , & Bennett, B. (1975). The effects of situational variables on judgments of crowding. *Sociometry*, 38, 273 – 281.

Cohen, R. (1985). *The Development of Spatial Cognition*. Hillsdale, NJ: Erlbaum.

Cohen, S. A. (1978). Environmental load and the allocation of attention. In A. Baum, J. E. Singer, & S. Valins (Eds.), *Advances in environmental psychology* (Vol. 1, pp. 1 – 29). Hillsdale, NJ: Erlbaum.

Cohen, S. A. (1980). Aftereffects of stress on human performance and social behavior: A review of research and theory. *Psychological Bulletin*, 88, 82 – 108.

Cohen, S. A. , Evans, G. W. , Krantz, D. S. , & Stokols, D. (1980). Physiological, motivational, and cognitive effects of aircraft noise on children. *American Psychologist*, 35, 231 – 243.

Cohen, S. A. , Evans, G. W. , Krantz, D. S. , Stokols, D. , & Kelly, S. (1981). Aircraft noise and children: Longitudinal and cross-sectional evidence on adaptation to noise and the effectiveness of noise abatement. *Journal of Personality and Social Psychology*, 40, 331 – 345.

Cohen, S. A. , Evans, G. W. , Stokols, D. , & Krantz, D. (1986). *Behavior, Health, and Environmental Stress*. New York: Plenum.

Cohen, S. A. , Glass, D. C. , & Singer, J. E. (1973). Apartment noise, auditory discrimination, and reading ability in children. *Journal of Experimental Social Psychology*, 9, 407 – 422.

Cohen, S. A. & Spacapan, S. (1978). The aftereffects of stress: An attentional interpretation. *Environmental Psychology and Nonverbal Behavior*, 3, 43 – 57.

Cohen, S. A. & Williamson, G. M. (1991). Stress and infectious disease in humans. *Psychological Bulletin*, *109*, 5-24.

Cohn, E. G. & Rotton, J. (1997). Assault as a function of time and temperature: A moderator-variable time-series analysis. *Journal of Personality and Social Psychology*, *72*, 1322-1334.

Coluccia, E., Iosue, G., & Brandimonte, M. A. (2007). The relationship between map drawing and spatial orientation abilities: A study of gender differences. *Journal of Environmental Psychology*, *27*, 135-244.

Cone, J. D. & Hayes, S. C. (1980). *Environmental problems/Behavioral solutions*. Pacific Grove, CA: Brooks/Cole.

Conroy, J. & Sundstrom, E. (1977). Territorial dominance in a dyadic conversation as a function of similarity of opinion. *Journal of Personality and Social Psychology*, *35*, 570-576.

Cornoldi, C. & McDaniel, M. A. (1991). *Imagery and cognition*. New York: Springer.

Costanzo, M., Archer, D., Aronson, E., & Pettgrew, T. (1986). Energy conservation behavior: The difficult path from information to action. *American Psychologist*, *41*, 521-528.

Cotton, J. L. (1986). Ambient temperature and violent crime. *Journal of Applied Social Psychology*, *16*, 786-801.

Coutts, L. M. & Ledden, M. (1977). Nonverbal compensatory reactions to changes in interpersonal proximity. *Journal of Social Psychology*, *102*, 283-290.

Craik, K. H. (1973). Environmental Psychology. *Annual Review of Psychology*, *24*, 403-422.

Crawford, J. O. & Bolas, S. M. (1996). Sick building syndrome, work factors and occupational stress. *Scandinavian Journal of Work, Environment and Health*, *22*, 243-250.

Crook, M. A. & Langdon, F. J. (1974). The effects of aircraft noise on schools in the vicinity of the London Airport. *Journal of Sound and Vibration*, *34*, 241-248.

Crowe, M. J. (1968). Toward a "Definitional model" of public perceptions of air pollution. *Journal of the Air Pollution Control Association*, *18*, 154-157.

Cunningham, M. R. (1979). Weather, mood, and helping behavior: Quasi experiments with the sunshine Samaritan. *Journal of Personality and Social Psychology*, *37*, 1947-1956.

Dabbs, J. M. (1971). Physical closeness and negative feeling. *Psychonomic Science*, *23*, 141-143.

Dabbs, J. M., Fuller, J. P., & Carr, T. S. (1973). Personal space when "cornered": College students and prison inmates. *Proceeding of the 81st Annual Convention of the American Psychology Association*, *8*, 213-214.

Dabbs, J. M. & Stokes, N. A. (1975). Beauty is power: The use of space on the sidewalk. *Sociometry*, *38*, 551-557.

Darbek, T. E. (1986). *Human system responses to disaster: An inventory of sociological findings*. New York: Springer-Verlag.

D'Atri, D. A. (1975). Psychophysiological responses to crowding. *Environment and Behavior*, *7*, 237-251.

D'Atri, D. A. & Ostfeld, A. (1975). Crowding: Its effects on the elevation of blood pressure in a prison setting. *Preventive Medicine*, *4*, 550-566.

Daves, W. F. & Swaffer, P. W. (1971). Effect of room size on critical interpersonal distance. *Perceptual and Motor Skills*, *33*, 926.

Davidson, L. M., Baum, A., & Collins, D. L. (1982). Stress and control-related problems at Three Mile Island. *Journal of Applied Social Psychology*, *12*, 349-359.

Davis, G. J. & Meyer, R. K. (1973). FSH and LH in snowshoe hare during the increasing phase of the 10 year cycle. *General Comparative Endocrinology*, *20*, 53-60.

Dawes, R. M., McTavish, J., & Shaklee, H. (1977). Behavior, communication and assumptions about other people's behaviors in a commons dilemma situation. *Journal of Personality and Social Psychology*, *35*, 1-11.

Dean, L. M., Pugh, W. M., & Gunderson, E. K. E. (1976). Spatial and perceptual components of crowding: Effects on the health and satisfaction. In S. Saegert (Ed.), *Crowding in real environments*. Beverly Hills: Sage.

Dean, L. M., Willis, F. N., & Larocco, J. M. (1976). Invasion of personal space as a function of age, sex, and reace. *Psychological Reports*, *38*, 959-965.

DeFronzo, J. (1984). Climate and crime: Tests of an FBI assumption. *Environment and Behavior*, *16*, 185-210.

Deleon, I. G. & Fuqua, R. W. (1995). The effects of commitment and group feedback on curbside recycling. *Environment and Behavior*, *27*, 233-250.

Dennis, M. L., Soderstrom, E. J., Koncinski, W. S., & Cavanaugh, B. (1990). Effective dissemination of energy-related information: Applying social psychology and evaluation research. *American Psychologist*, *45*, 1109-1117.

Desor, J. A. (1972). Toward a psychological theory of crowding. *Journal of*

Personality and Social Psychology, *21*, 79 - 83.

Devlin, A. S. & Bernatein, J. (1995). Interactive wayfinding: Use of cues by men and women. *Journal of Environmental Psychology*, *15*, 23 - 38.

Dew, M. A., Bromet, E. J., & Schulburg, H. C. (1987). Mental health effects of the Three Mile Island nuclear reactor restart. *American Journal of Psychiatry*, *144*, 1074 - 1077.

De Young, R. (1986). Some psychological aspects of recycling: The structure of conservation satisfactions. *Environment and Behavior*, *18*, 435 - 449.

De Young, R., Duncan, A., Frank, J., Gill, N., Rothman, S., Shenot, J., Shotkin, A., & Zweizig, M. (1993). Promoting source reduction behavior: The role of motivational behavior. *Environment and Behavior*, *25*, 70 - 85.

Digon, E. & Block, H. (1966). Suicides and climatology. *Archives of Environmental Health*, *12*, 279 - 286.

Donnerstein, E. & Wilson, E. W. (1976). Effects of noise and perceived control on ongoing and subsequent aggressive behavior. *Journal of Personality and Social Psychology*, *34*, 774 - 781.

Dooley, B. B. (1978). Effects of social density on men with "close" or "far" personal space. *Population and Environment*, *1*, 251 - 265.

Dosey, M. & Meisels, M. (1969). Personal space and self-protection. *Journal of Personality and Social Psychology*, *11*, 93 - 97.

Downs, R. M. & Stea, D. (1973). Cognitive maps and spatial behavior: Process and products. In R. M. Downs & D. Stea (Eds.), *Image and Environment: Cognitive Mapping and Spatial Behavior*. Chicargo: Aldine.

Drabek, T. (1986). *Human System Responses to Disaster: An Inventory of Sociological Findings*. Springer Verlag, New York.

Dubos, R. (1965). *Man adapting*. New Haven, Conn.: Yale University Press.

Duke, M. P. & Nowicki, S., Jr. (1972). A new measure and social-learning model for interpersonal distance. *Journal of Experimental Research in Personality*, *6*, 119 - 132.

Du Vall-Early, K. & Benedict, J. O. (1992). The relationships between privacy and different components of job satisfaction. *Environment and Behavior*, *24*, 670 - 679.

Dwyer, W. O., Leeming, F. C., Cobern, M. K., Porter, B. E., & Jackson, J. M. (1993). Critical review of behavioral interventions to preserve the environment: Research since 1980. *Environment and Behavior*, *25*, 275 - 321.

Dyson, M. L. & Passmore, N. I. (1992). Inter-male spacing and aggression in African painted reed frogs, Hyperolius marmoratus. *Ethology*, *91*, 237–247.

Easterbrook, J. A. (1959). The effects of emotion on cue-utilization and the organization of behavior. *Psychological Review*, *66*, 183–201.

Ebreo, A., Hershey, J., & Vining, J. (1999). Reducing solid waste: Linking recycling to environmentally responsible consumerism. *Environment and Behavior*, *31*, 107–135.

Edney, J. J. (1975). Territoriality and control: A field experiment. *Journal of Personality and Social Psychology*, *31*, 1108–1115.

Edney, J. J. (1979). The nuts game: A concise commons dilemma analogue. *Environmental Psychology and Nonverbal Behavior*, *3*, 252–254.

Edney, J. J. & Bell, P. A. (1983). The commons dilemma: comparing altruism, the Golden Rule, perfect equality of outcomes, and territoriality. *The Social Science Journal*, *20*, 23–33.

Edney, J. J. & Harper, C. S. (1978). The effects of information in a resource management problem: A social trap analog. *Human Ecology*, *6*, 387–395.

Edney, J. J., Walker, C. A., & Jordan, N. L. (1976). Is there reactance in personal space? *Journal of Social Psychology*, *100*, 207–217.

Edwards, D. J. (1972). Approaching the unfamiliar: A study of human interaction distance. *Journal of Behavior Science*, *1*, 249–250.

Efran, M. G. & Cheyne, J. A. (1974). Affective concomitants of the invasion of shared space: Behavior, physiological, and verbal indicators. *Journal of Personality and Social Psychology*, *29*, 219–226.

Eibl-Eibesfeldt, I. (1970). *Ethology: The biology of behavior*. New York: Holt, Rinehart & Winston.

Ellermeier, W. & Hellbrueck, J. (1998). Is level irrelevant in "irrelevant speech?" Effects of loudness, signal-to-noise ratio, and binaural unmasking. *Journal of Experimental Psychology: Human Perception and Performance*, *24*, 1406–1414.

Ellison-Potter, P. A., Bell, P. A., & Deffenbacher, J. L. (2001). The effects of trait driving anger, anonymity, and aggressive stimuli on aggressive driving behavior. *Journal of Applied Social Psychology*, *31*, 431–443.

Epstein, Y. M. & Karlin, R. A. (1975). Effects of acute experimental crowding. *Journal of Applied Social Psychology*, *5*, 34–53.

Evans, G. W. (1978). Human spatial behavior: The arousal model. In A. Baum & Y. Epstein(Eds.), *Human response to crowding* (pp. 283–302).

Hillsdale, NJ: Erlbaum.

Evans, G. W. (1979). Behavioral and physiological consequences of crowding in humans. *Journal of Applied Social Psychology*, 9, 27-46.

Evans, G. W. (1979). Design implications of spatial research. In J. Aeillo & A. Baum (Eds.), *Residential crowding and design* (pp. 197-215). New York: Plenum.

Evans, G. W. (1980). Environmental cognition. *Psychological Bulletin*, 88, 259-287.

Evans, G. W. (2006). Child development and the physical environment. *Annual Review of Psychology*, 57, 423-451.

Evans, G. W. & Cohen, S. A. (1987). Environmental stress. In D. Stokols & I. Altman (Eds.), *Handbook of environmental psychology* (Vol. 1). New York: John Wiley and Sons.

Evans, G. W. & Howard, R. B. (1973). Personal space. *Psychological Bulletin*, 80, 334-344.

Evans, G. W., Hygge, S., & Bullinger, M. (1995). Chronic noise and psychological stress. *Psychological Science*, 6, 333-338.

Evans, G. W. & Jacobs, S. V. (1982). Air pollution and human behavior. In G. W. Evans (Ed.), *Environmental stress* (pp. 105-132). Cambridge: Cambridge University Press.

Evans, G. W., Jacobs, S. V., Dooley, D., & Catalano, R. (1987). The interaction of stressful life events and chronic strains on community mental health. *American Journal of Community Psychology*, 15, 23-24.

Evans, G. W., Jacobs, S. V., & Frager, N. B. (1982). Behavioral responses to air pollution. In A. Baum & J. Singer (Eds.), *Advances in environmental psychology* (Vol. 4, pp. 237-270). Hillsdale, NJ: Erlbaum.

Evans, G. W. & Maxwell, L. (1997). Chronic noise exposure and reading deficits: The mediating effects of language acquisition. *Environment and Behavior*, 29, 638-656.

Evans, G. W., Palsane, M. N., Lepore, S. J. & Martin, J. (1989). Residential density and psychological health: The mediating effects of social support. *Journal of Personality and Social Psychology*, 57, 994-999.

Fay, T. H. (1991). *Noise and health*. New York: New York Academy of Medicine.

Federspiel, C. C., Fisk, W. J., Price, P. N., Liu, G., Faulkner, D., Dibartolomeo, D. L. et al. (2004). Worker performance and ventilation in a call center: Analyses of work performance data for registered nurses.

Indoor Air, *14*, 41-50.

Felipe, N. & Sommer, R. (1966). Invasions of personal space. *Social Problems*, *14*, 206-214.

Festinger, L. A. (1954). A theory of social comparison process. *Human Relations*, *7*, 117-140.

Festinger, L. A., Schachter, S., & Back, K. (1950). *Social pressures in informal groups*. New York: Harper & Row.

Finnie, F. C. (1973). Field experiments in litter control. *Environment and Behavior*, *5*, 123-144.

Fisher, J. D. (1974). Situation-specific variables as determinants of perceived crowdedness. *Journal of Research in Personality*, *8*, 177-188.

Fisher, J. D. & Baum, A. (1980). Situational and arousal-based messages and the reduction of crowding stress. *Journal of Applied Social Psychology*, *10*, 191-201.

Fisher, J. D., Bell, P. A., & Baum, A. (1984). *Environmental psychology (2nd ed)*. New York: Holt, Rienhart, & Winston.

Fisher, J. D. & Byrne, D. (1975). Too close for comfort: Sex difference in response to invasion of personal space. *Journal of Personality and Social Psychology*, *32*, 15-21.

Fleming, I., Baum, A., & Weiss, L. (1987). Social density and perceived control as mediators of crowding stress in high-density residential neighborhoods. *Journal of Personality and Social Psychology*, *52*, 899-906.

Folk, G. E. (1974). *Textbook of environmental physiology*. Philadelphia: Lea and Febiger.

Folkman, S., Lazarus, R., Pimley, S., & Novacek, J. (1987). Age differences in stress and coping processes. *Psychology and Aging*, *2*, 171-184.

Foot, H. C., Chapman, A. J., & Smith, J. R. (1977). Friendship and social responsiveness in boys and girls. *Journal of Personality and Social Psychology*, *35*, 401-411.

Ford, J. G. & Graves, J. R. (1977). Differences between Mexican-American and white children in interpersonal distance and social touching. *Perceptual and Motor Skills*, *45*, 779-785.

Fox, W. F. (1967). Human performance in the cold. *Human Factors*, *9*, 203-220.

Foxx, R. M. & Hake, D. E. (1977). Gasoline conservation: A procedure for measuring and reducing the driving of college students. *Journal of Applied*

Behavior Analysis, 10, 61 – 74.
Francescato, D. & Mebane, W. (1973). How citizens view two great cities: Milan and Roma. In R. M. Downs & D. Stea (Eds.), *Image and environment: Cognitive mapping and spatial behavior*. Chicargo: Aldine.
Freedman, J. L. (1971). The crowd: Maybe not so madding after all. *Psychology Today*, 9, 58 – 62.
Freedman, J. L. (1975). *Crowding and behavior*. New York: Viking Press.
Freedman, J. L. (1979). Reconciling apparent differences between the responses of humans and other animals to crowding. *Psychological Review*, 86, 80 – 85.
Freedman, J. L., Birsky, J., & Cavoukian, A. (1980). Environmental determinants of behavioral contagion: Density and number. *Basic and Applied Social Psychology*, 1, 155 – 161.
Freedman, J. L., Klevansky, S., & Ehrlich, P. I. (1971). The effects of crowding on human task performance. *Journal of Applied Social Psychology*, 1, 7 – 26.
Freedman, J. L., Levy, A., Buchanan, R., & Price, J. (1972). Crowding and human aggressiveness. *Journal of Experimental Social Psychology*, 8, 528 – 548.
Freedman, J. L. & Perlick, D. (1979). Crowding, contagion, and laughter. *Journal of Experimental Social Psychology*, 8, 528 – 548.
Freedy, J. R., Shaw, D. L., Jarrell, M. P., & Masters, C. R. (1992). Towards an understanding of the psychological impact pf natural disasters: An application of the conversation of resources stress model. *Journal of Traumatic Stress*, 5, 441 – 454.
Freimark S., Wener, R., Phillips, D., & Korber, E. (1984, August). *Estimation of crowding, number and density for human and non-human stimuli*. Poster at the annual meeting of the American Psychological Association, Toronto.
Freudenburg, W. R. & Jones, T. R. (1991). Attitude and stress in the presence of technological risk: A test of the Supreme Court hypothesis. *Social Forces*, 69, 1143 – 1168.
Frisancho, A. R. (1979). *Human adaptation*. St. Louis: Mosby.
Frisancho, A. R. (1993). *Human adaptation and accommodation*. Ann Arbor, MI: University of Michigan Press.
Fritz, C. E. & Marks, E. S. (1954). The NORC studies of human behavior in disaster. *Journal of Social Issues*, 10, 26 – 41.
Fry, A. M. & Willis, F. N. (1971). Invasion of personal space as a function of

the age the invader. *Psychological Record*, *21*, 385 – 389.
Fusco, M. E. , Bell, P. A. Jorgensen, M. D. , & Smith, J. M. (1991). Using a computer to study the commons dilemma. *Simulation and Gaming*, *22*, 67 – 74.
Galea, L. A. M. & Kimura, D. (1993). Sex differences in route-learning. *Personality and Individual Differences*, *14*, 53 – 65.
Garrett, G. , Baxter, J. C. , & Rozelle, R. M. (1981). Training university police in black-American nonverbal behavior. *Journal of Social Psychology*, *113*, 217 – 229.
Gärling, T. , Böök, A. , & Ergezen, N. (1982). Memory for the spatial layout of the everyday physical environment. *Scandinavian Journal of Psychology*, *23*, 23 – 35.
Gärling, T. , Böök, A. , & Lindberg, E. (1986). Spatial orientation and wayfinding in the designed environment: A conceptual analysis and some suggestions for postoccupancy evaluation. *Journal of Architectural Planning Research*, *3*, 55 – 64.
Geen, R. G. & O'Neal, E. C. (1969). Activation of cue-elicited aggression by general arousal. *Journal of Personality and Social Psychology*, *11*, 289 – 292.
Geller, E. S. , Winnett, R. A. , & Everett, R. B. (1982). *Preserving the environment: New strategies for behavior change*. New York: Pergamom.
Geller, E. S. , Witmer, J. F. , & Tuso, M. E. (1977). Environmental interventions for litter control. *Journal of Applied Psychology*, *62*, 344 – 351.
Gibson, B. D. & Werner, C. (1994). Airport waiting areas as behavior settings: The role of legibility cues in communicating the setting program. *Journal of Personality and Social Psychology*, *66*, 1049 – 1060.
Gibson, J. J. (1979). *An ecological approach to visual perception*. Boston: Houghton Mifflin.
Giel, R. & Ormel, J. (1977). Crowding and subjective health in the Netherlands. *Social Psychiatry*, *12*, 37 – 42.
Gifford, R. (1982). Projected interpersonal distance and orientation choices personality, sex and social situation. *Social Psychology Quarterly*, *45*, 145 – 152.
Gifford, R. (2002). *Environmental psychology: Principles and practice*. Boston: Allyn & Bacon.
Gifford, R. & Hine, D. W. (1997). Toward cooperation in commons dilemmas. *Canadian Journal of Behavioral Science*, *29*, 167 – 179.

Gifford, R. & Wells, J. (1991). FISH: A commons dilemma simulation. *Behavior Research Methods*, *23*, 437–441.

Gillis, A. R., Richard, M. A., & Hagan, J. (1986). Ethnic susceptibility to crowding: An empirical example. *Environment and Behavior*, *18*, 683–706.

Ginsburg, H. J., Pollman, V. A., Wauson, M. S., & Hope, M. L. (1977). Variation of aggressive interaction among male elementary school children as a function of changes in spatial density. *Environmental Psychology and Nonverbal Behavior*, *2*, 67–75.

Gioia, D. A., Schultz, M., & Corley, K. G. (2000). Organizational identity, image, and instability. *Academy of Management Review*, *25*, 63–81.

Glaser, D. (1964). *The Effectiveness of a Prison and Parole System*. Indianapolis: Bobbs-Merrill.

Glass, D. C. & Singer, J. E. (1972). *Urban stress*. New York: Academic Press.

Glass, D. C., Singer, J. E., & Friedman, L. W. (1969). Psychic cost of adaptation to an environmental stressor. *Journal of Personality and Social Psychology*, *12*, 200–210.

Gochman, I. R. & Keating, J. P. (1980). Misattributions to crowding: Blaming crowding for nondensity-caused events. *Journal of Nonverbal Behavior*, *4*, 157–175.

Goeckner, D., Greenough, W., & Maier, S. (1974). Escape learning deficit after overcrowded rearing in rats: Tests of a helplessness hypothesis. *Bulletin of the Psychonomic Society*, *3*, 54–57.

Goeckner, D., Greenough, W., & Mead, W. (1973). Deficit in learning tasks following overcrowding in rats. *Journal of Personality and Social Psychology*, *28*, 256–261.

Gold, R. L. (1958). Roles in sociological field observations. *Social Forces*, *36*, 217–223.

Goldberg, G., Kiesler, C., & Coollins, B. (1969). Visual behavior and face-to-face distance during interaction. *Sociometry*, *32*, 43–53.

Goldhaber, M. K., Houts, P. S., & Disabella, R. (1983). Moving after the crisis: A prospective study of Three Mile Island area mobility. *Environment and Behavior*, *15*, 93–120.

Golestein, K. (1942). Some experimental observations concerning the influence of colors on the functions of the organism. *Occupational Therapy*, *21*, 147–151.

Golledge, R. G. (1993). Geography and the disabled: A survey with special reference to vision impaired and blind populations. *Transactions of the Institute of British Geographers*, *18*, 63-85.

Golledge, R. G., Smith, T. R., Pellegrino, J. W., Doherty, S., & Marshall, S. P. (1985). A conceptual model and empirical analysis of children's acquisition of spatial knowledge. *Journal of Environmental Psychology*, *5*, 125-152.

Gomes, L. M. P., Martinho-Pimenta, A. J. F., & Castelo, B. (1999). Effects of occupational exposure to low frequency noise on cognition. *Aviation, Space, and Environmental Medicine*, *70*, Suppl, A115-A118.

Goodchild, B. (1974). Class differences in environmental perception. *Urban Studies*, 59-79.

Goodman, G. H. & McAndrew, F. T. (1993). Domes and Astroturf: A note on the relationship between the physical environment and the performance of Major League baseball players. *Environment and behavior*, *25*, 121-125.

Gould, P. & White, R. (1982). *Mental maps* (2nd ed.). Boston: Allen & Unwin.

Gove, W. R. & Hughes, M. (1980). In pursuit of preconceptions: A reply to the claim of Booth and his colleagues that household crowding is not an important variable. *American Sociological Review*, *45*, 878-886.

Gramann, J. H. & Burdge, R. J. (1984). Crowding perception determinants at intensively developed outdoor recreation sites. *Leisure Sciences*, *6*, 167-186.

Green, B. L. (1990). Defining trauma: Terminology and generic stressor dimensions. *Journal of Applied Social Psychology*, *20*, 1632-1642.

Green, D. M. & Fidell, S. (1991). Variability in the criterion for reporting annoyance in community noise surveys. *Journal of the Acoustical Society of America*, *89*, 234-243.

Greenberg, C. I. (1979). Toward and integration of ecological psychology and industrial psychology: Undermanning theory, organization size, and job enrichment. *Environmental Psychology and Nonverbal Behavior*, *3*, 228-242.

Greenberger, D. B. & Strasser, S. (1986). Development and application of a model of personal control in organizations. *Academy of Management Review*, *11*, 164-177.

Greene, L. R. (1977). Effects of verbal evaluation feedback and interpersonal distance on behavioral compliance. *Journal of Consulting Psychology*, *24*, 10-14.

Griffit, W. & Veitch, R. (1971). Hot and crowded: Influence of population density and temperature on interpersonal affective behavior. *Journal of Personality and Social Psychology*, 17, 92 – 99.

Guagnano,G. A. , Stern, P. C. , & Dietz, T. (1995). Influences on attitude-behavior relationships: A natural experiment with curbside recycling. *Environment and Behavior*, 27, 699 – 718.

Guardo, C. J. (1976). Personal space, sex differences, and interpersonal attraction. *Journal of Psychology*, 92, 9 – 14.

Gump, P. V. (1990). A short history of the Midwest Psychological Field Station. *Environment and Behavior*, 22, 436 – 457.

Haber, G. M. (1980). Territorial invasion in the classroom: Invadee response. *Environment and Behavior*, 12, 17 – 31.

Haggard, L. M. & Werner, C. M. (1990). Situational support, privacy regulation, and stress. *Basic and Applied Social Psychology*, 11, 313 – 337.

Haghighat, F. & Donnini, G. (1999). Impact of psycho-social factors on perception of the indoor air environment studies in 12 office buildings. *Building and Environment*, 34, 479 – 503.

Hale, J. L. & Burgoon, J. K. (1984). Models of reactions to changes in nonverbal immediacy. *Journal of Nonverbal Behavior*, 8, 287 – 314.

Hall, E. T. (1959). *The silent language*. Greenwich, Conn. : Fawcett.

Hall,E. T. (1963). A system for the notation of proxemic behavior. *American Anthropologist*, 65, 1003 – 1026.

Hall, E. T. (1966). *The hidden dimensions*. New York: Doubleday.

Hall, M. & Baum, A. (1995). Intrusive thoughts as determinants of distress in parents of children with cancer. *Journal of Applied Social Psychology*, 25, 1215 – 1230.

Hambrick-Dixon, P. J. (1986). Effects of experimentally imposed noise on task performance of Black children attending day care centers near elevated subway trains. *Developmental Psychology*, 22, 259 – 264.

Hansson, R. O. , Noulles, D. , & Bellovich, S. J. (1982). Social comparison and urban-environmental stress. *Personality and Social Psychology Bulletin*, 8, 68 – 73.

Hanyu, K. (1993). The affective meaning of Tokyo: Verbal and nonverbal approaches. *Journal of Environmental Psychology*, 13, 161 – 172.

Hardin, G. (1968). The tragedy of the commons. *Science*, 162, 1243 – 1248.

Harland, P. , Staats, H. , & Wilke, H. A. M. (1999). Explaining proenvironmental intention and behavior by personal norms and the Theory of Planned Behavior. *Journal of Applied Psychology*, 29, 2505 – 2528.

Harries, K. D. & Stadler, S. J. (1988). Heat and violence: New findings from Dallas field data, 1980-1981. *Environment and Behavior*, *18*, 346 – 368.

Harris, P. B. & Brown, B. B. (1996). The home and identity display: Interpreting resident territoriality from home exteriors. *Journal of Environmental Psychology*, *16*, 187 – 203.

Harris, P. B., Luginbuhl, J. E. R., & Fishbein, J. E. (1978). Density and personal space in a field setting. *Social Psychology*, *41*, 350 – 353.

Hart, R. A. & Moore, G. T. (1973). The development of spatial cognition: A review. In R. M. Downs & D. Stea (Eds.), *Image and Environment: Cognitive Mapping and Spatial Behavior*. Chicargo: Aldine.

Hartig, T., Mang, M., & Evans, G. W. (1991). Restorative effects of natural environment experience. *Environment and Behavior*, *23*, 3 – 26.

Hartnett, J. J., Bailey, K. G., & Gibson, F. W. Jr. (1970). Personal space as influenced by sex and type od movement. *Journal of Psychology*, *76*, 139 – 144.

Harvey, M. L., Bell, P. A., & Birjulin, A. A. (1993). Punishment and type of feedback in a simulated commons dilemma. *Psychological Reports*, *73*, 447 – 450.

Hayduk, L. A. (1981). The shape of personal space: An experimental investigation. *Canadian Journal of Behavioral Science*, *123*, 87 – 93.

Hayduk, L. A. (1983). Personal space: Where we now stand. *Psychological Bulletin*, *94*, 293 – 335.

Hazlett, B. A. (1968). Effects of crowding on the agonistic behavior of the hermit crab Pargus bernbardus. *Ecology*, *49*, 573 – 575.

Heaton, A. W. & Sigall, H. (1989). The "championship choke" revisited: The role of fear of acquiring a negative identity. *Journal of Applied Social Psychology*, *19*, 1019 – 1033.

Hebb, D. O. (1972). *Textbook of psychology* (3rd ed.). Philadelphia: Saunders.

Heberlein, T. A. (1975). Conservation information: The energy crisis and electricity consumption in an apartment complex. *Energy Systems and Policy*, *1*, 105 – 117.

Hedge, A., Sims, W. R., & Becker, F. D. (1995). Effects of lensed-indirect and parabolic lighting on the satisfaction, visual health, and productivity of office workers. *Ergonomics*, *38*, 260 – 280.

Heerwagen, J. H. (1990). Affective functioning, "light hunger," and room brightness preferences. *Environment and Behavior*, *22*, 608 – 635.

Heffron, H. M. (1972). The naval ship as an urban design problem. *Naval*

Engineers Journal, *85*, 49 - 62.

Hellekson, C. J. , Kline, J. A. , & Rosenthal, N. E. (1986). Phototherapy for seasonal affective disorder in Alaska. *American Journal of Psychiatry*, *143*, 1035 - 1037.

Hendricks, M. & Bootzin, R. (1976). Race and sex as stimuli for negative affect and physical avoidance. *Journal of Social Psychology*, *98*, 111 - 120.

Henley, N. M. (1977). *Body politics*. Englewood Cliffs, NJ: Prentice-Hall.

Henrick, C. , Gisen, M. , & Coy, S. (1974). The social ecology of free seating arrangements in a small group interaction context. *Sociometry*, *37*, 262 - 274.

Henry, J. P. , Meehan, J. P. , & Stephens, P. M. (1967). The use of psychosocial stimuli to induce prolonged systolic hypertension in mice. *Psychosomatic Medicine*, *29*, 408 - 432.

Henry, J. P. , Stephens, P. M. , Axelrod, J. , & Mueller, R. A. (1971). Effect of psychosocial stimulation on the enzymes involved in the biosynthesis and metabolism of noradrenaline and adrenaline. *Psychosomatic Medicine*, *33*, 227 - 237.

Herzog, T. R. , Black, A. M. , Fountain, K. A. , & Knotts, D. (1997). Reflection and attentional recovery as distinctive benefits of restorative environments. *Journal of Environmental Psychology*, *17*, 165 - 170.

Heshka, S. & Nelson, Y. (1972). Interpersonal speaking distance as a function of age, sex, and relationship. *Sociometry*, *35*, 491 - 498.

Hillmann, R. B. , Brooks, C. I. , & O' Brien, J. P. (1991). Differences in self-esteem of college fresh-men as a function of classroom seating-row preference. *Psychological Report*, *41*, 315 - 320.

Hirtle, S. C. & Jonides, J. (1985). Evidence of hierarchies in cognitive maps. *Memory and Cognition*, *13*, 208 - 217.

Hiss, T. (1990). *The Experience of Place*. New York: Knopf.

Hobfoll, S. E. (1989). Conservation of resources: A new attempt at conceptualizing stress. *American Psychologist*, *44*, 513 - 524.

Hodosh, R. J. , Ringo, J. , & McAndrew, F. T. (1979). Density and lek displays in Drosophila grimsbawi. *Zeitschrift fur Tierpsychologie*, *49*, 164 - 172.

Holahan, C. J. (1976). Environmental change in a psychiatric setting: A social systems analysis. *Human relations*, *29*, 153 - 166.

Holahan, C. J. (1982). *Environmental Psychology*. New York: Random House.

Holahan, C. J. (1986). Environmental psychology. *Annual Review of Psychology*, *37*, 381-407.

Holahan, C. J. & Saegert, S. (1973). Behavioral and attitudinal effects of large-scale variation in the physical environment of psychiatric wards. *Journal of Abnormal Psychology*, *83*, 454-462.

Holden, C. (1996). The Last of the Cahokians. *Science*, *272*, 351.

Holding, C. S. (1992). Clusters and reference points in cognitive representations of the environment. *Journal of Environmental Psychology*, *12*, 45-56.

Hopper, J. R. & Nielsen, J. M. (1991). Recycling as altruistic behavior: Normative behavioral strategies to expand participation in a community recycling program. *Environment and Behavior*, *23*, 195-220.

Horonjeff, R. D., Kimura, Y., Miller, N. P., Robert, W. E., Rossano, C. F., & Sanchez, G. (1993). *Acoustic data collected at Grand Canyon, Haleakala, and Hawaii Volcanoes National Parks*. National Park Service, USDI, Report No. 290940.18, Denver, CO.

Horowitz, M. J., Duff, D. F., & Stratton, L. O. (1964). Body-buffer zone: Exploration of personal space. *Archives of General Psychiatry*, *11*, 651-656.

Hughes, J. & Goldman, M. (1978). Eye contact, facial expression, sex, and the violation of personal space. *Perceptual and Motor Skills*, *46*, 579-584.

Hughes, P. C. & McNelis, J. F. (1978, August). *Lighting, productivity, and the work environment*. Paper presented at the annual Illuminating Engineering Society technical meeting, Denver.

Hull, E. M., Langan, C. J., & Rosselli, L. (1973). Population density and social, territorial, and physiological measures in the gerbil, Meriones unquiculatus. *Journal of Comparative and Physiological Psychology*, *84*, 414-422.

Hummel, C. F., Levitt, L., & Loomis, R. J. (1973). *Research strategies for measuring attitudes toward pollution*. Unpublished manuscript, Colorado State University.

Hummel, C. F., Loomis, R. J., & Hebert, J. A. (1975). *Effects of city labels and cue utilization on air pollution judgments* (Working Papers in Environmental-Social Psychology, NO. 1). Unpublished manuscript, Colorado State University.

Hunt, M. E. (1984). Environmental learning without being there. *Environment and Behavior*, *16*, 307-334.

Hutt, C. & Vaizey, J. (1966). Differential effects of group density on social behavior. *Nature*, *209*, 1371 - 1372.

Hymbaugh, K. & Garrett, J. (1974). Sensation seeking among skydivers. *Perceptual and Motor Skills*, *38*, 118 - 119.

Jackson, E. L. (1981). Responses to earthquake hazard: The west coast of America. *Environment and Behavior*, *3*, 387 - 416.

Jacobs, S. V. , Evans, G. W. , Catalano, R. , & Dooley, D. (1984). Air pollution and depressive symptomatology: Exploratory analyses of intervening psychosocial factors. *Population and Environment*, *7*, 260 - 272.

Jacobs, H. E. & Bailey, J. S. (1982). Evaluating participation in a residential program. *Journal of Environmental Systems*, *13*, 245 - 254.

Jacobson, R. D. & Kitchin, R. M. (1995). Assessing the configurational knowledge of people with visual impairments or blindness. *Swansea geographer*, *32*, 14 - 24.

James, B. (1984). A few words about the home field advantage. In B. James (Eds.), *The Bill James baseball abstract 1984*. New York: Ballantine.

Jeon, J. Y. , Lee, P. J. , You, J. , & Kang, J. (2010). Perceptual assessment of urban soundscape quality with combined noise sources and water sounds. *Journal of the Acoustical Society of America*, *127*(3), 1357 - 1366.

Jerdee, T. H. & Rosen, B. (1974). The effects of opportunity to communicate and visibility of individual decisions on behavior in the common interest. *Journal of Applied Psychology*, *59*, 712 - 716.

Job, R. F. S. (1988). Community response to noise: A review of factors influencing the relationship between noise exposure and reaction. *Journal of Acoustical Society of America*, *83*, 991 - 1001.

Johnson-Laird, P. N. (1996). Images, models, and propositional representations. In M. DeVega, M. J. Intons-Peterson, P. N. Johnson-laird, M. Denis, & M. Marschark (Eds.), *Models of visuospatial conition* (pp. 90-127). New York: Oxford University Press.

Jones, D. M. , Smith, A. P. , & Broadbent, D. E. (1979). Effects of moderate intensity noise on the Bakan Vigilance Task. *Journal of Applied Psychology*, *64*, 627 - 634.

Jones, J. W. & Bogat, C. A. (1978). Air pollution and human aggression. *Psychological Reports*, *43*, 721 - 722.

Jones, S. E. (1971). A comparative proxemic analysis of dyadic interaction in selected subcultures of New York City. *Journal of Psychology*, *84*, 35 - 44.

Jorgenson D. O. & Papciak, A. S. (1981). The effects of communication, resource feedback and identifiability on behavior in a simulated commons. *Journal of Experimental Social Psychology*, 17, 373–385.

Jourard, S. M. & Friedman, R. (1970). Experimenter-subject "distance" and self-disclosure. *Journal of Personality and Social Psychology*, 15, 278–282.

Judge, P. G. & de Waal, F. B. M. (1993). Conflict avoidance among rhesus monkeys: Coping with short-term crowding. *Animal Behavior*, 46, 221–232.

Kahneman, D. (1973). *Attention and effort*. Englewood Cliffs, NJ: Prentice-Hall.

Kaplan, R. & Kaplan, S. (1989). *The experience of nature: A psychological perspective*. NY: Cambridge University Press.

Kaplan, S. (1995). The restorative benefits of nature: Toward an integrative framework. *Journal of Environmental Psychology*, 15, 169–182.

Kaplan, S., Bardwell, L. V., & Slakter, D. B. (1993). The museum as a restorative environment. *Environment and Behavior*, 25, 725–742.

Karabenick, S. & Meisels, M. (1972). Effects of performance evaluation on interpersonal distance. *Journal of Personality*, 40, 257–286.

Karan, P. P., Bladen, W. A., & Singh, G. (1980). Slum dwellers' and squatters' images of the city. *Environment and Behavior*, 12, 81–100.

Karlin, R. A., Katz, S., Epstein, Y. M., & Woolfolk, R. L. (1979). The use of therapeutic interventions to reduce crowding-related arousal: A preliminary investigation. *Environmental Psychology and Nonverbal Behavior*, 3, 219–227.

Karlin, R. A., McFarland, D., Aiello, J. R., & Epstein, Y. M. (1976). Normative mediation of reactions to crowding. *Environmental Psychology and Nonverbal Behavior*, 1, 30–40.

Kasper, S., Rogers, S. L. B., Yancey, A., Skwerer, R. G., Schulz, P. M., & Rosenthal, N. E. (1989). Psychological effects of light therapy in normal. In N. E. Rosenthal & M. C. Blehar (Eds.), *Seasonal affective disorders and phototherapy*. New York: Guilford.

Kassover, C. J. (1972). Self-disclosure, sex, and the use of personal distance. *Dissertation Abstracts International*, 32, 442B.

Kato, Y. (1987). Microgenesis of cognitive map and sense of direction. *Revue de Psychologie Appliquée*, 261–282.

Kato, Y. & Takeuchi, Y. (2003). Individual differences in wayfinding strategies. *Journal of Environmental Psychology*, 23, 171–188.

Katz, P. (1937). *Animals and men*. New York: Longmans, Green.

Katzev, R. D. & Mishima, H. R. (1992). The use of posted feedback to promote recycling. *Psychological Reports*, *71*, 259–264.

Katzev, R. D. & Pardini, A. U. (1988). The comparative effectiveness of reward and commitment approaches in motivating community recycling. *Journal of Environmental Systems*, *17*, 93–113.

Keane, T. M. & Wolfe, J. (1990). Comorbidity in post-traumatic stress disorder: An analysis of community and clinical studies. *Journal of Applied Social Psychology*, *20*, 1776–1788.

Kearney, A. R. & De Young, R. (1995). A knowledge-based intervention for promoting carpooling. *Environment and Behavior*, *27*, 650–678.

Kempton, W., Darley, J. M., & Stern, P. C. (1992). Psychological research for the new energy problems: Strategies and opportunities. *American Psychologist*, *47*, 1213–1223.

Kempton, W., Harris, C. K., Keith, J. G., & Weil, J. S. (1985). Do consumers know what works in energy conservation? *Marriage and Family Review*, *9*, 115–133.

Kempton, W. & Montgomery, L. (1982). Fork quantification of energy. *Energy — The International Journal*, *7*, 817–827.

Kenrick, D. T. & MacFarlane, S. W. (1986). Ambient temperature and horn honking: A field study of the heat/aggression relationship. *Environment and Behavior*, *18*, 179–191.

Kerr, J. H. & Tacon, P. (1999). Psychological responses to different types of locations and activities. *Journal of Environmental Psychology*, *19*, 287–294.

Kerr, N. L. & Kaufman-Gilliland, C. M. (1994). Communication, commitment, and cooperation in social dilemmas. *Journal of Personality and Social Psychology*, *66*, 513–529.

Kerr, R. A. (1991). Geothermal tragedy of the commons. *Science*, *253*, 134–135.

Khew, K. & Brebner, J. (1985). The role of personality in crowding research. *Personality and Individual Differences*, *6*, 641–643.

Kinsey, K. P. (1976). Social behavior in confined population of the Allegheny woodrat, Neotoma Floridana magister. *Animal Behaviour*, *24*, 181–187.

Kirasic, K. C. & Mathes, E. A. (1990). Effects of different means of conveying environmental information on elderly adults' spatial cognition and behavior. *Environment and Behavior*, *22*, 591–607.

Kitchin, R. M. & Freundschuh, S. (2000). *Cognitive Mapping: Past, Present and Future*. Routledge.

Kitchin, R. M. & Jacobson, R. D. (1997). Techniques to Collect and Analyze the Cognitive Map Knowledge of Persons with Visual Impairment or Blindness: Issues of Validity. *Journal of Visual Impairment and Blindness, 91*, 360–376.

Kjellberg, A. & Landström, U. (1994). Noise in the office: Part II — The scientific basis (knowledge base) for the guide. *International Journal of Industrial Ergonomics, 14*, 93–118.

Kjellberg, A., Landström, U., Tesarz, M., Söderberg, L., & Åkerlund, E. (1996). The effects of nonphysical noise characteristics, ongoing task and noise sensitivity on annoyance and distraction due to noise at work. *Journal of Environmental Psychology, 16*, 123–136.

Klein, K. & Beith, B. (1985). Re-examination of residual arousal as an explanation of aftereffects: Frustration tolerance versus response speed. *Journal of Applied Psychology, 70*, 642–650.

Klein, R. & Harris, B. (1979). Disruptive effects of disconfirmed expectancies about crowding. *Journal of Personality and Social Psychology, 37*, 769–777.

Kline, L. M., Harrison, A., Bell, P. A., Edney, J. J., & Hill, E. (1984). Verbal reinforcement and feedback as solutions to a simulated commons dilemma. *Psychology Documents, 14*, 24 (ms. No. 2648).

Knowles, E. S. (1980). Convergent validity of personal space measure: Consistent results with low inter correlations. *Journal of Nonverbal Behavior, 4*, 240–248.

Knowles, E. S. (1983). Social physics and the effects of others: Tests of the effects of audience size and distance on social judgments and behavior. *Journal of Personality and Social Psychology, 45*, 1263–1279.

Kohlenberg, R. & Phillips, T. (1973). Reinforcement and rate of litter depositing. *Journal of Applied Behavior Analysis, 6*, 391–396.

Komorita, S. S. (1987). Cooperative choice in decomposed social dilemmas. *Personality and Social Psychology Bulletin, 13*, 53–63.

Konecni, V. J., Libuser, L., Morton, H., & Ebbesen, E. B. (1975). Effects of a violation of personal space on escape and helping responses. *Journal of Experimental Social Psychology, 11*, 288–299.

Koneya, M. (1976). Location and interaction in row-and-column seating arrangements. *Environment and Behavior, 8*, 265–283.

Kosslyn, S. M. (1980). *Imagery and mind*. Cambridge, MA: Harvard University Press.

Kosslyn, S. M. (1983). *Ghosts in the mind's machine: Creating images in the brain*. New York: W. W. Norton.

Kosslyn, S. M., Ball, T. M., & Reiser, B. J. (1978). Visual images preserve metric spatial information: Evidence from studies of image scanning. *Journal of Experimental Psychology: Human Perception and Performance*, 4, 47-60.

Kozlowski, L. T. & Bryant, K. J. (1977). Sense of direction, spatial orientation, and cognitive maps. *Journal of Experimental Psychology: Human Perception and Performance*, 3, 590-598.

Krail, K. & Leventhal, G. (1976). The sex variable in the intrusion of personal space. *Sociometry*, 39, 170-173.

Kramer, R. M. & Brewer, M. B. (1984). Effects of group identity on resource use in a simulated commons dilemma. *Journal of Personality and Social Psychology*, 46, 1044-1057.

Krauss, R. M., Freedman, J. L., & Whitcup, M. (1978). Field and laboratory studies of littering. *Journal of Experimental Social Psychology*, 14, 109-122.

Kripke, D. F., Gillin, J. C., Mullaney, D. J., Risch, S. C., & Janowsky, D. S. (1987). Treatment of major depressive disorders by bright white light for five days. In A. Halaris (Eds.), *Chronobiology and neuropsychiatric disorders*. New York: Elsevier.

Kripke, D. F., Risch, S. C., & Janowsky, D. (1983). Bright white light alleviates depression. *Psychiatric Research*, 10, 105-112.

Kryter, K. D. (1994). *The handbook of learning and effects of noise*. San Diego: Academic Press.

Kuethe, J. L. (1962a). Social schemas. *Journal of Abnormal and Social Psychology*, 65, 31-38.

Kuethe, J. L. (1962b). Social schemas and the reconstruction of social object displays from memory. *Journal of Abnormal and Social Psychology*, 65, 71-74.

Kuethe, J. L. (1964). Pervasive influence of social schemata. *Journal of Abnormal Psychology*, 68, 248-254.

Lachini T., Ruotolo F. & Ruggiero G. (2009). The effects of familiarity and gender on spatial representation. *Journal of Environmental Psychology*, 29, 227-234.

LaFrance, M. & Mayo, C. (1976). Racial differences in gaze behavior during conversations: Two systematic observational studies. *Journal of Personality and Social Psychology*, 42, 646-657.

Laird, D. A. (1933). The influence of noise on production and fatigue, as related to pitch, sensation level and steadiness of the noise. *Journal of Applied Psychology*, *17*, 320–330.

Landström, U., Åkerlund, E., Kjellberg, A., & Tesarz, M. (1995). Exposure levels, tonal components, and noise annoyance in working environments. *Environment International*, *21*, 265–275.

Landström, U., Kjellberg, A., & Soderberg, L. (1998). Noise annoyance at different times of the working day. *Journal of Low Frequency Noise, Vibration and Active Control*, *17*, 35–41.

Langer, E. J. & Saegert, S. (1977). Crowding and cognitive control. *Journal of Personality and Social Psychology*, *35*, 175–182.

Lassen, C. L. (1973). Effect of proximity on anxiety and communication in the initial psychiatric interview. *Journal of Abnormal Psychology*, *81*, 226–232.

Lawton, C. A. (1994). Gender differences in way-finding strategies: Relationship to spatial ability and spatial anxiety. *Sex Roles*, *30*, 765–779.

Lawton, C. A. (1996). Strategies for indoor wayfinding: The role of orientation. *Journal of Environmental Psychology*, *16*, 137–145.

Lazarus, R. S. (1966). *Psychological stress and the coping process*. New York: McGraw-Hill.

Lazarus, R. S. (1998). *Fifty years of research and theory by R. S. Lazarus: An analysis of historical and perennial issues*. Malwah, NJ: Erlbaum.

Lazarus, R. S. & Folkman, S. (1984). *Stress, appraisal, and coping*. NY: Springer.

Lazarus, R. S. & Launier, R. (1978). Stress-related transactions between person and environment. In L. A. Pervin & M. Lewis (Eds.), *Perspectives in interactional psychology*. New York: Plenum.

Leather, P., Pyrgas, M., Beale, D., & Lawrence, C. (1998). Windows in the workplace: Sunlight, view, and occupational stress. *Environment and Behavior*, *30*, 739–762.

Lepore, S. J., Evans, G. W., & Schneider, M. L. (1991). Dynamic role of social support in the link between chronic stress and psychological distress. *Journal of Personality and Social Psychology*, *61*, 899–909.

Lercher, P. (1996). Environmental noise and health: An integrated research perspective. *Environment International*, *22*, 117–129.

Levenson, M. R. (1990). Risk taking and personality. *Journal of Personality and Social Psychology*, *58*, 1073–1080.

Leventhal, G. & Levitt, L. (1979). Physical, social, and personal factors in the perception of crowding. *Journal of Nonverbal Behavior*, 4, 40-55.

Lewis, C. A. (1979). Comment: healing in the urban environment. *Journal of the Institute of American Planners*, 45, 330-338.

Lewis, J., Baddeley, A. D., Bonham, K. G., & Lovett, D. (1970). Traffic pollution and mental efficiency. *Nature*, 225, 95-97.

Ley, D. & Cybriwsky, R. (1974a). Urban graffiti as territorial markers. *Annals of the Association of American Geographers*, 64, 491-505.

Ley, D. & Cybriwsky, R. (1974b). The spatial ecology of stripped cars. *Environment and Behavior*, 6, 53-68.

Lima, B. R., Pai, S., Cavis, L., Haro, J. M., Lima, A. M., Toledo, V., Lozano, J., & Santacruz, H. (1991). Psychiatric disorders in primary health care clinics one year after a major Latin American disaster. *Stress Medicine*, 7, 25-32.

Lipman, A. (1967). Chairs as territory. *New Society*, 20, 564-566.

Lipman, A. & Slater, R. (1979). Homes for old people: Towards a positive environment. In Canter, D. & Canter, S. (Eds.), *Designing for therapeutic environments*. NY: John Wiley & Sons.

Lipsey, M. W. (1977). Attitudes toward the environment and pollution. In S. Oskamp (Ed.), *Attitudes and opinions*. Englewood Cliffs, NJ: Prentice-Hall.

Little, K. B. (1965). Personal space. *Journal of Experimental Social Psychology*, 1, 237-247.

Lockard, J. S., McVittie, R. I., & Isaac, L. M. (1977). Functional significance of the affiliative smile. *Bulletin of the Psychonomic Society*, 9, 367-370.

Lombardo, J. P. (1986). Interaction of sex and role in response to violations of preferred seating arrangements. *Sex Role*, 15, 173-183.

Long, G. T., Selby, J. W., & Calhoun, L. G. (1980). Effects of situational stress and sex on interpersonal distance preference. *Journal of Psychology*, 105, 231-237.

Loo, C. M., (1973). Important issues in researching the effects of crowding on humans. *Representative Research in Social Psychology*, 4, 219-226.

Loo, C. M. & Kennelly, D. (1979). Social density: Its effects on behaviors and perceptions of preschoolers. *Environmental Psychology and Nonverbal Behavior*, 3, 131-146.

Loo, C. M. & Smetana, J. (1978). The effects of crowding on the behavior and perception of 10-year-old boys. *Environmental Psychology and Nonverbal Behavior*, 2, 226-249.

Loomis, D. K., Samuelson, C. D., & Sell, J. A. (1995). Effects of information and motivational orientation on harvest of a declining renewable resource. *Society and Natural Resources*, *8*, 1–18.

Lorenz, K. (1966). *On aggression*. New York: Harcourt, Brace & World.

Lott, D. E. & Sommer, R. (1967). Seating arrangements and status. *Journal of Personality and Social Psychology*, *7*, 90–95.

Love, K. D. & Aiello, J. R. (1980). Using projective techniques to measure interaction distance: A methodological note. *Personality and Social Psychology Bulletin*, *6*, 102–104.

Luyben, P. D. (1980a). Effects of informational prompts on energy conservation in college classrooms. *Journal of Applied Behavior Analysis*, *13*, 611–617.

Luyben, P. D. (1980b). Effects of a presidental prompts on energy conservation in college classrooms. *Journal of Environmental Systems*, *10*, 17–25.

Lynch, K. (1960). *The Image of the City*. Cambridge, MA: MIT Press.

MacDonald, J. E. & Gifford, R. (1989). Territorial cues and defensible space theory: The burglar's point of view. *Journal of Environmental Psychology*, *9*, 193–205.

MacEachren, A. M. (1992). Learning spatial information from maps: Can orientation-specificity be overcome? *Professional Geographer*, *44*, 431–443.

Mahl, G. F. & Schulze, G. (1964). Psychological research in the extralinguistic area. In T. A. Seboek, A. S. Hayes, & M. C. Bateson (Eds.), *Approaches to semiotics* (pp. 51–124). The Hague, Netherlands: Mouton.

Malandro, L. A., Barker, L., & Barker, D. A. (1989). *Nonverbal communication* (2nd ed.). New York: Random House.

Maloney, M. P. & Ward, M. P. (1973). Ecology: Let's hear from the people. *American Psychologist*, *30*, 787–790.

Maltzman, I. & Raskin, D. C. (1965). Effects of individual differences in the orienting reflex on conditioning and complex processes. *Journal of Experimental Research in Personality*, *1*, 1–16.

Mandel, D. R., Baron, R. M., & Fisher, J. D. (1980). Room utilization and dimensions of density: Effects of height and view. *Environment and Behavior*, *12*, 308–319.

Marans, R. W. & Yan, X. (1989). Lighting quality and environmental satisfaction in open and enclosed offices. *Journal of Architectural and Planning Research*, *6*, 118–131.

Margai, F. L. (1997). Analyzing changes in waste reduction behavior in a low-income urban community following a public outreach program. *Environment and Behavior*, 29, 769-792.

Markus, T. A. (1967). The significance of sunshine and view for office workers. *Proceedings of the CIE Conference on Sunlight in Buildings* (pp. 59-93). Bouwcentrum International, Rotterdam, The Netherlands.

Marshall, E. (1985). Space junk grows with weapons tests. *Science*, 230, 424-425.

Marshall, J. & Heslin, R. (1975). Boys and girls together. *Journal of Personality and Social Psychology*, 31, 952-961.

Marshall, M. (1972). Privacy and environment. *Human Ecology*, 1, 93-110.

Martichuski, D. K. & Bell, P. A. (1991). Reward, punishment, privatization, and moral suasion in a commons dilemma. *Journal of Applied Social Psychology*, 21, 1356-1369.

Martin, R. A., Kuiper, N. A., Olinger, L. J., & Dobbin, J. (1987). Is stress always bad? Telic versus paratelic dominance as a stress-moderating variable. *Journal of Personality and Social Psychology*, 53, 970-982.

Martindale, D. A. (1971). Territorial dominance behavior in dyadic verbal interactions. *Proceedings of the Annual Convention of the American Psychological Association*, 6, 305-306.

Massey, A. & Vandenburgh, J. G. (1980). Puberty delay by a urinary cue from female house mice in feral populations. *Science*, 209, 821-822.

Mathews, K. E. & Canon, L. K. (1975). Environmental noise level as a determinant of helping behavior. *Journal of Personality and Social Psychology*, 32, 571-577.

Mathews, K. E., Canon, L. K., & Alexander, K. (1974). The influence of level of empathy and ambient noise on the body buffer zone. *Proceedings of the American Psychological Association Division of Personality and Social Psychology*, 1, 367-370.

Mathews, R. W., Paulus, P. B., & Baron, R. A. (1979). Physical aggression after being crowded. *Journal of Nonverbal Behavior*, 4, 5-17.

McAndrew, F. T. (1993). *Environmental Psychology*. Pacific Grove, CA: Brooks/Cole.

McAndrew, F. T., Gold, J. A., Lenney, E., & Ryckman, R. M. (1984). Explorations in immediacy: The nonverbal system and its relationship to affective and situational factors. *Journal of Nonverbal Behavior*, 8, 210-228.

McAndrew, F. T. & Warner, J. E. (1986). Arousal seeking and the maintenance of mutual gaze in same and mixed-sex dyads. *Journal of*

Nonverbal Behavior, *10*, 168-172.

McBride, G., King, M. G., & James, J. W. (1965). Social proximity effects on galvanic skin responses in adult humans. *Journal of Psychology*, *61*, 153-157.

McCain, G., Cox, V. C., & Paulus, P. B. (1976). The relationship between illness complaints and degree of crowding in a prison environment. *Environment and Behavior*, *8*, 283-290.

McDonald, T. P. & Pellegrino, J. W. (1993). Psychological perspectives on spatial cognition. In T. Gärling & R. G. Golledge (Eds.), *Behavior and environment: Psychological and geographical approaches* (pp. 47-82). Amsterdam: Elsevier Science Publishers B. V.

McGrew. P. L. (1970). Social and spatial density effects on spacing behavior in preschool children. *Journal of Child Psychology and Psychiatry*, *11*, 197-205.

McGrew, W. G. (1972). *An ethological study of children's behavior*. New York: Academic Press.

McGuinness, D. & Sparks, J. (1979). Cognitive style and cognitive maps: Sex differences in representations. *Journal of Mental Imagery*, *7*, 101-118.

McGuire, W. & McGuire, C. V. (1981). The spontaneous self-concept as affected by personal distinctiveness. In M. D. Lynch & K. Gergen (Eds.), *Self-concept: Advances in theory and research*. New York: Ballinger: 147-171.

McKechine, G. E. (1974). *ERI manual: Environmental Response Inventory*. Berkeley, CA: Consulting Psychologists Press.

McKinney, K. D. (1998). Parental perceptions of children's privacy needs: Conceptions of Privacy. *Journal of Family Issues*, *19*, 75-100.

McLure, J., Walkey, F., & Allen, M. (1999). When earthquake damage is seen as preventable: Attributions, locus of control and attitudes to risk. *Applied Psychology: An International Review*, *48*, 239-256.

McNamara, T. P. (1986). Mental representations of spatial relations. *Cognitive Psychology*, *18*, 87-121.

Mechanic, D. (1978). *Medical sociology*. New York: The Free Press.

Medalia, N. Z. (1964). Air pollution as a socio-environmental health problem: A survey report. *Journal of Health and Human Behavior*, *5*, 154-165.

Mehrabian, A. (1967). Orientation behaviors and attitude communication. *Journal Communication*, *16*, 324-332.

Mehrabian, A. (1969). Some referents and measures of nonverbal behavior. *Behavior Research Methods and Instrumentation*, *1*, 203-207.

Mehrabian, A. (1973). A measure of arousal seeking tendency. *Environment and Behavior*, 5, 315-333.

Mehrabian, A. (1975). Affiliation as a function of attitude discrepancy with another and arousal seeking tendency. *Journal of Personality*, 43, 582-590.

Mehrabian, A. (1976). *Public places and private spaces*. New York: Basic Books.

Mehrabian, A. (1977a). A questionnaire measure of individual differences in stimulus screening and associated differences in arousability. *Environmental Psychology and Nonverbal Behavior*, 1, 89-103.

Mehrabian, A. (1977b). Individual differences in stimulus screening and arousability. *Journal of Personality*, 45, 237-250.

Mehrabian, A. (1978). Characteristic individual reactions to preferred and unpreferred environments. *Journal of Personality*, 46, 717-731.

Mehrabian, A. (1980). *Basic dimensions for a general psychological theory*. Cambridge, MA: Oelgeschlager, Gunn, & Hain.

Mehrabian, A. & Diamond, S. G. (1971). Seating arrangement and conversation. *Sociometry*, 34, 281-289.

Mehrabian, A. & Russell, J. A. (1974). *An approach to environmental psychology*. Cambridge, MA: MIT Press.

Mellstorm, M., Cicala, G. A., & Zuckerman, M. (1976). General versus specific trait anxiety measures in the prediction of fear of snakes, heights, and darkness. *Journal of Consulting and Clinical Psychology*, 44, 83-91.

Mercer, G. W. & Benjamin, M. L. (1980). Spatial behavior of university undergraduates in double-occupancy residence rooms: An inventory of effects. *Journal of Applied Social Psychology*, 10, 32-44.

Meyer, K., Hale, C. S., Mykytowycz, R., & Hughes, R. L. (1971). Density, space, sociality, and health. In A. H. Esser (Ed.), *Behavior and environment*. New York: Plenum.

Middlemist, R. D., Knowles, E. S., & Matter, C. F. (1976). Personal space invasions in the lavatory: Suggestive evidence for arousal. *Journal of Personality and Social Psychology*, 33, 541-546.

Miedema, H. M. E. & Vos, H. (1999). Demographic and attitudinal factors that modify annoyance from transportation noise. *Journal of the Acoustical Society of America*, 105, 3336-3344.

Mileti, D. S. & Fitzpatrick, C. (1993). *The great earthquake experiment: Risk communication and public action*. Boulder, CO: West-view Press.

Mileti, D. S. & Sorensen, J. S. (1990). *Communication of emergency public warnings: A social science perspective and state-of-the-art assessment*. Oak Ridge, TN: Oak Ridge National Laboratory.

Milgram, S. (1970). The experience of living in cities. *Science*, *167*, 1461 – 1468.

Milgram, S. & Jodelet, D. (1976). Psychological maps of Paris. In H. Proshansky, W. Ittelson, & L. Rivlin (Eds.), *Environmental psychology*. New York: Holt, Rinehart and Winston.

Miller, M., Albert, M., Bostick, D., & Geller, E. S. (1976, March). *Can the design of a trash can influence litter-related behavior?* Paper presented at the meeting of the South-eastern Psychological Association, New Orleans, LA.

Miller, S. & Nardini, K. M. (1977). Individual differences in the perception of crowding. *Environmental Psychology and Nonverbal Behavior*, *2*, 3 – 13.

Miller, S., Rossbach, J., & Munson, R. (1981). Social density and affiliative tendency as determinants of dormitory residential outcomes. *Journal of Applied Social Psychology*, *11*, 356 – 365.

Milton, D., Glencross, P., & Walters, M. (2000). Risk of sick-leave associated with outdoor air supply rate, humidification and occupants complaints. *Indoor Air*, *10*, 212 – 221.

Montano, D. & Adamopoulos, J. (1984). The perception of crowding in interpersonal situations: Affective and behavioral responses. *Environment and Behavior*, *16*, 643 – 666.

Montello, D. (1988). Classroom seating location and its effect on course achievement. *Journal of Environmental Psychology*, *8*, 149 – 157.

Moore, A. J. (1987). The behavioral ecology of *Libellula luctosa* (Burmeister) (Anisoptera: Libellulidate): 1. Temporal changes in the population density and the effects on male territorial behavior. *Ethology*, *75*, 246 – 254.

Moore, D. P. & Moore, J. W. (1996). Posthurricane burnout: An island township's experience. *Environment and Behavior*, *28*, 134 – 155.

Moore, G. T. (1979). Knowing about environmental knowing: The current state of theory and research on environmental cognition. *Environment and Behavior*, *11*, 33 – 70.

Moore, S. F., Shaffer, L. S., Pollak, E. L., & Taylor-Lemke, P. (1987). The effects of interpersonal trust and prior common problem experience on commons management. *Journal of Social Psychology*, *127*, 19 – 29.

Moos, W. S. (1964). The effects of "Foehn" weather on accident rates in the city of Zurich (Switzerland). *Aerospace Medicine*, *35*, 643 – 645.

Mosler, H. J. (1993). Self-dissemination of environmentally responsible behavior: The influence of trust in a commons dilemma game. *Journal of Environmental Psychology*, *13*, 111-123.

Moss, B. W. (1978). Some observations on the activity and aggressive behavior of pigs when penned prior to slaughter. *Applied Animal Ethology*, *4*, 323-339.

Mullen, H. & Felleman, V. (1990). Tripling in the dorms: A meta-analytic integration. *Basic and Applied Social Psychology*, *11*, 15-22.

Murphy-Berman, V. & Berman, J. (1978). The importance of choice and sex in invasions of interpersonal space. *Personality and Social Psychology Bulletin*, *4*, 424-428.

Myers, K., Hale, C. S., Mykytowycz, R., & Hughes, R. L. (1971). The Effects of Varying Density and Space on Sociality and Health in Animals. *Behavior and Environment*, 148-187.

Nagar, D. & Pandey, J. (1987). Affect and performance on cognitive tasks as a function of crowding and noise. *Journal of Applied Social Psychology*, *17*, 147-157.

Nakshian, J. S. (1964). The effects of red and green surroundings on behavior. *Journal of General Psychology*, *70*, 143-161.

Nathan, M. (2002). *Space SIG*. England: The Work Foundation. Peter Runge House.

Navarro, P. L., Simpson-Housley, P., & DeMan, A. F. (1987). Anxiety, locus of control, and appraisal of air pollution. *Perceptual and Motor Skills*, *64*, 811-814.

Nesbitt, P. D. & Steven, G. (1974). Personal space and stimulus intensity at a Southern California amusement park. *Sociometry*, *37*, 105-115.

Newcomb, M. D. & McGee, L. (1991). Influence of sensation seeking on general deviance and specific problem behaviors from adolescence to young adulthood. *Journal of Personality and Social Psychology*, *61*, 614-628.

Newhouse, N. (1990). Implications of attitude and behavior research for environmental conservation. *The Journal of Environmental Education*, *22*, 26-32.

Newman, O. (1972). *Defensible space*. New York: Macmillan.

Nicosia, G. J., Hyman, D., Karlin, R. A., Epstein, Y. M., & Aiello, J. R. (1979). Effects of bodies contact on reaction to crowding. *Journal of Applied Social Psychology*, *9*, 508-523.

Norris, F. H., Smith, T., & Kaniasty, K. (1999). Revisiting the experience-behavior hypothesis: The effects of Hurricane Hugo on hazard preparedness and other self-protective acts. *Basic Applies Social Psychology*, 21, 37–47.

O'Connell, B. J., Harper, R. S., & McAndrew, F. T. (1985). Grip strength as a function of exposure to red or green visual stimulation. *Perceptual and Motor Skills*, 61, 1157–1158.

Oechall, F. & Buechley, R. (1970). Excess mortality associated with three Los Angeles September hot spells. *Environmental Research*, 3, 277–284.

Oldham, G. R. (1988). Effects of changes in work space partitions and spatial density on employee reactions: A quasi-experiment. *Journal of Applied Psychology*, 73, 253–258.

Oldham, G. R. & Brass, D. J. (1979). Employee reactions to an open-plan office: A naturally occurring quasi-experiment. *Administrative Science Quarterly*, 24, 267–284.

Olson, D. R. & Bialystok, E. (1983). *Spatial cognition*. Hillsdale, NJ: Erlbaum.

Omata, K. (1995). Territoriality in the house and its relationship to the use of rooms and the psychological well-being of Japanese married women. *Journal of Environmental Psychology*, 15, 147–154.

O'Neal, E. C., Brunault, M. A., Carifio, M. S., Troutwine, R., & Epstein, J. (1984). Effect of insult upon personal space preference. *Journal of Nonverbal Behavior*, 11, 26–32.

O'Neal, E. C., Schultz, J., & Christenson, T. E. (1987). The menstrual cycle and personal space. *Journal of Nonverbal Behavior*, 5, 56–62.

O'Neill, G. W., Blanck, L. S., & Joyner, M. A. (1980). The use of stimulus control over littering in a natural setting. *Journal of Applies Behavior Analysis*, 13, 379–381.

O'Neill, M. J. (1991). Effects of signage and floor plan configuration on wayfinding accuracy. *Environment and Behavior*, 23, 553–574.

O'Neill, M. J. (1994). Workspace adjustability, storage, and enclosure as predictors of employee reactions and performance. *Environment and Behavior*, 26, 504–526.

Orleans, P. (1973). Differential cognition of urban residents: Effects of social scale on mapping. In R. M. Downs & D. Stea (Eds.), *Image and environment: Cognitive mapping and spatial behavior*. Chicargo: Aldine.

Osmond, H. (1957). Function as the basis of psychiatric ward design. *Mental Hospitals*, 8, 23–29.

Oxley, D. & Barrera, M. Jr. (1984). Undermanning theory and the workplace: Implications of setting size for job satisfaction and social support.

Environment and Behavior, 16, 211 - 234.

Pagan, G. & Aiello, J. R. (1982). Development of personal space among Puerto Ricans. *Journal of Nonverbal Behavior*, 7, 59 - 68.

Page, R. A. (1977). Noise and helping behavior. *Environment and Behavior*, 9, 559 - 572.

Palamarek, D. L. & Rule, B. G. (1979). The effects of temperature and insult on the motivation to retaliate or escape. *Motivation and Emotion*, 3, 83 - 92.

Pallack, M. S., Cook, D. A., & Sullivan, J. J. (1980). Commitment and energy conservation. In L. Bickman (Ed.), *Applied Social Psychology Annual*, 1, 235 - 253.

Palmer, N. H., Lloyd, M. E., & Lloyd, K. D. (1978). An experimental analysis of electricity conservation procedures. *Journal of Applied Behavior Analysis*, 10, 665 - 672.

Pardini, A. U. & Katzev, R. D. (1984). The effects of strength of commitment on newspaper recycling. *Journal of Environmental Systems*, 13, 245 - 254.

Parks, C. D. (1994). The predictive ability of social values in resource dilemmas and public goods games. *Journal of Social Psychology*, 20, 431 - 438.

Parsons, R. (1991). The potential influences of environmental perception on human health. *Journal of Environmental Psychology*, 11, 1 - 23.

Passchier-Vermeer, W. (1993). *Noise and health*. The Hague: Health Council of the Netherlands.

Passini, R. (1984). Spatial representations: A wayfinding perspective. *Journal of Environmental Psychology*, 4, 153 - 164.

Passini, R. & Proulx, G. (1988). Wayfinding without vision: An experiment with congenitally blind people. *Environment and Behavior*, 20, 227 - 252.

Passini, R., Proulx, G., & Rainville, C. (1990). The Spatio-cognitive abilities of the visually impaired population. *Environment and Behavior*, 22, 91 - 118.

Patterson, A. H. & Chiswick, N. R. (1981). The role of the social and physical environment in privacy maintenance among the Iban of Borneo. *Journal of Environmental Psychology*, 1, 131 - 139.

Patterson, M. L. (1975). Personal space: Time to burst the bubble? *Man-Environment Systems*, 5, 67.

Patterson, M. L. (1982). A sequential-functional model of nonverbal exchange. *Psychological Review*, 89, 231 - 249.

Patterson, M. L. (1976). An arousal model of interpersonal intimacy.

Psychological Review, *83*, 235—245.

Patterson, M. L. (1987). Presentational and affect-management functions of nonverbal involvement. *Journal of Nonverbal Behavior*, *11*, 110 - 112.

Patterson, M. L., Jordan, A., Hogan, M. B., & Frerker, D. (1981). Effects of nonverbal intimacy on arousal and behavioral adjustment. *Journal of Nonverbal Behavior*, *5*, 184 - 198.

Patterson, M. L., Mullens, S., & Romanno, J. (1971). Compensatory reactions to spatial intrusion. *Sociometry*, *34*, 114 - 121.

Paulus, P. B. (1980). Crowding. In P. B. Paulus (Ed.), *Psychology of group influence*. Hillsdale, NJ: Erlbaum.

Paulus, P. B. (1988). *Prison crowding: A psychological perspective*. New York: Springer-Verlag.

Paulus, P. B., Annis, A. B., Seta, J. J., Schkade, J. K., & Matthews, R. W. (1976). Density does affect task performance. *Journal of Personality and Social Psychology*, *34*, 248 - 253.

Paulus, P. B. & Matthews, R. (1980). Crowding, attribution, and task performance. *Basic and Applied Social Psychology*, *1*, 3 - 13.

Paulus, P. B., McCain, G., & Cox, V. C. (1978). Death rates, psychiatric commitments, blood pressure, and perceived crowding as a function of institutional crowding. *Environmental Psychology and Nonverbal Behavior*, *3*, 107 - 116.

Pearson, J. L., & Ialongo, N. S. (1986). The relationship between spatial ability and environmental knowledge. *Journal of Environmental Psychology*, *6*, 299 - 304.

Pearce, P. L. (1977). Mental souvenirs: A study of tourists and their city maps. *Australian Journal of Psychology*, *29*, 203 - 210.

Pedersen, D. M. (1973). Development of a personal space measure. *Psychological Reports*, *32*, 527 - 535.

Pellegrini, R. J. & Empey, J. (1970). Interpersonal spatial orientation in dyads. *Journal of Psychology*, *76*, 67 - 70.

Pempus, E., Sawaya, C., & Cooper, R. E. (1975, August). *Don't fence me in: Personal space depends on architectural enclosure*. Paper presented at the meeting of the American Psychology Association, Chicago.

Percival, L. & Loeb, M. (1980). Influence of noise characteristics on behavioral aftereffects. *Human Factors*, *22*, 341 - 352.

Peterson, R. L. (1975, August). *Air pollution and attendance in recreation behavior settings in the Los Angeles basin*. Paper presented at the meeting of the American Psychological Association, Chicago, IL.

Pinheiro, J. Q. (1998). Determinants of cognitive maps of the world as expressed in sketch maps. *Journal of Environmental Psychology*, *18*, 321–339.

Platt, J. (1973). Social traps. *American Psychologist*, *28*, 641–651.

Polley, C. R., Craig, J. V., & Bhagwhat, A. L. (1974). Crowding and agonistic behavior: A curvilinear relationship. *Poultry Science*, *53*, 1621–1623.

Poulton, E. C. (1978). A new look at the effects of noise: A rejoinder. *Psychological Bulletin*, *85*, 1068–1079.

Pratt, M. G. (2000). The good, the bad, and the ambivalent: Managing identification among Amway distributors. *Administrative Science Quarterly*, *45*, 456–493.

Prince-Embury, S. (1991). Information seekers in the aftermath of technological disaster at Three Mile Island. *Journal of Applied Social Psychology*, *21*, 569–584.

Prince-Embury, S. & Rooney, J. F. (1988). Psychological symptoms of residents in the aftermath of the Three Mile Island nuclear accident and restart. *Journal of Social Psychology*, *128*, 779–790.

Prince-Embury, S. & Rooney, J. F. (1990). Life stage difference in resident coping with restart of the Three Mile Island nuclear generating facility. *Journal of Social Psychology*, *130*, 771–779.

Pringle, C., Vellidis, G., Heliotis, F., Bandacu, D., & Cristofor, S. (1993). Environmental problems of the Danube delta. *American Scientist*, *81*, 350–361.

Proshansky, H. M. (1987). The field of environmental psychology: Securing its future. . In D. Stokols & I. Altman (Eds.), *Handbook of environmental psychology*. New York: John Wiley & Sons.

Proshansky, H. M., Ittelson, W. H., & Rivlin, L. G. (1970). Freedom of choice and behavior in a physical setting. In H. M. Proshansky, W. H. Ittelson, & L. G. Rivlin (Eds.), *Environmental psychology: Man and his physical setting*. New York: Holt, Rinehart & Winston.

Proshansky, H. M., Ittelson, W. H., & Rivlin, L. G. (1976). Freedom of choice and behavior in a physical setting. In H. M. Proshansky, W. H. Ittelson, & L. G. Rivlin (Eds.), *Environmental psychology: People and their physical setting*. New York: Holt, Rinehart, & Winston.

Provins, K. A. (1958). Environmental conditions and driving efficiency: A review. *Ergonomics*, *2*, 63–88.

Purcell, A. T., Lamb, R. J., Mainardi Peron, E., & Falchero, S. (1994).

Preference or preferences for landscapes? *Journal of Environmental Psychology*, *14*, 195–209.

Pylyshyn, Z. W. (1981). The imagery debate: Analogue media versus tacit knowledge. *Psychological Review*, *88*, 16–45.

Raju, P. S. (1980). Optimum stimulation level: Its relationships to personality, demographics, and exploratory behavior. *Journal of Consumer Research*, *7*, 272–282.

Ramadier, T. & Moser, G. (1998). Social legibility, the cognitive map and urban behavior. *Journal of Environmental Psychology*, *18*, 307–319.

Rapoport, A. (1990). *History and precedent in environmental design*. New York: Plenum.

Rashid, M. & Zimring, C. (2008). A review of the empirical literature on the relationships between indoor environment and stress in health care and office settings: Problems and prospects of sharing evidence. *Environment and Behavior*, *40*, 151–190.

Reichel, D. A. & Geller, E. S. (1980, March). *Group versus individual contingencies to conserve transportation energy*. Paper presented at the meeting of the Southeastern Psychological Association, Washington, DC.

Reid, E. & Novak, P. (1975). Personal space: An unobtrusive measures study. *Bulletin of the Psychonomic Society*, *5*, 265–266.

Reifman, A. S., Larrick. R. P., & Fein, S. (1991). Temper and temperature on the diamond: The heat-aggression relationship in major league baseball. *Personality and Social Psychology Bulletin*, *17*, 580–585.

Riad, J. K. & Norris, F. H. (1996). The influence of relocation on the environment, social, and psychological stress experienced by disaster victims. *Environment and Behavior*, *28*, 163–182.

Riad, J. K., Norris, F. H., & Ruback, R. B. (1999). Predicting evacuation in two major disasters: Risk perception, social influences, and access to resources. *Journal of Applied Social Psychology*, *29*, 918–934.

Ridgeway, D., Hare, R. D., Waters, E., & Russell, J. A. (1984). Affect and sensation seeking. *Motivation and Emotion*, *8*, 205–210.

Rim, Y. (1975). Psychological test performance during climatic heat stress from desert winds. *International Journal of Biometeorology*, *19*, 37–40.

Robinson, M. B. & Robinson, C. E. (1997). Environmental characteristics associated with residential burglaries of student apartment complexes. *Environment and Behavior*, *29*, 657–675.

Rodin, J., Solomon, S., & Metcalf, J. (1978). Role of control in mediating perceptions of density. *Journal of Personality and Social Psychology*, *36*,

988 - 999.

Roelofsen, P. (2008). Performance loss in open-plan offices due to noise by speech. *Journal of Facilities Management*, 6, 202 - 211.

Rohe, W. M. (1982). The response to density in residential setting: The mediating effects of social and personal variables. *Journal of Applied Social Psychology*, 12, 292 - 303.

Rohe, W. M. & Patterson, A. (1974). The effects of varied levels of resources and density on behavior in a day care center. In D. Carson (Eds.), *EDRA V*, 161 - 171.

Rohner, R. P. (1974). Proxemics and stress: An empirical study of the relationship between living space and roommate turnover. *Human Relations*, 27, 697 - 702.

Romm, J. J. & Browning, W. D. (1994). *Greening the building and the bottom line: Increasing productivity through energy-efficient design*. Snowmass, CO: Rocky Mountain Institute.

Rosegrant, T. J. & McCrodkey, J. C. (1975). The effects of race and sex on proxemic behavior in an interview setting. *Southern Speech Communication Journal*, 40, 408 - 420.

Rosenblatt, P. C. & Budd, L. G. (1975). Territoriality and privacy in married and unmarried cohabitating couples. *Journal of Social Psychology*, 97, 67 - 76.

Rosenthal, N. E. (1993). *Winter Blues: Seasonal Affective Disorder: What it is and how to overcome it*. New York: The Guilford Press.

Rosenthal, N. E. (2006). *Winter Blues (Revised edition)*. New York: The Guilford Press.

Rosenthal, N. E. & Blehar, M. C. (Eds.) (1989). *Seasonal affective disorders and phototherapy*. New York: Guilford.

Rosenthal, N. E., Sack, D. A., Lewy, A. M., Goodwin, F. K., Davenport, Y., Mueller, P. S., Newsome, D. A., & Wehr, T. A. (1984). Seasonal affective disorder: A description of the syndrome and preliminary findings with light therapy. *Archives of General Psychiatry*, 41, 72 - 80.

Rosenthal, N. E., Sack, D. A., Skwerer, R. G., Jacobsen, F. M., &·Wehr, T. A. (1989). Phototherapy for seasonal affective disorder. In N. E. Rosenthal & M. C. Blehar (Eds.), *Seasonal affective disorders and phototherapy*. New York: Guilford.

Ross, M., Layton, B., Erickson, B., & Schopler, J. (1973). Affect, eye contact, and reactions to crowding. *Journal of Personality and Social Psychology*, 28, 69 - 76.

Rotton, J. (1983). Affective and cognitive consequences of malodorous pollution. *Basic and Applied Social Psychology*, 4, 171-191.

Rotton, J. (1987). Hemmed in and hating it: Effects of shape of a room on tolerance for crowding. *Perceptual and Motor Skills*, 64, 285-286.

Rotton, J., Barry, T., Frey, J., & Soler, E. (1978). Air pollution and interpersonal attraction. *Journal of Applied Social Psychology*, 8, 57-71.

Rotton, J., Barry, T., Milligan, M., & Fitzpatrick, M. (1979). The air pollution experience and interpersonal aggression. *Journal of Applied Social Psychology*, 9, 397-412.

Rotton, J. & Frey, J. (1984). Psychological costs of air pollution: Atmospheric conditions, seasonal trends, and psychiatric emergencies. *Population and Environment*, 7, 3-16.

Rotton, J. & Frey, J. (1985). Air pollution, weather, and violent crimes: Concomitant time-series analysis of archival data. *Journal of Personality and Social Psychology*, 49, 1207-1220.

Ruback, R. B., Hopper, C. H., & Carr, T. S. (1986). Perceived control in prison: Its relation to reported crowding, stress, and symptoms. *Journal of Applied Social Psychology*, 16, 375-386.

Ruback, R. B. & Pandey, I. (1996). Gender differences in perceptions of household crowding: Stress, affiliation, and role obligations in rural India. *Journal of Applied Social Psychology*, 26, 417-436.

Ruback, R. B. & Snow, J. N. (1993). Territoriality and nonconscious racism at waterfountains: Intruders and drinkers (Blacks and Whites) are affected by race. *Environment and Behavior*, 25, 250-267.

Russell, J. A. & Mehrabian, A. (1974). Distinguishing anger and anxiety in terms of emotional response factors. *Journal of Consulting and Clinical Psychology*, 42, 79-83.

Russell, J. A. & Mehrabian, A. (1977). Evidence for a three-factor theory of emotions. *Journal of Research in Personality*, 11, 273-294.

Russell, J. A. & Snodgrass, J. (1987). Emotion and the environment. In D. Stokols & I. Altman (Eds.), *Handbook of environmental psychology* (Vol. 1, pp. 245-280). NY: Wiley-Interscience.

Russell, J. A. & Ward, L. M. (1982). Environmental psychology. *Annual Review of Psychology*, 33, 651-688.

Russel, M. B. & Bernal, M. E. (1977). Temporal and climactic variables in naturalistic observation. *Journal of Applied Behavior Analysis*, 10, 399-405.

Rüstemli, A. (1986). Male and female personal space needs and escape reactions under intrusion: A Turkish sample. *International Journal of Psychology*, 21, 503–511.

Sadalla, E. K., Burroughs, J., & Quaid, M. (1980). House form and social identity. In R. Stough (Ed.), *Proceedings of the 11th International Meeting of the Environmental Design Research Association*, 11, 201–206.

Saegert, S. (1978). High density environments: Their personal and social consequences. In A. Baum & Y. M. Epstein (Eds.), *Human response to crowding*. Hillsdale, NJ: Erlbaum.

Saegert, S., Mackintosh, E., & West, S. (1975). Two studies of crowding in urban public spaces. *Environment and Behavior*, 7, 159–184.

Saegert, S. & Winkel, G. H. (1990). Environmental psychology. *Annual Review of Psychology*, 41, 441–477.

Samuelson, C. D., Messick, D. M., Rutte, C. G., & Wilke, H. (1984). Individual and structural solutions to resource dilemmas in two cultures. *Journal of Personality and Social Psychology*, 47, 94–104.

Sanborn, D. E., Casey, T. M., & Niswander, G. D. (1970). Suicide: Seasonal patterns and related variables. *Disease of the Nervous System*, 31, 702–704.

Sanders, J. L. (1978). Relation of personal space to the human menstrual cycle. *Journal of Psychology*, 100, 275–278.

Sanders, J. L., Hakky, V. M., & Brizzolara, M. M. (1985). Personal space amongst Arabs and Americans. *International Journal of Psychology*, 20, 13–17.

Savinar, J. (1975). The effect of ceiling height on personal space. *Man-Environment Systems*, 5, 321–324.

Scherer, S. E. (1974). Proxemic behavior of primary school children as a function of their socioeconomic class and subculture. *Journal of Personality and Social Psychology*, 29, 800–805.

Schaeffer, G. H. & Patterson, M. L. (1980). Intimacy, arousal, and small group crowding. *Journal of Personality and Social Psychology*, 38, 283–290.

Schaeffer, M. A. & Baum, A. (1984). Adrenal cortical response to stress at Three Mile Island. *Psychosomatic Medicine*, 46, 227–237.

Schettino, A. P. & Borden, R. J. (1976). Group size vs. group density: Where is the affect? *Personality and Social Psychology Bulletin*, 2, 67–70.

Schiffenbauer, A. I., Brown, J. E., Perry, P. L., Shulack, L. K., &

Zanzola, A. M. (1977). The relationship between density and crowding: Some architectural modifiers. *Environment and Behavior*, *9*, 3 - 14.

Schiffenbauer, A. I. & Schiavo, R. S. (1976). Physical distance and attraction: An intensification effect. *Journal of Experimental Social Psychology*, *12*, 274 - 282.

Schmidt, D. E. & Keating, J. P. (1979). Human crowding and personal control: An integration of the research. *Psychological Bulletin*, *86*, 680 - 700.

Schmitz, S. (1997). Gender related strategies in environmental development: Effects of anxiety on wayfinding in and representation of a three-dimensional maze. *Journal of Environmental Psychology*, *17*, 215 - 228.

Schneider, F. W. & Hansvick, C. L. (1974). *Gaze direction and distance as a function of variation in the other person's gaze direction.* Unpublished manuscript, University of Windsor, Ontario.

Schnelle, J. F., Gendrich, J. G., Beegle, G. P., Thomas, M. M., & McNess, M. P. (1980). Mass media techniques for prompting behavior change in the community. *Environment and Behavior*, *12*, 157 - 166.

Schopler, J. & Stockdale, J. (1977). An interference analysis of crowding. *Environmental Psychology and Nonverbal Behavior*, *1*, 81 - 88.

Schwartz, B. & Barsky, S. P. (1977). The home advantage. *Social Forces*, *55*, 641 - 661.

Schuman, S. (1972). Patterns of urban heat-wave deaths and implications of prevention: Data from New York and St. Louis during July, 1966. *Environmental Research*, *55*, 59 - 75.

Searleman, A. & Hermann, D. (1994). *Memory from a broader perspective.* New York: McGraw-Hill.

Segal, B. & Singer, J. L. (1976). Daydreaming, drug, and alcohol use in college students: A factor analytic study. *Addictive Behaviors*, *1*, 227 - 235.

Seibert, P. S. & Anooshian, L. J. (1993). Indirect expression of preference in sketch maps. *Environment and Behavior*, *25*, 607 - 624.

Seligman, C. & Darley, J. M. (1977). Feedback as a means of decreasing residential energy consumption. *Journal of Applied Psychology*, *62*, 363 - 368.

Seligman, C., Kriss, M., Darley, J. M., Fazio, R. H., Becker, L. J., & Pryor, J. B. (1979). Predicting summer energy consumption from homeowners' attitudes. *Journal of Applied Social Psychology*, *9*, 70 - 90.

Seligman, M. E. P. (1975). *Helplessness*. San Francisco: Freeman.
Selye, H. (1956). *The stress of life*. New York: McGraw-Hill.
Seppänen, O. A., Fisk, W. J., & Lei, Q. H. (2006). Ventilation and performance in office work. *Indoor Air*, *18*, 28–36.
Seppänen, O. A., Fisk, W. J., & Mendell, M. J. (1999). Association of ventilation rates and CO_2 concentrations with health and other responses in commercial and industrial buildings. *Indoor Air*, *9*, 226–252.
Shaffer, D. R. & Sadowski, C. (1975). This table is mine: Resect for marked barroom tables as a function of gender of spatial marker and desirability of locale. *Sociometry*, *38*, 408–419.
Sherrod, D. R. (1974). Crowding, perceived control, and behavioral aftereffects. *Journal of Applied Social Psychology*, *4*, 171–186.
Sherrod, D. R. & Cohen, S. (1978). Density, personal control, and design. In S. Kaplan & R. Kaplan (Eds.), *Humanscape: Environments for people*. North Scituate, MA: Duxbury Press.
Sherrod, D. R. & Downs, R. (1974). Environmental determinants of altruism: The effects of stimulus overload and perceived control on helping. *Journal of Experimental Social Psychology*, *10*, 468–479.
Shippee, G. E., Burroughs, J., & Wakefield, S. (1980). Dissonance theory revisited: Perception of environmental hazards in residential areas. *Environment and Behavior*, *12*, 35–51.
Shore, J. H., Tatum, E. L., & Vollmer, W. M. (1986). Psychiatric reactions to disaster: The Mount St. Helens experience. *American Journal of Psychiatric*, *143*, 590–595.
Siegel, A. W. & White, S. H. (1975). The development of spatial representations of large-scale environments. In H. W. Reese (Ed.), *Advances in child development and behavior* (Vol. 10). NewYork: Academic Press.
Simmel, G. (1957). The metropolis and mental life. In K. H. Wolff (Ed. & Trans.), *The sociology of Georg Simmel* (pp. 409–424). London: The Free Press of Glencoe.
Sims, J. H. & Baumann, D. D. (1972). The tornado threat: Coping styles of the North and South. *Science*, *176*, 1386–1391.
Singer, J. E., Lundberg, U., & Frankenhaeuser, M. (1978). Stress on the train: A study of urban commuting. In A. Baum, J. Singer, & S. Valins (Eds.), *Advances in environmental psychology* (Vol. 1). Hillsdale, NJ: Erlbaum.
Sinha, S. P., Nayyar, P., & Mukherjee, N. (1995). Perception of crowding

among children and adolescents. *Journal of Social Psychology*, *135*, 263-268.

Sivak, M., Olson, P. L., & Pastalan, L. A. (1981). Effect of driver's age on night-time legibility of highway signs. *Human Factors*, *23*, 59-64.

Skeen, D. R. (1976). Influence of interpersonal distance in serial learning. *Psychological Reports*, *39*, 579-582.

Skoto, V. P. & Langmeyer, D. (1977). The effects of interaction distance and gender on self-disclosure in the dyad. *Sociometry*, *40*, 178-182.

Skov, T., Cordtz, T., Jensen, L. K., Saugman, P., Schmidt, K., & Theilade, P. (1991). Modifications of health behavior in response to air pollution notifications in Copenhagen. *Social Science and Medicine*, *33*, 621-626.

Slaven, R. E., Wodarksi, J. S., & Blackburn, B. L. (1981). A group contingency for electricity conservation in master-metered apartments. *Journal of Applied Behavior Analysis*, *14*, 357-363.

Smetana, J., Bridgeman, D. L., & Bridgeman, B. (1978). A field study of interpersonal distance in early childhood. *Personality and Social Psychology Bulletin*, *4*, 309-313.

Smith, A. P. & Jones, D. M. (1992). Noise and performance. In D. M. Jones & A. P. Smith (Eds.), *Handbook of human performance* (Vol. 1, pp.1-18). San Diego, CA: Academic Press.

Smith, A. P. & Stansfield, S. (1986). Aircraft noise exposure, noise sensitivity, and everyday errors. *Environment and Behavior*, *18*, 214-226.

Smith, D. E. (1982). Privacy and corrections: A reexamination. *American Journal of Community Psychology*, *10*, 207-224.

Smith, J. M., Bell, P. A., & Fusco, M. E. (1988). The influence of attraction on a simulated commons dilemma. *Journal of General Psychology*, *115*, 277-283.

Smith, R. J. & Knowles, E. S. (1979). Affective and cognitive mediators of reactions to spatial invasions. *Journal of Experimental Social Psychology*, *15*, 437-452.

Smith-Jackson, T. L. & Klein, K. W. (2009). Open-plan offices: Task performance and mental workload. *Journal of Environmental Psychology*, *29*, 279-289.

Snyder R. L. (1968). Reproduction and population pressures. In E. Stellar & J. M. Sprague (Eds.), *Progress in physiological psychology*. New York: Academic Press.

Sommer, R. (1969). *Personal space.* Englewood Cliffs, NJ: Prentice-Hall.
Sommer, R. (1972). *Design awareness.* San Francisco: Rinehart Press.
Sommer, R. & Becker, F. D. (1969). Territorial defense and the good neighbor. *Journal of Personality and Social Psychology*, 11, 85-92.
Sommer, R. & Ross, H. (1958). Social interaction on a geriatrics ward. *International Journal of Social Psychiatry*, 4, 128-133.
Sommers, P. & Moos, R. H. (1976). The weather and human behavior. In R. H. Moos (Ed.), *The human context: Environmental determinants of behavior.* New York: John Wiley & Sons.
Sorenson, J. H., Soderstorm, J., Copenhaver, E., Carens, S., & Bolin, R. (1987). *Impact of hazardous technology: The psycho-social effects of restarting TMI-I.* Albany, NY: SUNY Press.
Southwick, C. H. (1967). An experimental study of intra group agonistic behavior in rhesus monkeys (Macaca mulatta). *Behavior*, 28, 182-209.
Southwick, C. H. & Bland, V. P. (1959). Effect of population density on adrenal glands and reproductive organs of CFW mice. *American Journal of Psychology*, 197, 111-114.
Spreckelmeyer, K. F. (1993). Office relocation and environment change: A case study. *Environment and Behavior*, 25, 181-204.
Srivastava, R. K. (1974). Undermanning theory in the context of mental health care environments. In D. H. Carson (Ed.), *Man-environment interactions* (Part 2, pp. 245-258). Stroudsberg, PA: Dowden, Hutchinson, & Ross.
Srivastava, R. K. & Peel, T. S. (1968). *Human movements as a function of color stimulation.* Topeka, KS: Environmental Research Foundation.
Stansfield, S. (1992). Noise, noise sensitivity, and psychiatric disorder: Epidemiological and psychophysiological studies. *Psychological Medicine. Monograph Supplement*, 22, 1-44.
Stanton, H. E. (1976). Hypnosis and encounter group volunteers: A validational study of the sensation-seeking scale. *Journal of Consulting and Clinical Psychology*, 44, 692.
Staples, S. L. (1996). Human response to environmental noise. *American Psychologist*, 51, 143-150.
Staples, S. L. (1997). Public policy and environmental noise: Modeling exposure or understanding. *American Journal of Public Health*, 87, 2063-2067.
Steinglass, P. & Gerrity, E. (1990). Natural disasters and Post-Traumatic Stress Disorder: Short-term versus long-term recovery in two disaster-affected communities. *Journal of Applied Social Psychology*, 20, 1746-

1765.

Stern, P. C. & Aronson, E. (Eds.) (1984). *Energy use: The human dimension*. New York: Freeman.

Stern, P. C., Dietz, T., & Kalof, L. (1993). Value orientations, gender, and environmental concern. *Environment and Behavior*, *25*, 322-348.

Stern, P. C. & Gardner, G. T. (1981). Psychological research and energy policy. *American Psychologist*, *4*, 329-342.

Stern, P. C. & Oskamp, S. (1987). Managing scarce environmental resources. In D. Stokols & I. Altman (Eds.), *Handbook of environmental psychology* (Vol. 2, pp. 1043-1088). New York: Wiley-Interscience.

Stevens, A. & Coupe, P. (1978). Distortions in judged spatial relations. *Cognitive Psychology*, *10*, 422-437.

Stevens, W., Kushler, M., Jeppesen, J., & Leedom, N. (1979). *Youth energy education strategies: A statistical evaluation*. Lansing, MI: Energy Extension Service, Department of Commerce.

Stires, L. (1980). Classroom seating location, student grades and attitudes: Environment or selection? *Environment and Behavior*, *12*, 241-254.

Stobaugh, R. & Yergin, D. (1979). *Energy future: Report of the energy project of the Harvard Business School*. New York: Random House.

Stokols, D. (1972). On the distinction between density and crowding: Some implications for future research. *Psychological Review*, *79*, 275-277.

Stokols, D. (1976). The experience of crowding in primary and secondary environments. *Environment and Behavior*, *8*, 49-86.

Stokols, D. (1978). A typology of crowding experiences. In A. Baum & Y. Epstein (Eds.), *Human response to crowding* (pp. 219-255). Hillsdale, NJ: Erlbaum.

Stokols, D. (1978). Environmental psychology. *Annual Review of Psychology*, *29*, 253-295.

Stokols, D. & Altman, I. (1987). *Handbook of Environmental Psychology*. New York: Wiley.

Stokols, D., Rall, E., Pinner, B., & Schopler, J. (1973). Physical, social, and personal determinants of crowding. *Environment and Behavior*, *5*, 87-115.

Stone, G. L. & Morden, C. J. (1976). Effect of distance on verbal productivity. *Journal of Counseling Psychology*, *23*, 486-488.

Stone, R. (1999). Coming to grips with the Aral Sea's grim legacy. *Science*, *284*, 30-33.

Strube, M. J. & Werner, C. M. (1982). Interpersonal distance and personal space: A conceptual and methodological note. *Journal of Nonverbal Behavior*, 6, 163–170.

Strube, M. J. & Werner, C. M. (1984). Personal space claims as a function of interpersonal threat: The mediating role of need for control. *Journal of Nonverbal Behavior*, 8, 195–209.

Suedfeld, P. & Steel, G. D. (2000). The environmental psychology of capsule habitats. *Annual Review of Psychology*, 227–253.

Sundstrom, E. (1978). Crowding as a sequential process: Review of research on the effects of population density on humans. In A. Baum & Y. M. Epstein (Eds.), *Human response to crowding* (pp. 31–116). Hillsdale, NJ: Erlbaum.

Sundstrom, E. & Altman, I. (1976). Interpersonal relationships and personal space: Research review and theoretical model. *Human Ecology*, 4, 47–67.

Sundstrom, E., Bell, P. A., Busby, P. L., & Asmus, C. (1996). Environmental psychology 1989–1994. *Annual Review of Psychology*, 47, 485–512.

Sundstrom, E., Burt, R. E., & Kamp, D. (1980). Privacy at work: Architectural correlates of job satisfaction and job performance. *Academy of Management Journal*, 23, 101–117.

Sundstrom, E. & Sundstrom, M. G. (1977). Personal space invasion: What happens when the invader asks permission? *Environmental Psychology and Nonverbal Behavior*, 14, 543–559.

Sundstrom, E., Town, J. P., Rice, R. W., Osborn, D. P., & Brill, M. (1994). Office noise, satisfaction, and performance. *Environment and Behavior*, 26, 195–222.

Sussman, N. M. & Rosenfeld, H. M. (1982). Touch, justification, and sex: Influnce on the aversiveness of spatial violations. *Journal of Social Psychology*, 106, 215–225.

Suttles, G. D. (1968). *The social order of the slum: Ethnicity and territory in the inner city*. Chicago: University of Chicago Press.

Szarek, M. J., Bell, I. R., & Schwartz, G. E. (1997). Validation of a brief screening measure of environmental chemical sensitivity: The Chemical Odor Intolerance Index. *Journal of Environmental Psychology*, 17, 345–351.

Tarrant, M. A. & Cordell, H. K. (1997). The effect of respondent characteristics on general environmental attitude-behavior correspondence. *Environment and Behavior*, 29, 618–637.

Taylor, B. B. & Brooks, D. K. (1980). Temporary territories: Response to intrusions in a public setting. *Population and Environment*, 3, 135–145.

Taylor, R. B. (1988). *Human territorial functioning: An empirical, evolutionary perspective on individual and small group territorial cognitions, behaviors, and consequences*. Cambridge: Cambridge University Press.

Taylor, R. B., Gottfredson, S. D., & Brower, S. (1981). Territorial cognitions and social climate in urban neighborhoods. *Basic and Applied Social Psychology*, 2, 289–303.

Taylor, R. B. & Lanni, J. C. (1981). Territorial dominance: The influence of the resident advantage in triadic decision making. *Journal of Personality and Social Psychology*, 41, 909–915.

Taylor, R. B. & Stough, R. R. (1978). Territorial cognition: Assessing Altman's typology. *Journal of Personality and Social Psychology*, 36, 418–423.

Teenen, H., Affleck, G., Allen, D. A., McGrade, B. J., & Ratzan, S. (1985). Casual attributions and coping with insulin dependent diabetes. *Basic and Applied Social Psychology*, 5, 131–142.

Teicher, M. H., Cold, C. A., Oren, D. A., Schwartz, P. J., Luetke, C., Brown, C., & Rosenthal, N. E. (1995). The phototherapy light visor: More to it than meets the eye. *American Journal of Psychiatry*, 153, 1110–1111.

Tennis, G. H. & Dabbs, J. M. (1975). Sex, setting, and personal space: First grade through college. *Sociometry*, 38, 385–394.

Terman, M., Amira, L., Terman, J. S., & Ross, D. C. (1996). Predictors of response and nonresponse to light treatment for winter depression. *American Journal of Psychiatry*, 153, 1423–1429.

Thiessen, D. D. (1964). Population density, mouse genotype, and endocrine function in behavior. *Journal of Comparative and Physiological Psychology*, 57, 412–416.

Thomas, D. R. (1973). Interaction distances in same-sex and mixed-sex groups. *Perceptual and Motor Skills*, 36, 15–18.

Thompson, M. P., Norris, F. H., & Hanacek, B. (1993). Age differences in the psychological consequences of Hurricane Hugo. *Psychology and Aging*, 8, 606–616.

Thorndyke, P. W. & Hayes-Roth, B. (1982). Differences in spatial knowledge acquired from maps and navigation. *Cognitive Psychology*, 14, 560–589.

Thorndyke, P. W. & Stasz, C. (1980). Individual differences in procedures for knowledge acquisition from maps. *Cognitive Psychology*, 12, 137–175.

Timko, C. & Janoff-Bulman, R. (1985). Attributions, vulnerability, and psychological adjustment: The case of breast cancer. *Health Psychology*, 4, 521-544.

Tobin, G. A. &. Ollenburger, J. C. (1996). Predicting levels of post-disaster distress in adults following the 1993 floods in the upper Midwest. *Environment and Behavior*, 28, 340-357.

Tolman, E. C. (1948). Cognitive maps in rats and men. *Psychological Review*, 55, 189-208.

Tooby, J. &. Cosmides, L. (1990). The past explains the present: Emotional adaptations and the structure of ancestral environments. *Ethology and Sociobiology*, 11, 375-424.

Tsuneo Kawasaki, &. Shinya Suzuki (1985). Environmental perception and spatial behavior: A brief overview of cognitive mapping research. *Tsukuba Psychological Research*, 7, 17-26.

Tversky, B. (1981). Distortions in memory for maps. *Cognitive Psychology*, 13, 407-433.

Ueno, K., Lee, H, Salamoto, S., Ito, A., Fujiwara, M., &. Shimizu, Y. (2008). Experimental study on applicability of sound masking system in medical examination room. *Proceedings of Acoustics 08 Paris*.

Valins, S. &. Baum, A. (1973). Residential group size, social interaction, and crowding. *Environment and Behavior*, 5, 421-439.

Van de Vilert, E., Schwartz, S. H., Huismans, S. E., Hofstede, G., &. Daan, S. (1999). Temperature, cultural masculinity, and domestic political violence: A cross-national study. *Journal of Cross-Cultural Psychology*, 30, 291-314.

Vanetti, E. J. &. Allen, G. L. (1988). Communicating environmental knowledge: The impact of verbal and spatial abilities on the production and comprehension of route directions. *Environment and Behavior*, 20, 667-682.

Veitch, J. &. Arkkelin, H. (1995). *Environmental Psychology: An Interdisciplinary Approach*. Englewood Cliffs, Prentice Hall.

Veitch, J. A., Bradley, J. S., Legault, L. M., Norcross, S. G., &. Svec, J. M. (2002). *Masking speech in open-plan offices with simulated ventilation noise: Noise-level and spectral composition effects on acoustic satisfaction* (IRC-IR-846). Ottawa, Ontario, Canada: National Research Council Canada, Institute for Research in Construction.

Ver Ellen, P. &. Van Kammen, D. P. (1990). The biological findings in posttraumatic stress disorder: A review. *Journal of Applied Social Psychology*, 20, 1789-1821.

Vining, J. & Ebreo, A. (1990). What makes a recycler? A comparison of recyclers and nonrecyclers. *Environment and Behavior*, *22*, 55-73.

Vinsel, A., Brown, B. B., Altman, I., & Foss, C. (1980). Privacy regulation, territorial displays, and effectiveness of individual functioning. *Journal of Personality and Social Psychology*, *39*, 1104-1115.

Vogel, G. (1997). How to avoid running out of the steam. *Science*, *275*, 761.

Walden, T. A. & Forsyth, D. R. (1981). Close encounters of stressful kind: Affective, physiological, and behavioral reactions to the experience of crowding. *Journal of Nonverbal Behavior*, *6*, 46-64.

Walden, T. A., Nelson, P. A., & Smith, D. E. (1981). Crowding, privacy, and coping. *Environment and Behavior*, *13*, 205-224.

Walker, J. M. (1979). Energy demand behavior in a master-meter apartment complex: An experimental analysis. *Journal of Applied Psychology*, *64*, 190-196.

Wang, D., Federspiel, C. C., & Arens, E. (2005). Correlation between temperature satisfaction and unsolicited complaint rates in commercial buildings. *Indoor Air*, *15*, 13-18.

Wang, T. H. & Katzev, R. D. (1990). Group commitment and resource conservation: Two field experiments on promoting recycling. *Journal of Applied Social Psychology*, *20*, 265-275.

Warren, D. H. (1994). Self-localization on plan and oblique maps. *Environment and Behavior*, *26*, 71-98.

Watson, O. M. & Graves, T. D. (1970). Quantitative research in proxemic behavior. *American Anthropologist*, *68*, 971-985.

Webb, W. M. & Worchel, S. (1993). Prior experience and expectation in the context of crowding. *Journal of Personality and Social Psychology*, *65*, 512-521.

Wehr, T. A. (1989). Seasonal affective disorders: A historical review. In N. E. Rosenthal & M. C. Blehar (Eds.), *Seasonal affective disorders and phototherapy*. New York: Guilford.

Weinstein, N. (1978). Individual differences in reactions to noise: A longitudinal study in a college dormitory. *Journal of Applied Psychology*, *63*, 458-466.

Weisman, J. (1981). Wayfinding and the built environment. *Environment and Behavior*, *13*, 189-204.

Weisner, T. & Weibel, J. (1981). Home environments and family lifestyles in California. *Environment and Behavior*, *13*, 417-460.

Weiss, B. (1983). Behavioral toxicology and environmental health science.

American Psychologist, *38*, 1174-1187.

Weiss, L. & Baum, A. (1989). Physiological aspects of environment-behavior relationships. In E. H. Zube & G. T. Moore (Eds.), *Advances in environment, behavior, and design* (Vol. 1). New York: Plenum.

Welch, B. L. (1979). *Extra-auditory effects of industrial noise: Survey of foreign literature*. Dayton, OH: Aerospace Medical Research Laboratory, Wright Patterson Air Force Base.

Wener, R. E. & Kaminoff, R. D. (1983). Improving environmental information: Effects of signs on perceived crowding and behavior. *Environment and Behavior*, *15*, 3-20.

Wener, R. E. & Keys, C. (1988). The effects of changes in jail population densities on crowding, sick call, and spatial behavior. *Journal of Applied Psychology*, *18*, 852-866.

Werner, C. M., Peterson-Lewis, S., & Brown, B. B. (1989). Inferences about homeowners' sociability: Impact of Christmas decorations and other cues. *Journal of Environmental Psychology*, *9*, 279-296.

Westin, A. F. (1967). *Privacy and Freedom*. New York: Atheneum.

Wexner, L. B. (1954). The degree to which colors (hues) are associated with mood-tones. *Journal of Applied Psychology*, *38*, 432-435.

Weyant, J. M. (1978). Effects of mood states, costs, and benefits on helping. *Journal of Personality and Social Psychology*, *36*, 1169-1176.

White, M. (1975). Interpersonal distance as affected by room size, status, and sex. *Journal of Social Psychology*, *95*, 241-249.

Wicker, A. W. (1973). Undermanning theory and research: Implications for the study of psychological and behavioral effects of excess human populations. *Representative Research in Social Psychology*, *4*, 185-206.

Wicker, A. W. (1979). *An introduction to ecological psychology*. Monterey, CA: Brooks/Cole.

Wicker, A. W. (1987). Behavioral settings reconsidered: Temporal stages, resources, internal dynamics, context. In D. Stokols & I. Altman (Eds.), *Handbook of environmental psychology* (Vol. II, pp. 613-653). NY: Wiley-Interscience.

Wicker, A. W., McGrath, J. E., & Armstrong, G. E. (1972). Organization size and behavior setting capacity as determinants of member participation. *Behavioral Science*, *17*, 499-513.

Wicker, A. W. & Mehler, A. (1971). Assimilation of new members in a large and a small church. *Journal of Applied Psychology*, *55*, 151-156.

Williams, S., Ryckman, R. M., Gold, J. A., & Lenney, E. (1982). The effects of sensation seeking and misattribution if arousal on attraction toward similar or dissimilar strangers. *Journal of Research in Personality*, 16, 217-226.

Wills, F. N. (1966). Initial speaking distance as a function of the speakers' relationship. *Psychonomic Science*, 5, 221-222.

Wills, F. N. & Hamm, H. K. (1980). The use of interpersonal touch in securing compliance. *Journal of Nonverbal Behavior*, 5, 49-55.

Wills, T. A. (1981). Downward comparison principles in social psychology. *Psychological Bulletin*, 90, 245-271.

Wilson, G. D. (1966). Arousal properties of red versus green. *Perceptual and Motor Skills*, 23, 947-949.

Winkelhake, C. (1975). Personal space and interpersonal space. *Man-Environment Systems*, 5, 351-352.

Winkler, R. C. & Winnett, R. A. (1982). Behavioral interventions in resource management. *American Psychologist*, 37, 421-435.

Winneke, G. & Kastka, J. (1987). Comparison of odour-annoyance data from different industrial sources: Problems and implications. In H. S. Koelega (Ed.), *Environmental annoyance: Characterization, measurement, and control* (pp. 129-138). Amsterdam: Elsevier Science Publishers.

Winnett, R. A., Hatcher, J., Leckliter, I., Ford, T. R., Fishback, J. F., Riley, A. W., & Love, S. (1981). *The effects of videotape modeling and feedback on residential comfort, the thermal environment and electricity consumption: Winter and summer studies.* Unpublished manuscript. Department of Psychology, Virginia Polytechnic Institute and State University.

Winnett, R. A., Kagel, J. H., Battalio, R. C., & Winkler, R. C. (1978). Effects of monetary rebates, feedback and information on residential energy conservation. *Journal of Applied Psychology*, 63, 73-78.

Winnett, R. A., Leckliter, I. N., Chinn, D. E., & Stahl, B. (1984). Reducing energy consumption: The long-term effects of a single TV program. *Journal of Communication*, 34, 37-51.

Winnett, R. A., Leckliter, I. N., Chinn, D. E., Stahl, B. N., & Love, S. Q. (1985). The effects of videotape modeling via cable television on residential energy conservation. *Journal of Applied Behavior Analysis*, 18, 33-44.

Winnett, R. A., Neale, M. S., & Grier, H. C. (1979). The effects of self-monitoring and feedback on residential electricity consumption. *Journal of Applied Behavior Analysis*, 12, 173-184.

Witterseh, T. , Wyon, D. P. , & Clausen, G. (2004). The effects of moderate heat stress and open-plan office noise distraction on SBS symptoms and on the performance of office work. *Indoor Air*, *14*, 30 - 40.

Wittig, M. A. & Skolnick, P. (1978). Status versus warmth as determinants of sex differences in personal space. *Sex Roles*, *4*, 493 - 503.

Wohlwill, J. F. (1974). Human response to levels of environmental stimulation. *Human Ecology*, *2*, 127 - 147.

Wolf, N. , & Feldman, E. (1991). *Plastics: America's packaging dilemma*. Washington, DC: Island Press.

Womble, P. & Studebaker, S. (1981). Crowding in a national park campground: Katmai National Monument in Alaska. *Environment and Behavior*, *13*, 557 - 573.

Worchel, S. & Brown, E. H. (1984). The role of plausibility in influencing environmental attributions. *Journal of Experimental Social Psychology*, *20*, 86 - 96.

Worchel, S. & Shackelford, S. L. (1991). Groups under stress: The influence of group structure and environment on process and performance. *Personality and Social Psychology Bulletin*, *17*, 640 - 647.

Worchel, S. & Teddlie, C. (1976). The experience of crowding: A two-factor theory. *Journal of Personality and Social Psychology*, *34*, 36 - 40.

Worchel, S. & Yohai, S. (1979). The role of attribution in the experience of crowding. *Journal of Experimental Social Psychology*, *15*, 91 - 104.

Wotten, E. , Blackwell, H. , Wallis, D. , & Barkow, B. (1982). *An Investigation of the effects of windows and lighting in offices*. Ottawa, Ont. : Dept of National Health and Welfare.

Wynne-Edwards, V. C. (1965). Self-regulating systems in population of animals. *Science*, *147*, 1543 - 1548.

Wyon, D. P. (1974). The effects of moderate heat stress on typewriting performance. *Ergonomics*, *17*, 309 - 318.

Yamagishi, T. (1986). The provision of a sanctioning system as a public good. *Journal of Personality and Social Psychology*, *51*, 110 - 116.

Yildirima, K. , Baskaya, A. A. , & Celebi, M. (2007). The effects of window proximity, partition height, and gender on perceptions of open-plan offices. *Journal of Environmental Psychology*, *27*, 154 - 165.

Yinon, Y. & Bizman, A. (1980). Noise, success, and failure as determinants of helping behavior. *Personality and Social Psychology bulletin*, *6*, 125 - 130.

Zimmer, K. & Ellermeier, W. (1998). Short form of a questionnaire measuring individual noise sensitivity. *Umweltpsychologic*, 2, 54-63.

Zimmer, K. & Ellermeier, W. (1999). Psychometric properties of four measures of noise sensitivity: A comparison. *Journal of Environmental Psychology*, 19, 295-302.

Zuckerman, M. (1971). Dimensions of sensation seeking. *Journal of Consulting and Clinical Psychology*, *36*, 45-52.

Zuckerman, M. (1974). The sensation seeking motive. In B. A. Maher (Ed.), *Progress in experimental personality research* (Vol. 7). New York: Academic Press.

Zuckerman, M. (1979). *Sensation seeking: Beyond the optimal level of arousal*. Hillsdale, NJ: Erlbaum.

Zuckerman, M. (1980). To risk or not to risk. In K. R. Blankstein, P. Pliner, & J. Polivy (Eds.), *Assessment and modification of emotional behavior*. New York: Plenum.

Zuckerman, M., Bone, R. N., Neary, R., Mangelesdorrf, D., & Brustman, B. (1972). What is the sensation seeker? Personality trait and experience correlates of the Sensations Seeking Scales. *Journal of consulting and Clinical Psychology*, *39*, 308-321.

Zuckerman, M., Eysenck, S., & Eysenck, H. J. (1978). Sensation Seeking in England and America: Cross-cultural, age, and sex comparison. *Journal of Consulting and Clinical Psychology*, *46*, 139-149.

Zuckerman, M., Neary, R. S., & Brustman, B. A. (1970). Sensation Seeking Scale correlates in experiences (smoking, drugs, alcohol, "hallucinations," and sex) and preferences for complexity (designs). *Proceedings of the 78th Annual Conventions of the American Psychological Association*. Washington, DC: APA.